TUJIE FUZHUANG CAIJIAN YU FENGREN GONGYI JICHUPIAN

××××××××××××

图解服装裁剪与缝纫工艺
基础篇

××××××××××××

刘 锋 编著

·北京·

《图解服装裁剪与缝纫工艺：基础篇》采用图解的形式，全面细致地介绍了裁剪与缝纫工艺基础、常见服装部件与部位工艺两大部分，包括制图、裁剪、手缝、机缝、熨烫、服装材料等相关基础知识与基本操作，以及门襟、口袋、开衩、领子、腰头、襻带、省道和下摆等的裁剪及缝纫工艺。

本书从工艺的角度解读服装，以图为主表达工艺，直观易懂。结合简要的文字说明，将理论、技巧、细节融入其中。分步图解，重点突出，对裁剪与缝纫工艺的重难点做了清晰说明；内容全面、便查实用。适合服装专业学生和服装爱好者入门学习，也可供服装企业技术人员查阅参考。

图书在版编目（CIP）数据

图解服装裁剪与缝纫工艺．基础篇/刘锋编著．—北京：化学工业出版社，2020.1（2024.11重印）

ISBN 978-7-122-35419-8

Ⅰ.①图…　Ⅱ.①刘…　Ⅲ.①服装量裁-图解②服装缝制-图解　Ⅳ.①TS941.631-64②TSS941.634-64

中国版本图书馆CIP数据核字（2019）第231331号

责任编辑：崔俊芳　　装帧设计：史利平

责任校对：李雨晴

出版发行：化学工业出版社（北京市东城区青年湖南街13号　邮政编码100011）

印　　装：大厂回族自治县聚鑫印刷有限责任公司

880mm×1230mm　1/16　印张$12^3/_4$　字数339千字　2024年11月北京第1版第9次印刷

购书咨询：010-64518888　　售后服务：010-64518899

网　　址：http://www.cip.com.cn

凡购买本书，如有缺损质量问题，本社销售中心负责调换。

定　　价：58.00元

前言

衣食住行之首的“服装”，作为一门传统技艺和时尚产业，总会吸引一批批“新手”走进来，不断学习、研究和提高。服装缝制工艺是将一系列裁片进行组合的过程，现代化的设备可以改进组合的手段，既简便又能提升工艺质量、提高生产效率，对于难点工艺尤其有效。然而，关于组合关系、组合顺序等基本工艺原理，还是需要通过一个个部件、一件件服装的制作过程来领会。

有感于此，笔者结合二十多年的教学实践，精心筛选内容，选择典型实例，提炼传统工艺，细化现代工艺，特意编写成《图解服装裁剪与缝纫工艺：基础篇》和《图解服装裁剪与缝纫工艺：成衣篇》。在这两本书中，各部分内容根据用途进行模块化排列，便于建立工艺库，为智能制造提供专业资源。每一款实例根据工艺特征命名，体系清晰，便于查找。所有工序拆解规范、详细，便于同类工艺间的对比，有利于模板工艺设计。各个细节都经过反复研究和改进，便于初学者学习和掌握。

《图解服装裁剪与缝纫工艺：基础篇》全面细致地介绍了裁剪与缝纫工艺基础、常见服装部件与部位工艺两大部分，包括制图、裁剪、手缝、机缝、熨烫、服装材料等相关基础知识与基本操作，以及门襟、口袋、开衩、领子、腰头、襻带、省道和下摆等的裁剪及缝纫工艺。

本书从工艺的角度解读服装，以图为主表达工艺，直观易懂。结合简要的文字说明，将理论、技巧、细节融入其中。全书以表格的形式呈现，图文明确对应，组合顺序一目了然。款式图、备料图、工艺示意图与照片相结合，详细地表达制作过程。所有图片都经过精心设计，反复修改，特别是工艺示意图，充分利用线与面的构成，采用多方位的视角，通过层次的排列、比例的控制，用线与用色相结合，立体化表达裁片间的组合关系，形象且简洁地呈现工艺方法。图中必要的数据标注，突出表达工艺的精细度。

本书稿的编写历经多年，其间反复与许涛、吴改红、卢致文等老师研究，与学生交流，和编辑沟通，得到广泛的支持与帮助，在此深表谢意！书中采用了曹金标、霍冰融同学的部分图稿，编写时还参考了许多著作、论文及网络资料与图片，在此一并表示感谢！

希望本书对行业内和新入行的朋友们有所帮助。由于水平有限，书中难免有疏漏和不妥之处，敬请批评指正！

刘锋

2019年9月

于太原理工大学

目录

一、制图基础

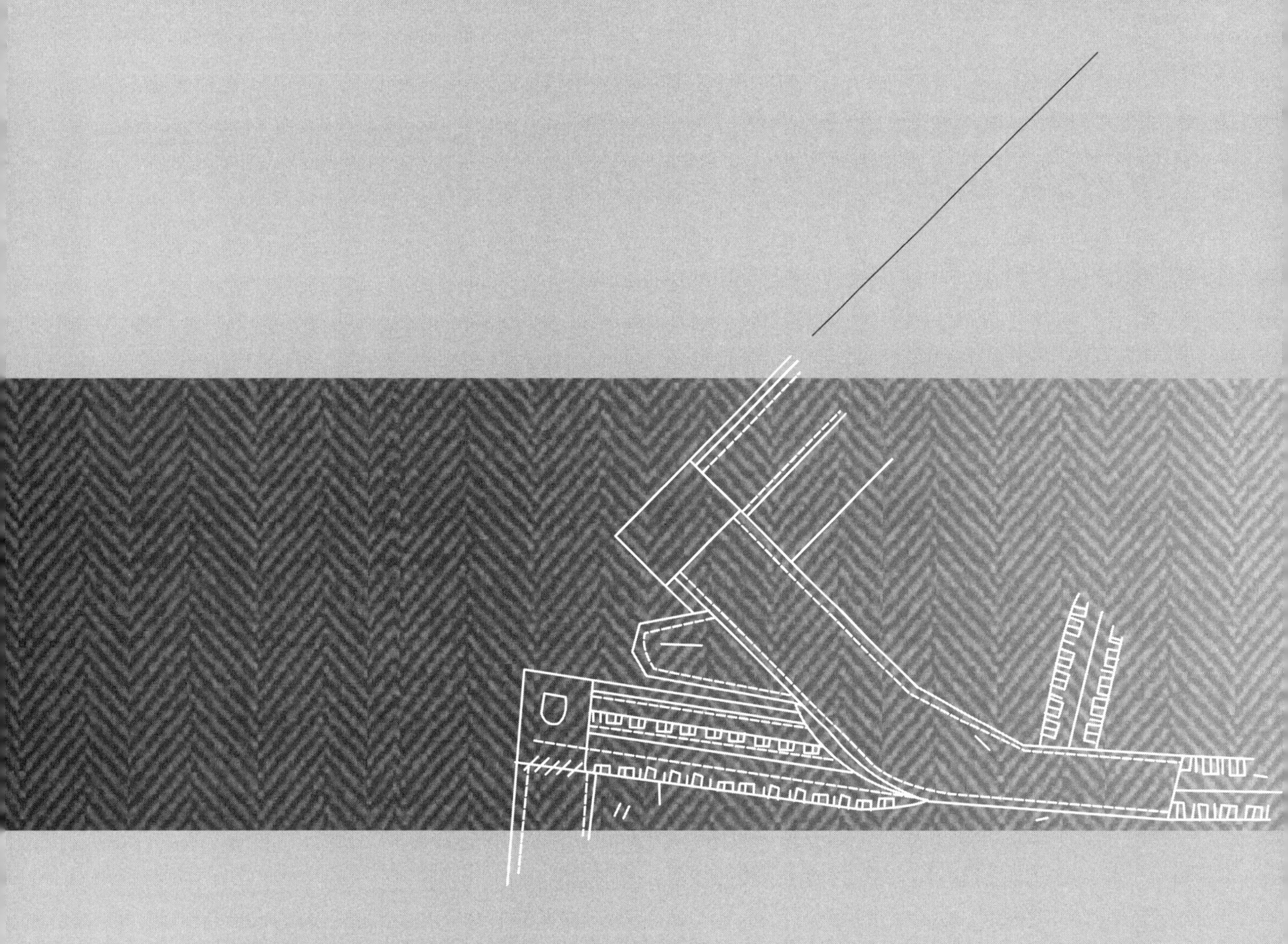

1. 人体测量

<table>
<tr><td colspan="2">量体要求</td><td>① 被测者取自然站立姿势，着装尽可能简单
② 测量者站在被测者右前方，同时注意观察被测者体型特征</td></tr>
<tr><td rowspan="2">围度测量
（测量时皮尺松度以插入一指能自然转动为宜）</td><td>主要测量部位</td><td> 头围 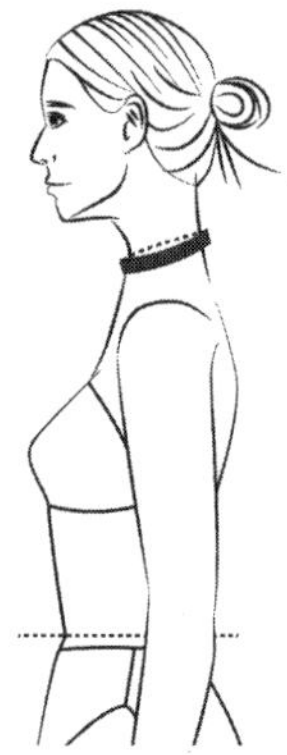　颈根围 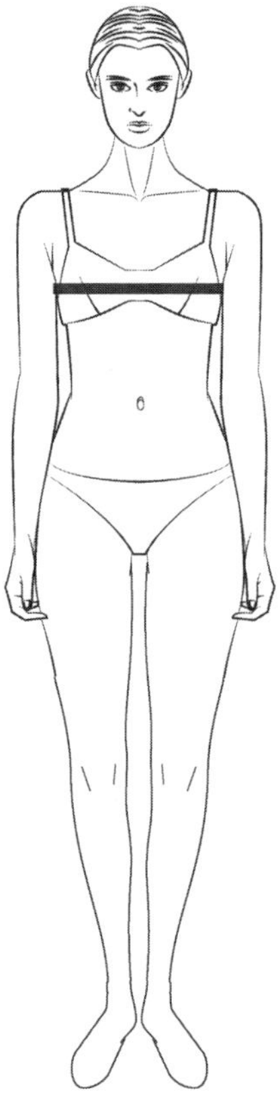　胸围 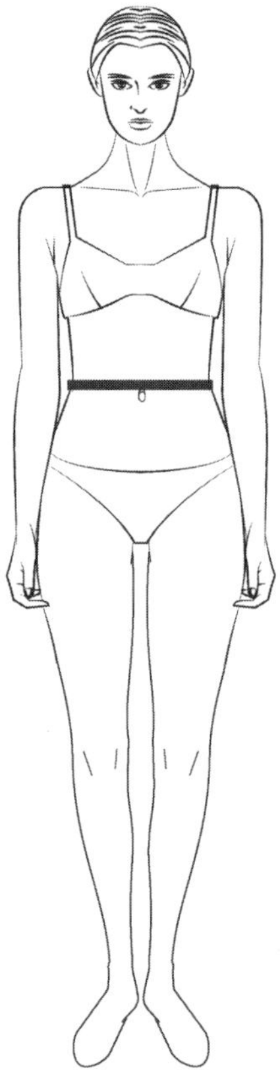　腰围 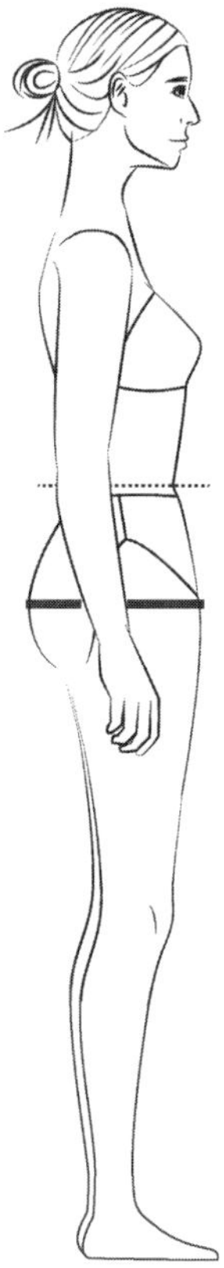　臀围</td></tr>
<tr><td>辅助测量部位</td><td> 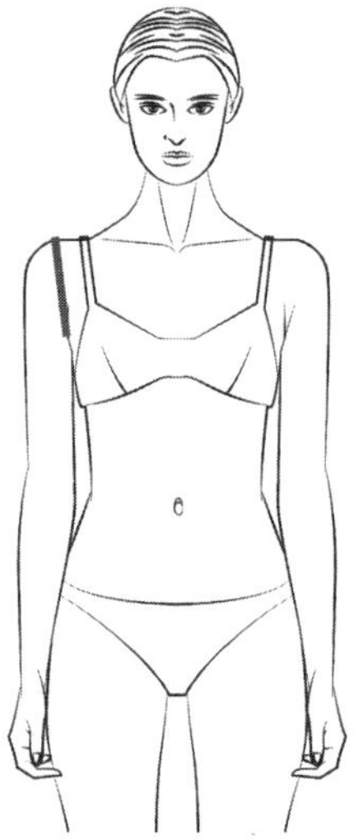臂根围 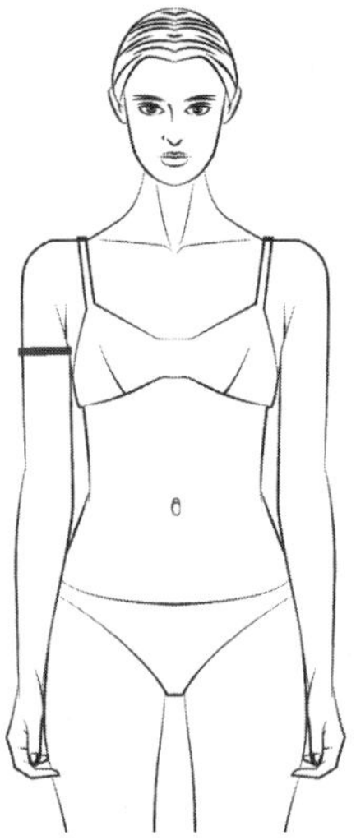　上臂围 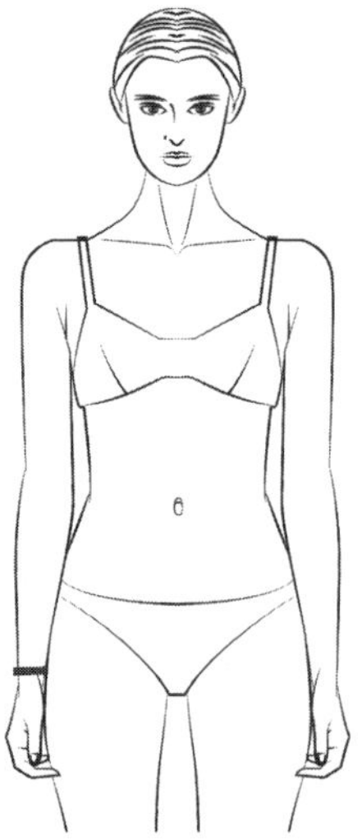　手腕围 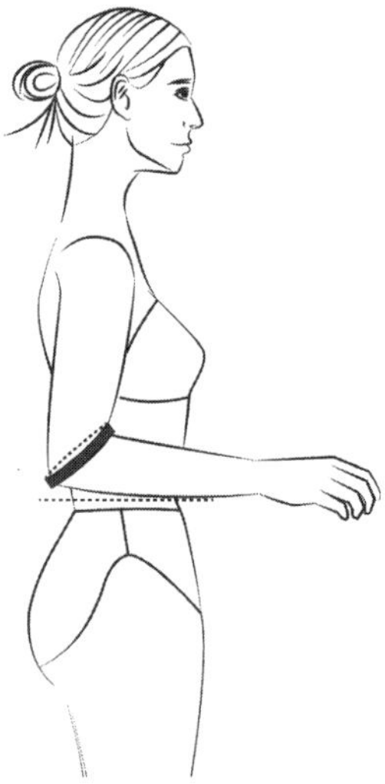　肘围</td></tr>
</table>

续表

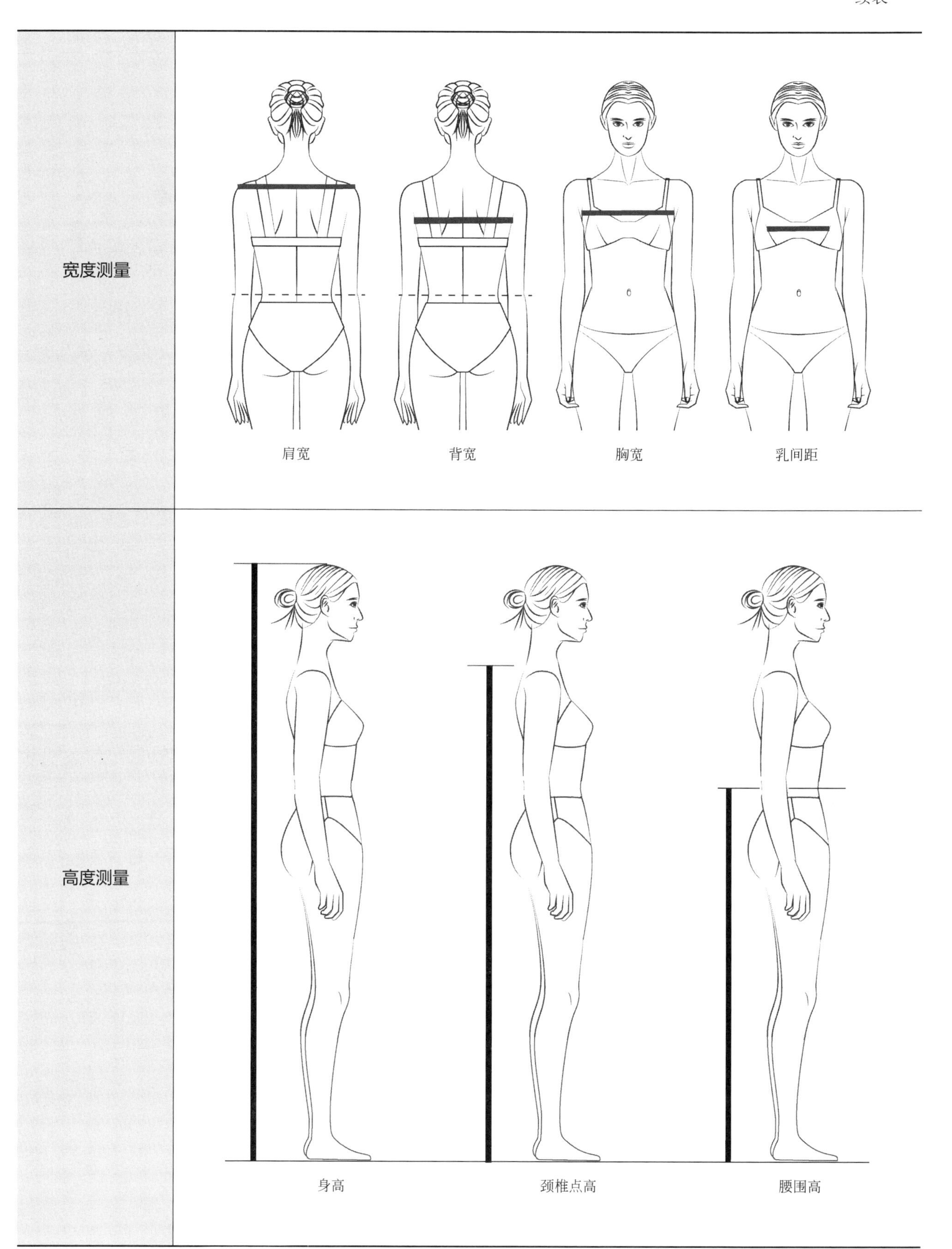
宽度测量
肩宽
背宽
胸宽
乳间距
高度测量
身高
颈椎点高
腰围高

续表

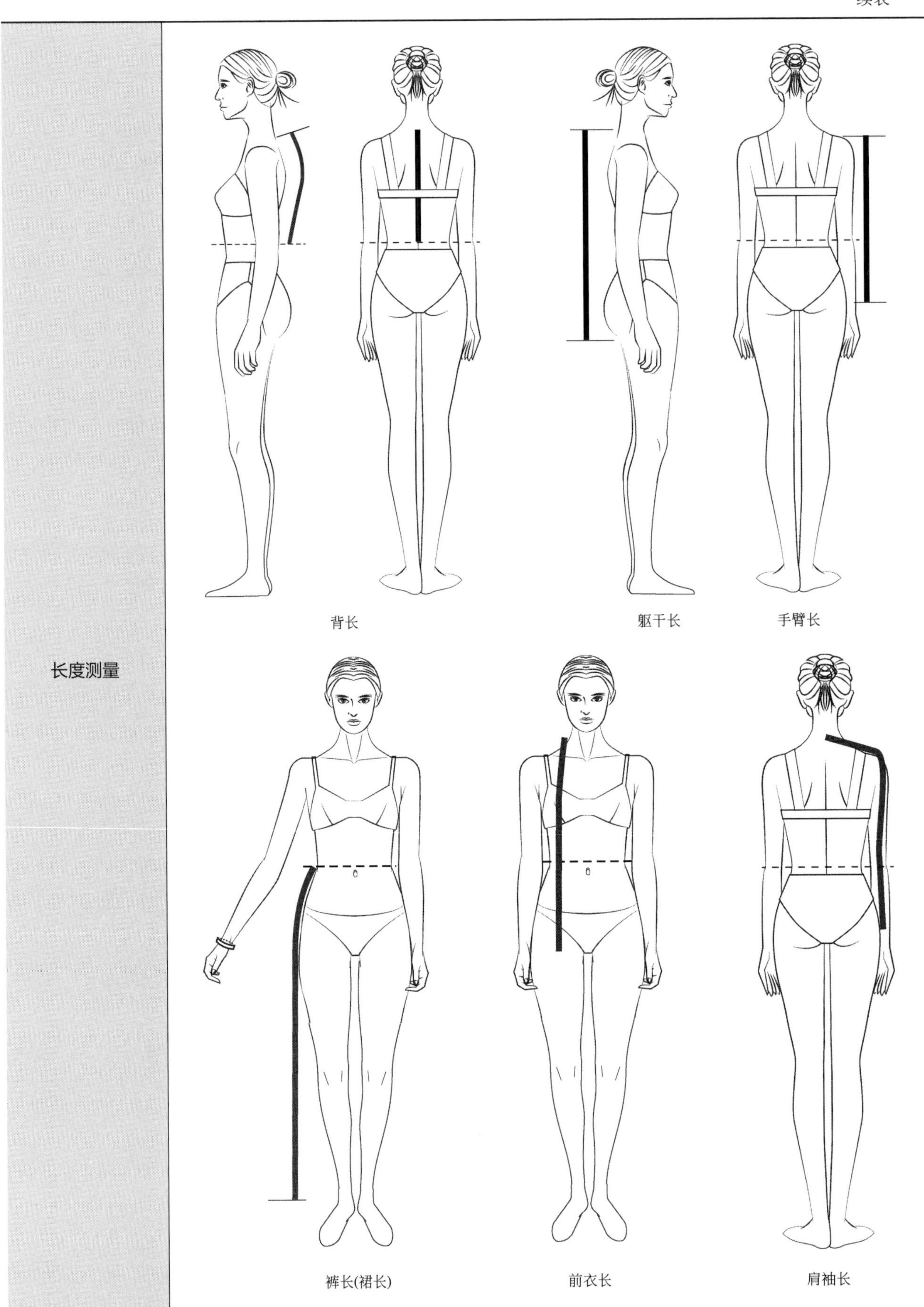
长度测量
背长
躯干长
手臂长
裤长(裙长)
前衣长
肩袖长

2. 号型标准

号型定义

“号”指人体的身高，是设计和选购服装长短的依据

“型”指人体的胸围（上衣）或腰围（下装），是设计和选购服装肥瘦的依据

体型分类

以人体胸围与腰围的差值（单位：cm）为依据，国家标准将体型分为四类：

Y体型　A体型　B体型　C体型

女子体型	
Y	24～19
A	18～14
B	13～9
C	8～4

男子体型	
Y	22～17
A	16～12
B	11～7
C	6～2

号型系列

号型表示方法为号/型，如160/84A。国家标准中，在大量测量统计的基础上，确定了所占比例最大的中间体，分别为男子170/88A、女子160/84A。以中间体为中心，号以5cm分档，型以2cm或4cm分档，两者对应组合形成号型系列，即5 • 2或5 • 4系列，其中5 • 2系列对下装适用，5 • 4系列上下装通用

控制部位

控制部位是指人体的主要特征部位，即人体上要求服装尺寸必须满足的部位，如胸围、腰围、肩宽等。控制部位数值与号型标准对应

规格

规格是在人体控制部位数值的基础上，经过必要的松量加放后得到的成衣尺寸，即制图尺寸，可以简单地用“衣长 × 胸围”或者“裤长 × 腰围”（单位：cm）表示。制图时，所有尺寸以规格表的形式明确

号/型	领围/cm	胸围/cm	肩宽/cm	衣长/cm	袖长/cm
170/88A	36.8+2.2	88+20	43.6+2.4	66.5+2.5	55.5+3.5

3. 控制部位数值

<table>
<tr><th rowspan="2">项目</th><th rowspan="2">部位</th><th colspan="9">数值/cm</th><th rowspan="2">号型系列档差</th></tr>
<tr><th colspan="2">Y</th><th colspan="3">A</th><th colspan="2">B</th><th colspan="2">C</th></tr>
<tr><td rowspan="11">男子</td><td>身高</td><td colspan="2">170</td><td colspan="3">170</td><td colspan="2">170</td><td colspan="2">170</td><td>5</td></tr>
<tr><td>颈椎点高</td><td colspan="2">145.0</td><td colspan="3">145.0</td><td colspan="2">145.5</td><td colspan="2">146.0</td><td>4</td></tr>
<tr><td>坐姿颈椎点高</td><td colspan="2">66.5</td><td colspan="3">66.5</td><td colspan="2">67.0</td><td colspan="2">67.5</td><td>2</td></tr>
<tr><td>全臂长</td><td colspan="2">55.5</td><td colspan="3">55.5</td><td colspan="2">55.5</td><td colspan="2">55.5</td><td>1.5</td></tr>
<tr><td>腰围高</td><td colspan="2">103.0</td><td colspan="3">102.5</td><td colspan="2">102.0</td><td colspan="2">102.0</td><td>3</td></tr>
<tr><td>胸围</td><td colspan="2">88</td><td colspan="3">88</td><td colspan="2">88</td><td colspan="2">92</td><td>4</td></tr>
<tr><td>颈围</td><td colspan="2">36.4</td><td colspan="3">36.8</td><td colspan="2">37.2</td><td colspan="2">38.6</td><td>1</td></tr>
<tr><td>总肩宽</td><td colspan="2">44.0</td><td colspan="3">43.6</td><td colspan="2">43.2</td><td colspan="2">44.0</td><td>1.2</td></tr>
<tr><td>腰围</td><td>68</td><td>70</td><td>72</td><td>74</td><td>76</td><td>78</td><td>80</td><td>86</td><td>88</td><td>2</td></tr>
<tr><td rowspan="2">臀围</td><td>88.4</td><td>90.0</td><td>88.4</td><td>90.0</td><td>91.6</td><td>—</td><td>—</td><td>—</td><td>—</td><td>1.6</td></tr>
<tr><td>—</td><td>—</td><td>—</td><td>—</td><td>—</td><td>90.8</td><td>92.2</td><td>92.8</td><td>94.2</td><td>1.4</td></tr>
<tr><td rowspan="11">女子</td><td>身高</td><td colspan="2">160</td><td colspan="3">160</td><td colspan="2">160</td><td colspan="2">160</td><td>5</td></tr>
<tr><td>颈椎点高</td><td colspan="2">136.0</td><td colspan="3">136.0</td><td colspan="2">136.5</td><td colspan="2">136.5</td><td>4</td></tr>
<tr><td>坐姿颈椎点高</td><td colspan="2">62.5</td><td colspan="3">62.5</td><td colspan="2">63.0</td><td colspan="2">62.5</td><td>2</td></tr>
<tr><td>全臂长</td><td colspan="2">50.5</td><td colspan="3">50.5</td><td colspan="2">50.5</td><td colspan="2">50.5</td><td>1.5</td></tr>
<tr><td>腰围高</td><td colspan="2">98.0</td><td colspan="3">98.0</td><td colspan="2">98.0</td><td colspan="2">98.0</td><td>3</td></tr>
<tr><td>胸围</td><td colspan="2">84</td><td colspan="3">84</td><td colspan="2">84</td><td colspan="2">88</td><td>4</td></tr>
<tr><td>颈围</td><td colspan="2">33.4</td><td colspan="3">33.6</td><td colspan="2">33.8</td><td colspan="2">34.8</td><td>0.8</td></tr>
<tr><td>总肩宽</td><td colspan="2">40.0</td><td colspan="3">39.4</td><td colspan="2">38.8</td><td colspan="2">39.2</td><td>1</td></tr>
<tr><td>腰围</td><td>62</td><td>64</td><td>66</td><td>68</td><td>70</td><td>72</td><td>74</td><td>80</td><td>82</td><td>2</td></tr>
<tr><td rowspan="2">臀围</td><td>88.2</td><td>90.0</td><td>88.2</td><td>90.0</td><td>91.8</td><td>—</td><td>—</td><td>—</td><td>—</td><td>1.8</td></tr>
<tr><td>—</td><td>—</td><td>—</td><td>—</td><td>—</td><td>91.2</td><td>92.8</td><td>94.4</td><td>96.0</td><td>1.6</td></tr>
</table>

4. 制图工具

尺类	常用的尺子有打板专用直尺、曲线尺、三角比例尺、蛇形尺、皮尺等	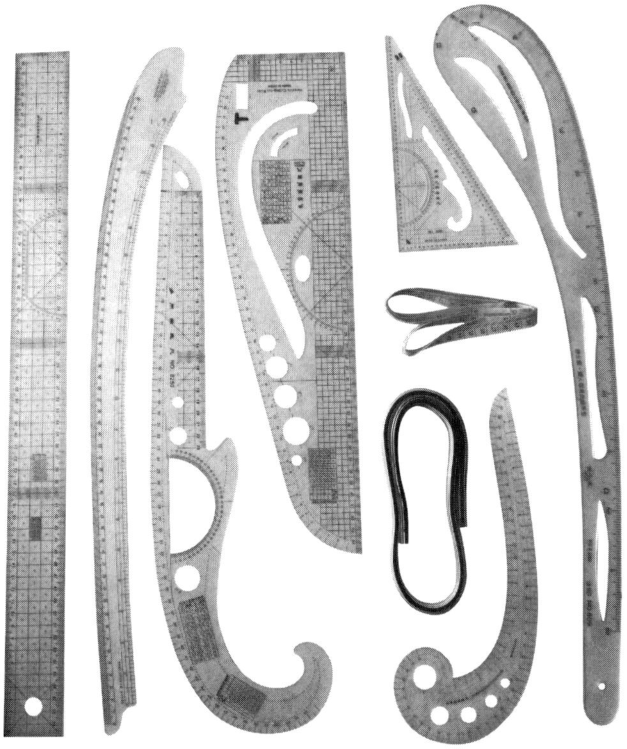
笔	主要是铅笔，可以选用一定粗度的自动铅笔，以保证图线粗细均匀	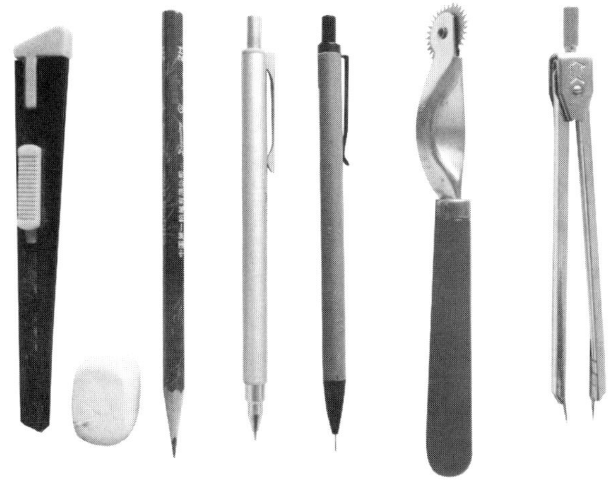
橡皮	使用绘图橡皮，去除铅笔线迹效果最好	
剪刀	剪纸样的必备工具，尺码大小根据使用者的需要选择	
描线器	复制纸样的专用工具，使用时需要在制图桌上加垫卡纸	
其他	特殊情况下需要使用一些辅助工具，如圆规、量角器等	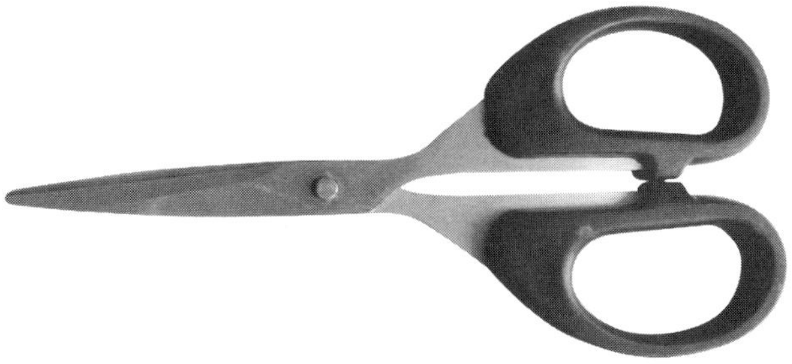

5. 部位代号

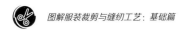

部位	代号	英文	部位	代号	英文
领围	N	Neck	后颈点	BNP	Back Neck Point
胸围	B	Bust	肩端点	SP	Shoulder Point
腰围	W	Waist	前中心线	FCL	Front Center Line
臀围	H	Hip	后中心线	BCL	Back Center Line
肩宽	S	Shoulder	总体长（颈椎点高）	FL	Full Length
衣长	L	Length	后腰节长	BWL	Back Waist Length
袖窿	AH	Arm Hole	前腰节长	FWL	Front Waist Length
胸高点	BP	Bust Point	前胸宽	FBW	Front Bust Width
领围线	NL	Neck Line	后背宽	BBW	Back Bust Width
上胸围线	CL	Chest Line	袖山	AT	Arm Top
胸围线	BL	Bust Line	袖肥	BC	Biceps Circumference
下胸围线	UBL	Under Bust Line	袖窿深	AHL	Arm Hole Line
腰围线	WL	Waist Line	袖口	CW	Cuff Width
中臀围线	MHL	Middle Hip Line	袖长	SL	Sleeve Length
臀围线	HL	Hip Line	领座	CS	Collar Stand
肘线	EL	Elbow Line	裤长	TL	Trousers Length
膝盖线	KL	Knee Line	下裆长	IL	Inside Length
大腿根围	TS	Thigh Size	前上裆	FR	Front Rise
侧颈点	SNP	Side Neck Point	后上裆	BR	Back Rise
前颈点	FNP	Front Neck Point	脚口	SB	Slacks Bottom

6. 制图常用符号

名称	形式	含义
等分线		等分某线段
等量符号	● ○ □ △	用相同符号表示两线段等长
省道		需折叠并缝去的部位
单向折裥		按一定方向有规律地折叠
明裥符号		两裥相对折叠
暗裥符号		两裥相背折叠
缩缝		布料缝合时收缩
垂直符号		两线相交成90°
重叠符号		两裁片交叉重叠，两边等长
拼接符号		两部分对应相连，裁片时不能分开
经向符号		对应衣料的经纱方向
顺向符号		绒毛或图案的顺向
距离线		标注两点间或两线间距离
斜纱方向		符号对应处用斜料
拉链		装拉链，如符号上有数字，则表示需要缝份的宽度
归拔符号	归　拔	表示制作时对应部位需要被归拢或拔长

7. 制图说明

<table>
<tr><th></th><th>名称</th><th>形式</th><th>粗细</th><th>主要用途</th></tr>
<tr><td rowspan="7">制图常用线型</td><td>粗实线</td><td>————————</td><td>0.9mm</td><td>服装和部件的轮廓线、部位轮廓线</td></tr>
<tr><td>粗虚线</td><td>—— —— —— ——</td><td>0.9mm</td><td>背面轮廓影示线</td></tr>
<tr><td>细实线</td><td>————————</td><td>0.3mm</td><td>结构图的基本线、辅助线、尺寸标记线</td></tr>
<tr><td>细虚线</td><td>------------------</td><td>0.3mm</td><td>缝纫明线线迹</td></tr>
<tr><td>点划线</td><td>-·-·-·-·-·-·-·-·-·-</td><td>0.3mm</td><td>对称折叠线</td></tr>
<tr><td>双点划线</td><td>-··—··—··—··—··-</td><td>0.3mm</td><td>某部分需折转的线，如驳领翻折线</td></tr>
<tr><td colspan="4">虚线、点划线、双点划线的线段长度与间隔应均匀，首末两端应是线段（参照FZ/T 80009—2004）</td></tr>
<tr><td rowspan="3">常用结构制图方法</td><td>原型制图法</td><td colspan="3">原型是指服装结构设计过程中的基础结构，即设计上尽可能简单的、适合人体表面形态的服装结构。原型制图法就是以原型为基础，通过增减长度、围度及细部尺寸，通过剪切、展开、重叠等技法，得到符合造型要求的结构图</td></tr>
<tr><td>比例制图法</td><td colspan="3">服装各部位都有明确的公式、数据，计算出具体数值后，便可以绘制出完整的结构图</td></tr>
<tr><td>短寸制图法</td><td colspan="3">实际测量人体或者服装各部位的尺寸，在平面上对应位置满足这些尺寸，绘制结构图</td></tr>
<tr><td>本书图例说明</td><td colspan="4"> 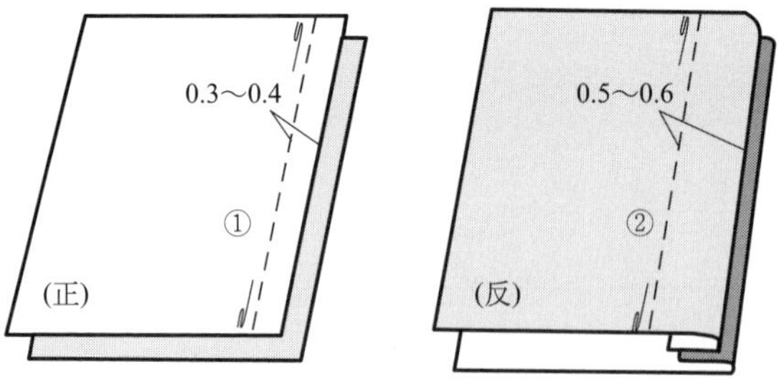0.3～0.4 ① (正)
0.5～0.6 ② (反)
本书图中的数值单位未作特别说明的，均为厘米；①表示第一条缝纫线迹，②表示第二条缝纫线迹，以此类推；图中不同灰度的区域表示不同的裁片（物体），或者同一裁片的不同表面</td></tr>
</table>

8. 结构图中图线部位名称

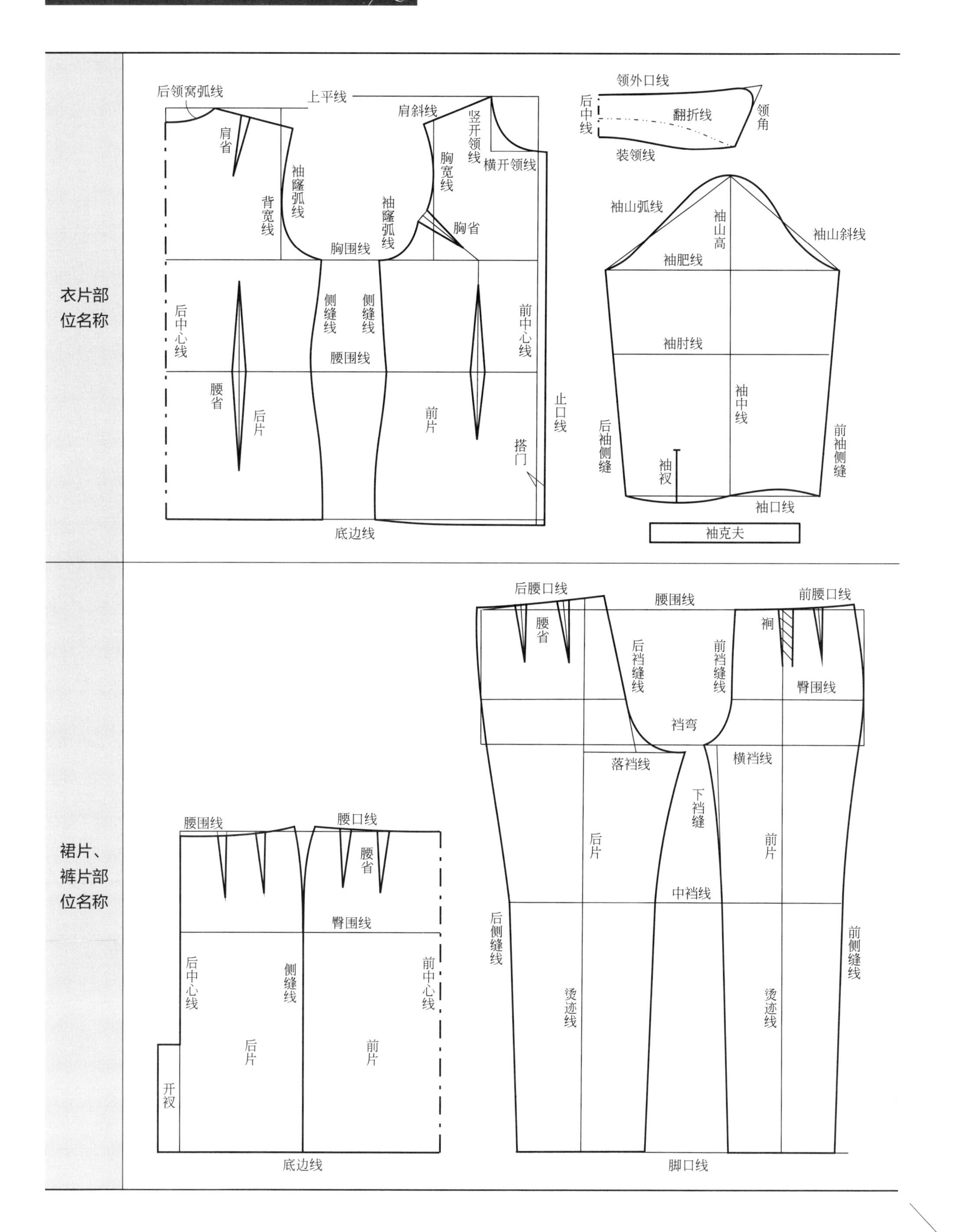

二、裁剪与制作工艺基础

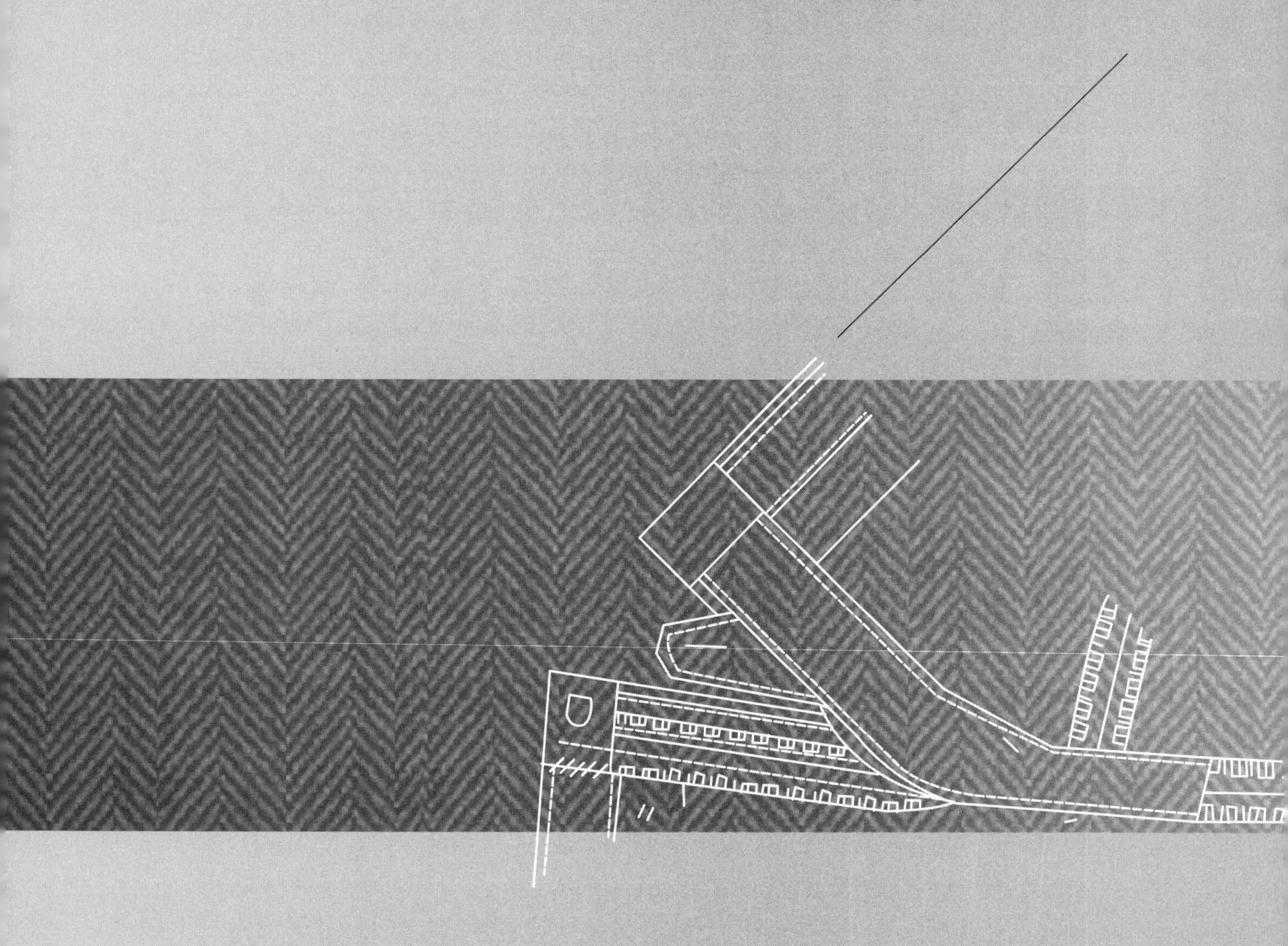

1. 样板缝份的加放

<table>
<tr><td rowspan="4">缝份的加放方法</td><td colspan="2">平行加放（袖窿缝份）：轮廓线处的缝份加放时，平行加出需要的缝份宽度</td><td rowspan="4">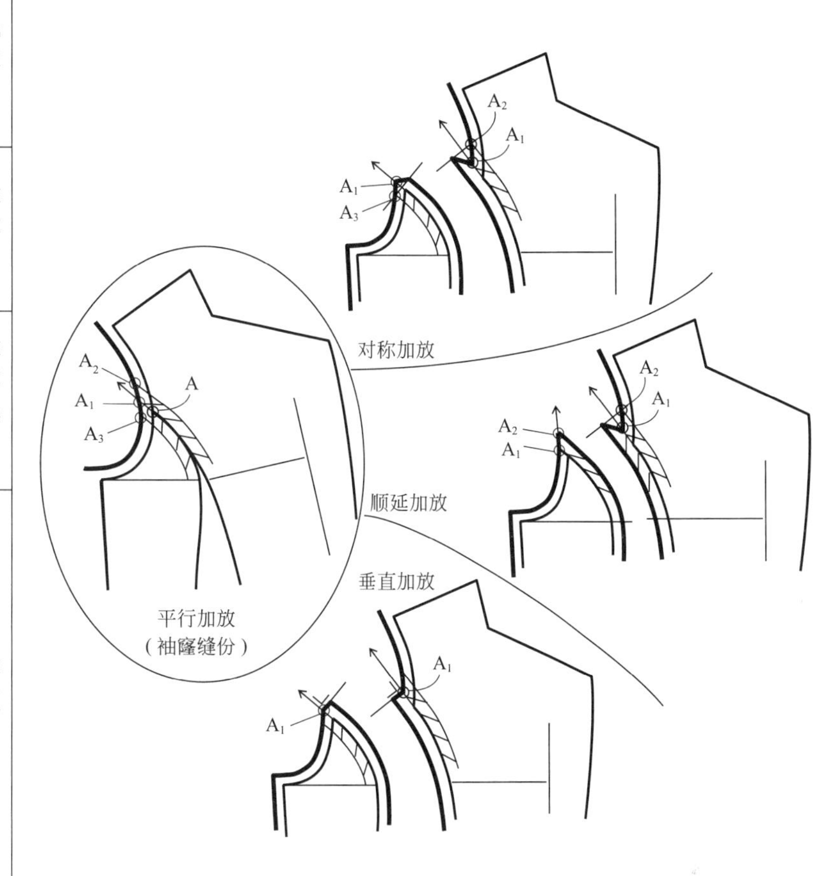
</td></tr>
<tr><td colspan="2">对称加放：单层服装的两片缝合，缝份采用劈缝工艺的，需要对称加放</td></tr>
<tr><td colspan="2">顺延加放：单层服装的两片缝合后，缝份采用倒缝工艺的，不需要折转的一片顺延加放，折转的一侧对称加放</td></tr>
<tr><td colspan="2">垂直加放：全挂里的服装，缝份在净线处满足长度后，切为直角，称为方头缝</td></tr>
<tr><td rowspan="10">缝份加放量的确定</td><td rowspan="8">根据针法加放</td><td>平缝、分压缝</td><td>两片各放1cm</td></tr>
<tr><td>钩压缝、骑缝</td><td>两片各放1cm</td></tr>
<tr><td>固压缝、扣压缝</td><td>两片均为大于明线宽度0.2～0.5 cm</td></tr>
<tr><td>滚包缝</td><td>一片0.7cm，另一片2cm</td></tr>
<tr><td>来去缝</td><td>两片各放0.8～1cm</td></tr>
<tr><td>内（外）包缝</td><td>一片大于明线宽度0.2cm，另一片是其2倍</td></tr>
<tr><td>搭缝</td><td>两片各放0.5～1cm</td></tr>
<tr><td>排缝</td><td>两片均不放</td></tr>
<tr><td>根据面料加放</td><td colspan="2">• 质地厚的面料需要较大折转量，放缝时多加2倍厚度，但按照正常宽度缝合
• 质地松散的面料考虑到裁剪和缝制时的脱散损耗，适当加宽缝份
• 厚度一般、质地紧密的面料按常规加放</td></tr>
<tr><td>根据工艺要求加放</td><td colspan="2">服装的某些特殊部位放缝时有特别要求，需要特别处理。例如，装拉链的部位需要1.5～2cm缝份。加放也与轮廓线形状有关，较直的部位正常加放，弧线的部位加放量较小，且弧度越大，缝份的宽度越小，以免影响缝口平服</td></tr>
</table>

2. 样板贴边的加放

连贴边	门襟	衬衣3～4cm，装拉链外套5～6cm，单排扣外套7～8cm，双排扣外套12～14cm
	下摆	圆摆衬衣1～1.5cm，平摆衬衣2～3cm，外套4cm，大衣5～6cm
	袖口	衬衣2～3cm，外套3～4cm（通常与下摆相同）
	袋口	明贴无盖式大袋3～4cm，有盖式2cm，斜插袋3cm
	开衩	不重叠类2cm，重叠类4cm
	裙摆	弧度较大1.5～2cm，一般3cm
	裤口	短裤3cm，长裤4cm

连贴边

以净线为对称轴，对称加放

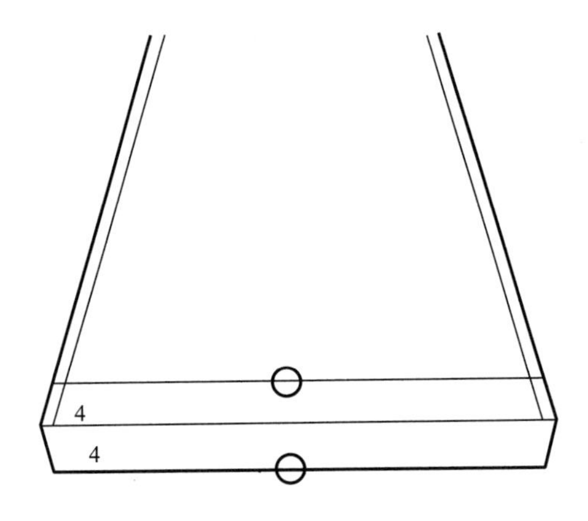

另裁贴边

服装的边缘形状为曲线时，需要另裁贴边，贴边边缘与衣片的形状一致。为防止出现反吐，贴边上加放的缝份小于衣片对应部位的缝份，但是以贴边的缝份宽度缝合

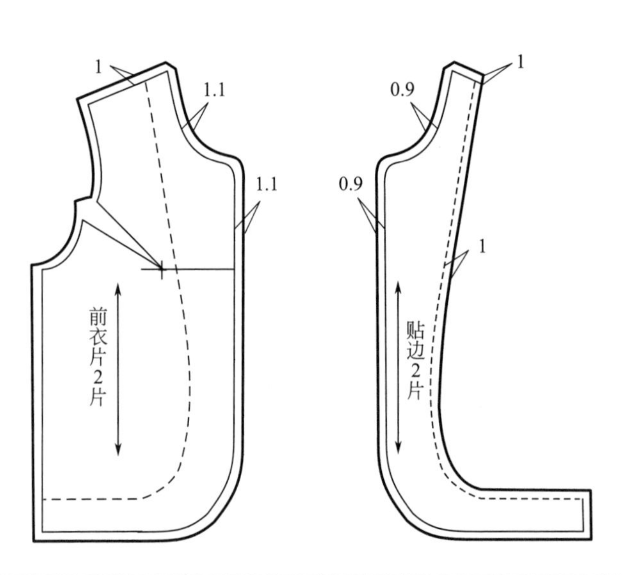

3. 样板的完善与检验

做标记	对位标记	对位标记是衣片间连接时需要对合位置的记号，具体位置及数量根据缝制工艺要求确定。例如，绱领对位点、绱袖对位点、上衣侧缝腰节线对位点、裤装侧缝中裆线对位点等，侧缝对位点控制等长缝合，而绱袖对位点控制袖山吃势大小及分布。轮廓线上需要做记号的位置用专业剪口钳剪出0.5cm深的剪口，也可用剪刀剪出0.5cm深的三角形剪口
	定位标记	定位标记是衣片内部需要明确定点位置的记号，如收省的位置、口袋的位置等。需要做记号的点位用锥子扎眼，孔径约为0.3cm。为避免缝合后露出锥眼，扎眼时一般比实际位置缩进0.3cm左右
标注	标注内容	名称、号型或规格、数量、纱向等
	标注方法	其中纱向符号双面贯穿标注。所有文字标注分列于纱向符号两侧，便于查看
样板的检验与确认	规格的检验与确认	样板规格必须与规格表一致，需要分部位测量确认
	缝合边的检验与确认	相互对应的缝合边有形状与长度的要求，平接部位应该形状一致、长度相等，非平接部位两边不等长，但差值确定，而且明确界定在某个区域，需要分段检验
	衣片组合的检验与确认	将样片相关部位拼接后，检查整体轮廓的圆顺度

4. 排料

排料原则	保证设计要求	当服装款式对面料花型、条格等具有一定要求时，样板的选位必须能保证成衣效果要求
	符合工艺要求	服装工艺设计时对衣片的用布方向、对称性、对位及定位标记都有严格要求，排料时必须严格遵循
	节约用料	服装材料成本是总成本的主要组成部分，减少耗材便可以降低成本，所以在保证设计与工艺要求的前提下，尽可能节约用料
排料的要求	衣片对称	服装上大多数衣片具有对称性，制作样板时通常只制出一片，单层排料时特别注意需要将样板正反面各排一次，所以要求样板正反面要有方向一致的纱向符号，避免排料时出现“一顺”或漏排现象。如果衣片不对称，必须确认正面效果，以防左右颠倒
	纱向要求	排料时必须使样板上的纱向符号与布边保持平行，某些情况下，为了节约用料，一些用料可以允许少量偏斜（≤3%）

续表

铺布方式	铺布前，面料需要经过预缩、烫平、整纬等处理 裁案　布边　布料(反)　布边　折边　布料(反)　布边　布边　布料(正)　布边　(反)　折边 单层铺　对折铺　双折铺	
排料方法	先大后小	先排重要的大片，保证工艺要求，小片填补空隙，合理穿插
	紧密套排	样板形状各有不同，排列时尽可能做到直线对合，斜线反向拼合，凹凸相容，紧密套排
	缺口合并	样板之间的余料互相连续时，便于小片的插入，所以可以把两片样板的缺口拼在一起，加大空隙
	合理拼接	不影响外观为原则，在技术标准内允许适当拼接，目的是提高布料利用率；但拼接时，多一道工序，耗材耗工，需要权衡利弊，慎重采用

5. 裁剪工艺

裁剪工艺要求	精确性是裁剪工艺的主要工艺要求，为此，裁片时必须沿画线外沿剪。裁剪顺序为先小后大，因为先裁大片的话，余下的布料面积小而且零乱，不易把握，容易造成裁片变形或漏裁
裁剪方法	裁剪操作时，需要右手执剪，剪刀前端依托裁案，较直的裁边部位刃口尽量张开，一剪完成后，再向前推进，减少倒口；裁剪曲度较大的部位时刃口只需要张开一半，边裁边调整前进方向；同时左手轻压剪刀左侧布料，随剪刀跟进，双层裁剪时左手辅助尤其重要，可减少上下层裁片的误差。切忌将布料拎起，离开裁案裁剪
做记号	裁片分离后，在需要的位置扎眼、画线或打剪口作记号，要求位置准确，不能遗漏。特别注意打剪口的深度要求为“1/3缝份＜深度＜1/2缝份”，剪口过深会影响缝合，过浅不易对合
裁片检查	① 形状准确：裁片与样板的尺寸与形状保持一致，左右对称，正反无误，边缘整齐圆顺 ② 标记齐全：裁片上剪口与定位孔清晰，位置准确，无遗漏 ③ 数量一致：裁片与样板要求数量一致，无遗漏或多余 ④ 条格对应：要求条格对应的部位相合 ⑤ 外观合格：裁片纱向、色差、残疵等项符合标准要求。如果检查有不合格的衣片，需要更换

6. 缝制工艺

缝制工艺要求	缝制工艺是指将裁好的衣片按一定的顺序及组合要求缝制成服装的过程，包括流程设计、部位与部件工艺设计、组合工艺设计 不同部位及部件的组合方式会有所不同，需要根据工艺方法进行，但常规的工艺要求是基本一致的，即组合位置准确，接合平服，顺序合理
流程设计	流程设计是针对工艺特点及要求进行缝制顺序的安排。为方便表达流程，必须明确缝制过程中各部位的先后关系，每个部位各步骤的先后顺序，也就是通常所说的工序
	可以在图中以序号的形式表达制作顺序 
	也可以用框图的形式表达工序，下图为女衬衫的工艺流程框图 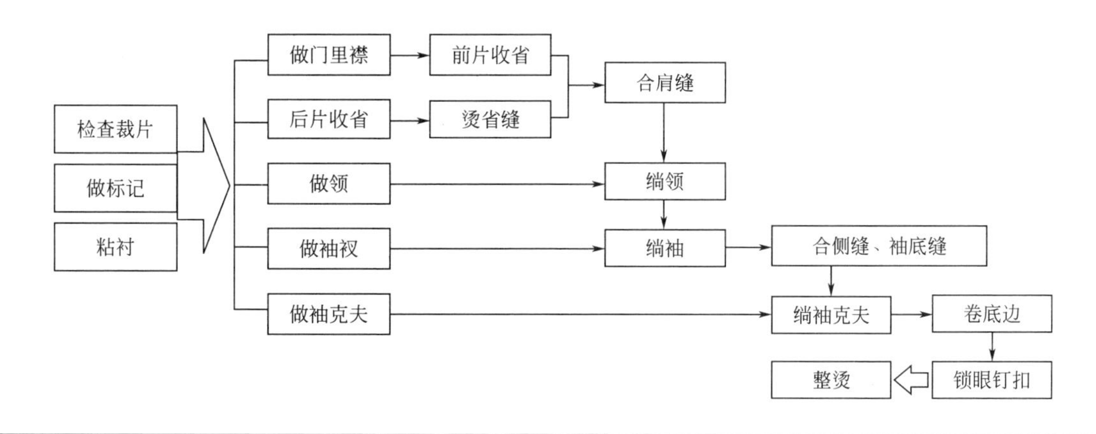
部位工艺	不同部位的衣片有不同的工艺方法及要求，称为部位工艺，如收省、拼合分割线、局部装饰、边缘止口等
部件工艺	常见的部件有领、门襟、口袋、袖、开衩、袖头、腰头、带类、襻类等
组合工艺	各部位衣片组合及部件与衣片组合的缝制工艺，称为组合工艺

三、手缝工艺基础

1. 手缝工具

工具	说明	图示
手针	又称缝针，是最简单的缝纫工具之一。针号小的针粗而长，针号大的针细而短。常用的手针为6号、7号。使用手针时，根据不同布料、不同技法及技术要求进行选择	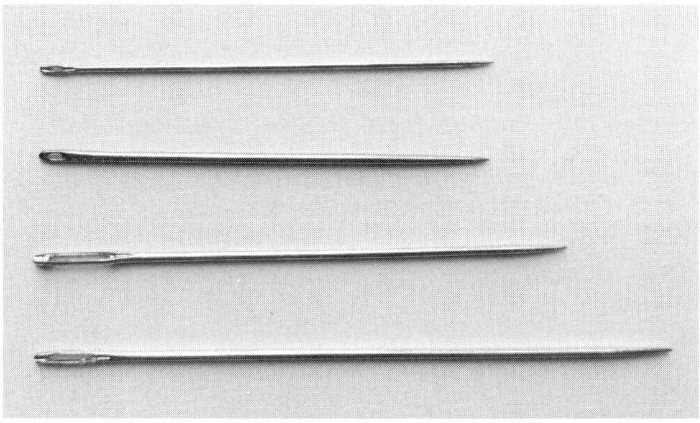
剪刀	剪线头用小剪刀，裁布料用专用大剪刀。剪袋口、袖衩、半门襟等时特别要求剪刀要尖而且锋利	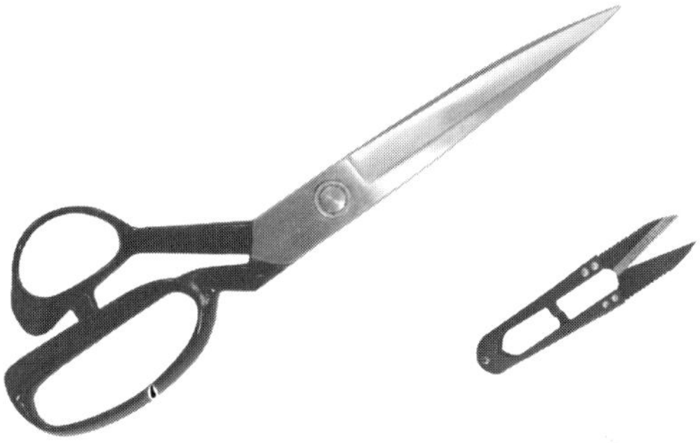
其他工具	手缝工艺常用的辅助性工具有镊子、锥子、拆线器等	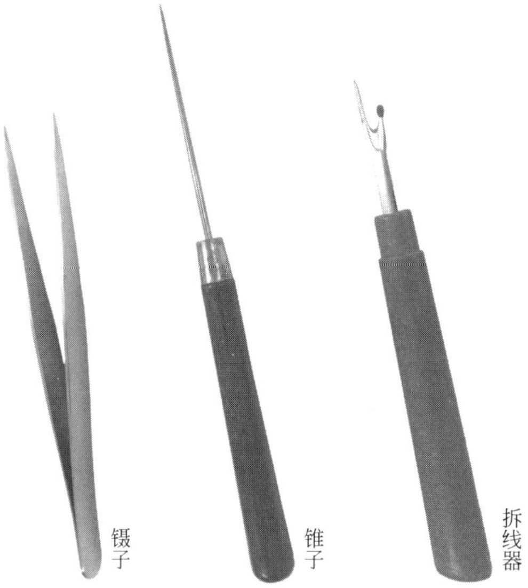 镊子 锥子 拆线器

2. 针线的使用

线	常见缝线的品种有棉、丝、毛、混纺及各种化纤线，各种线因材质、粗细不同而用途不同，根据布料、针法及手针的号数等选用	
穿线及运针	左手捏针，右手捏线，两手相抵穿线 运针时，右手捏住针杆中段，中指戴顶针抵住针尾	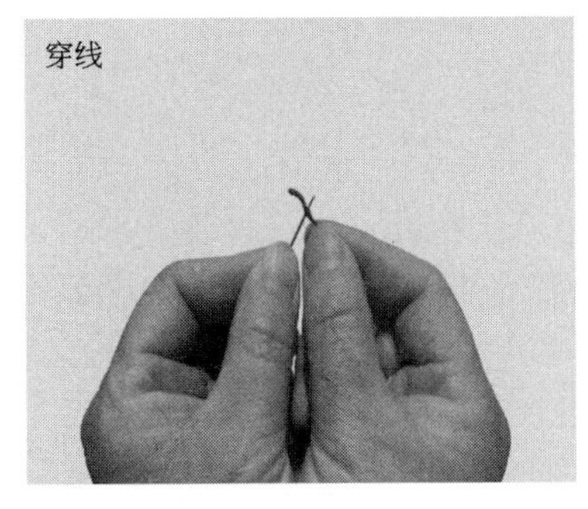 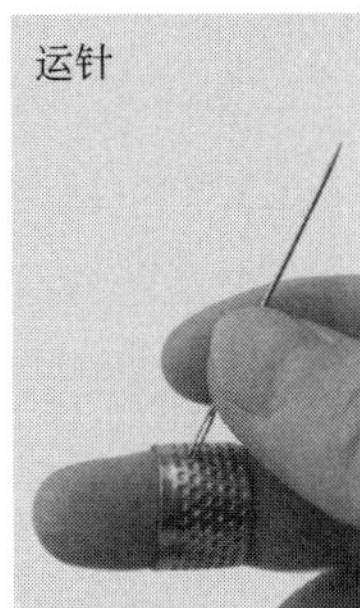 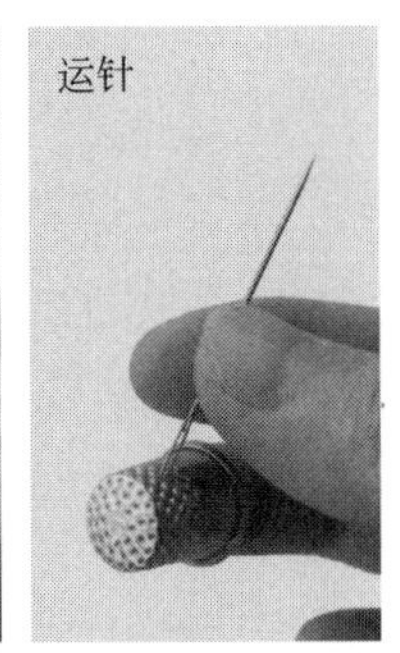
打起针结	要求线结光洁，大小适中，尽量少露线头	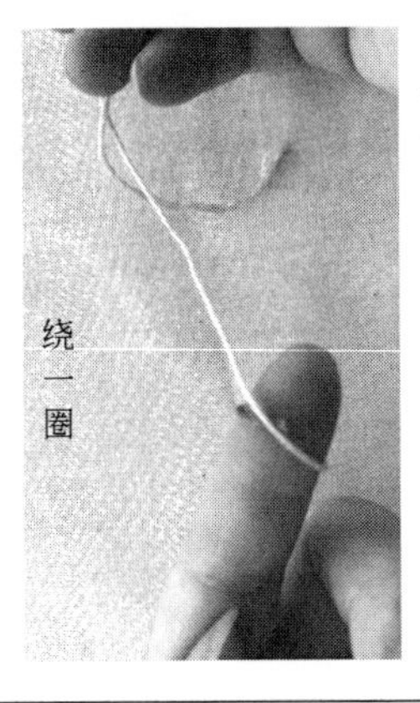 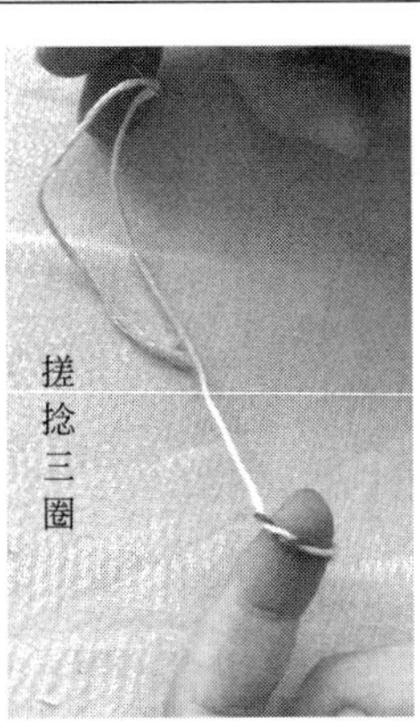 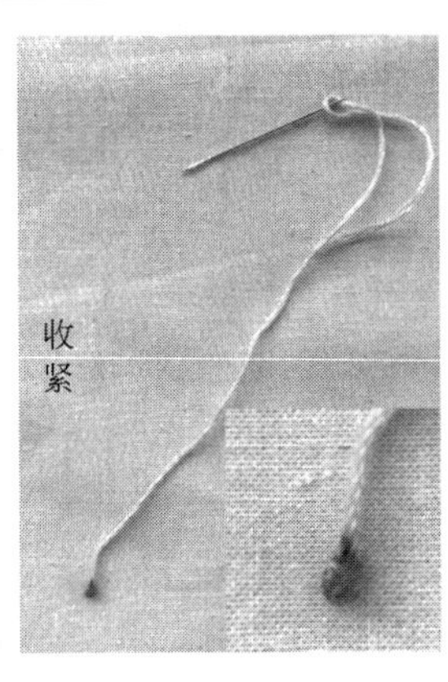
打止针结	要求线结紧扣布面，并在原地回一针，将结拉入布层	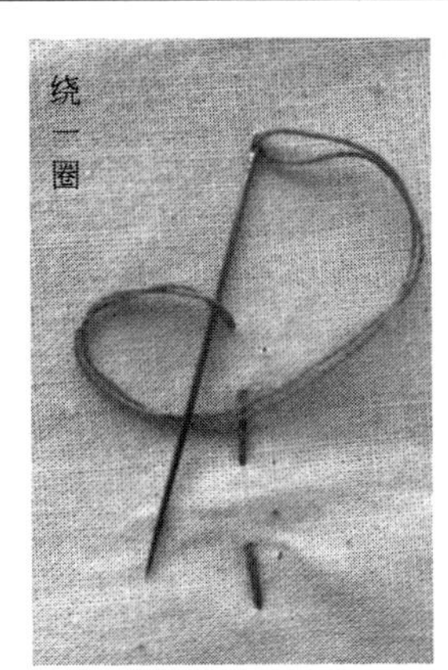 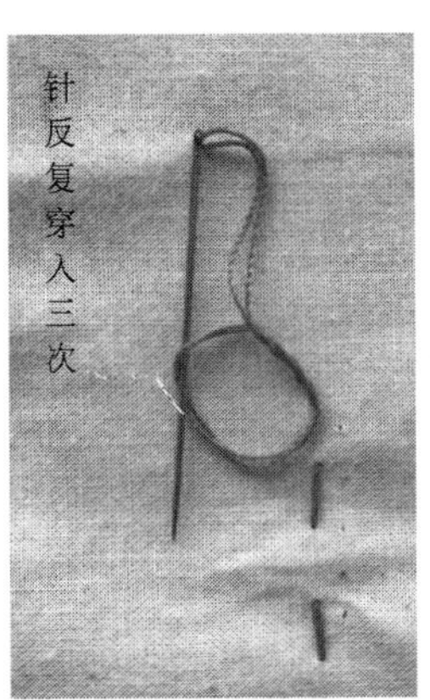 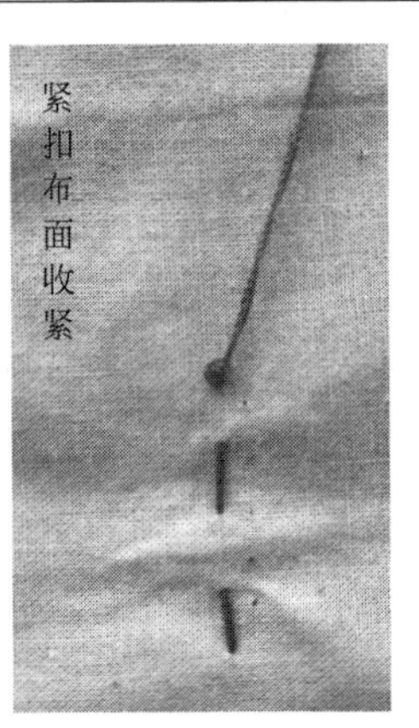

3. 手缝针法

拱针	俗称纳针，一上一下、自右向左顺向等间距运针（正反面线迹相同），主要用于袖口收细褶、袖山头吃势、两层衣片的缝合等	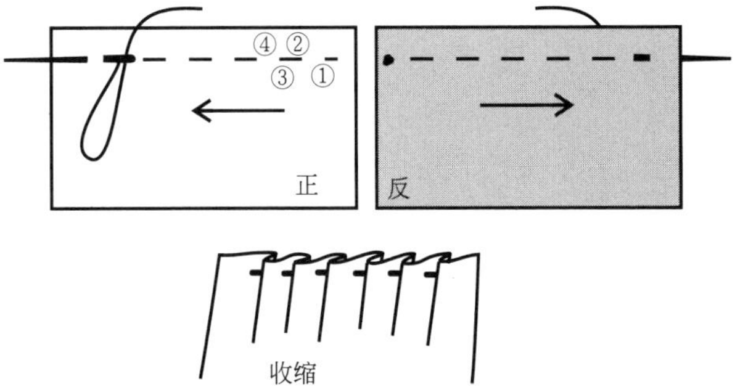 ④ ② ③ ① 正 反 收缩
打线钉	用单股或者双股的白色粗棉线，在对称的两层裁片上做对应的定位标记，多见于单件制作毛料服装。一般位置打“一”字钉，转折或交点部位打“十”字钉。裁片表面线头修剪至0.2cm左右，打散拍毛，避免滑脱	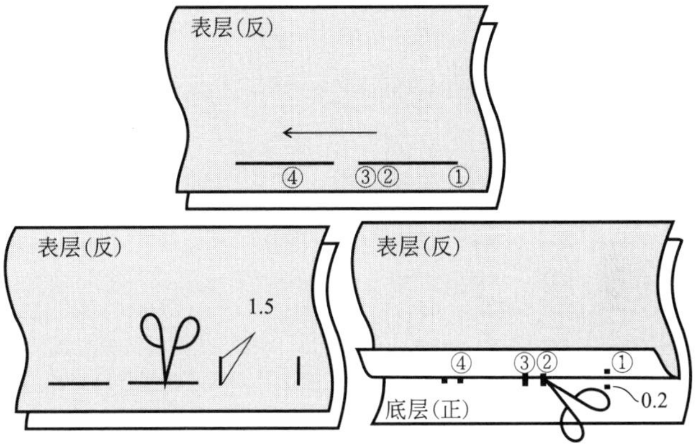 表层(反) ④ ③② ① 表层(反) 1.5 表层(反) ④ ③② ① 底层(正) 0.2
回针	也称钩针或倒钩针，自左向右运针，进退结合。一般用在高级毛料服装的领口、袖窿等受力部位，起加固作用	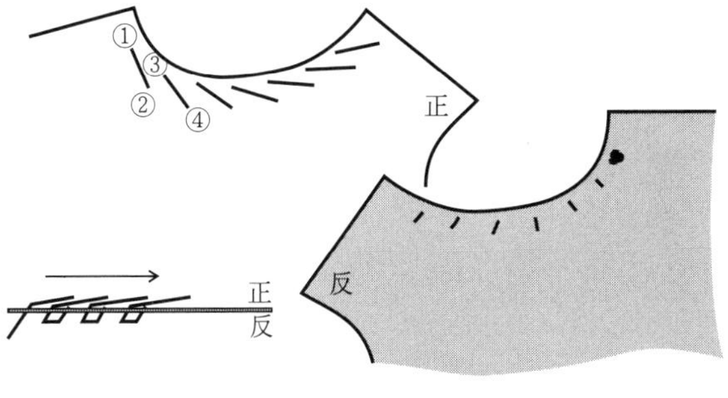 ① ③ ② ④ 正 反 正 反
绕缝	俗称甩缝子、反缝头，使用白粗棉线，环住边缘毛边，主要用于挂里子的毛呢服装	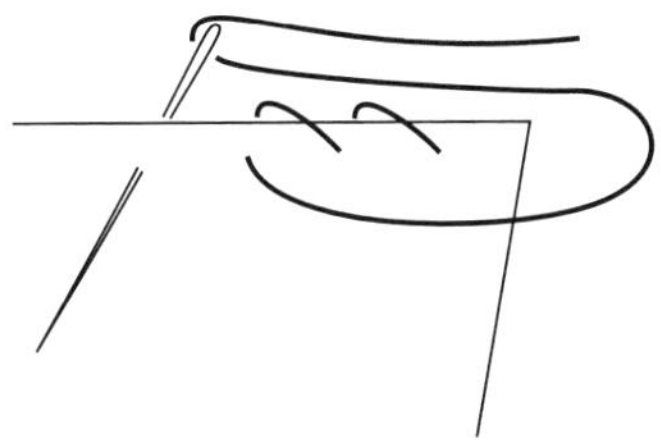
顺钩针	仿机器线迹的针法，自右向左运针，进一针退半针，表面线迹前后相接成直线状，底面线迹成交互重叠状，缝口平整、牢固，用于裁片的连接	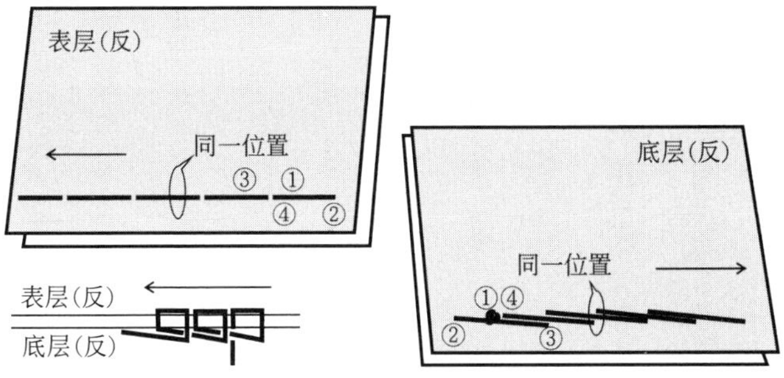 表层(反) 同一位置 ③ ① ④ ② 表层(反) 底层(反) 底层(反) 同一位置 ①④ ② ③

续表

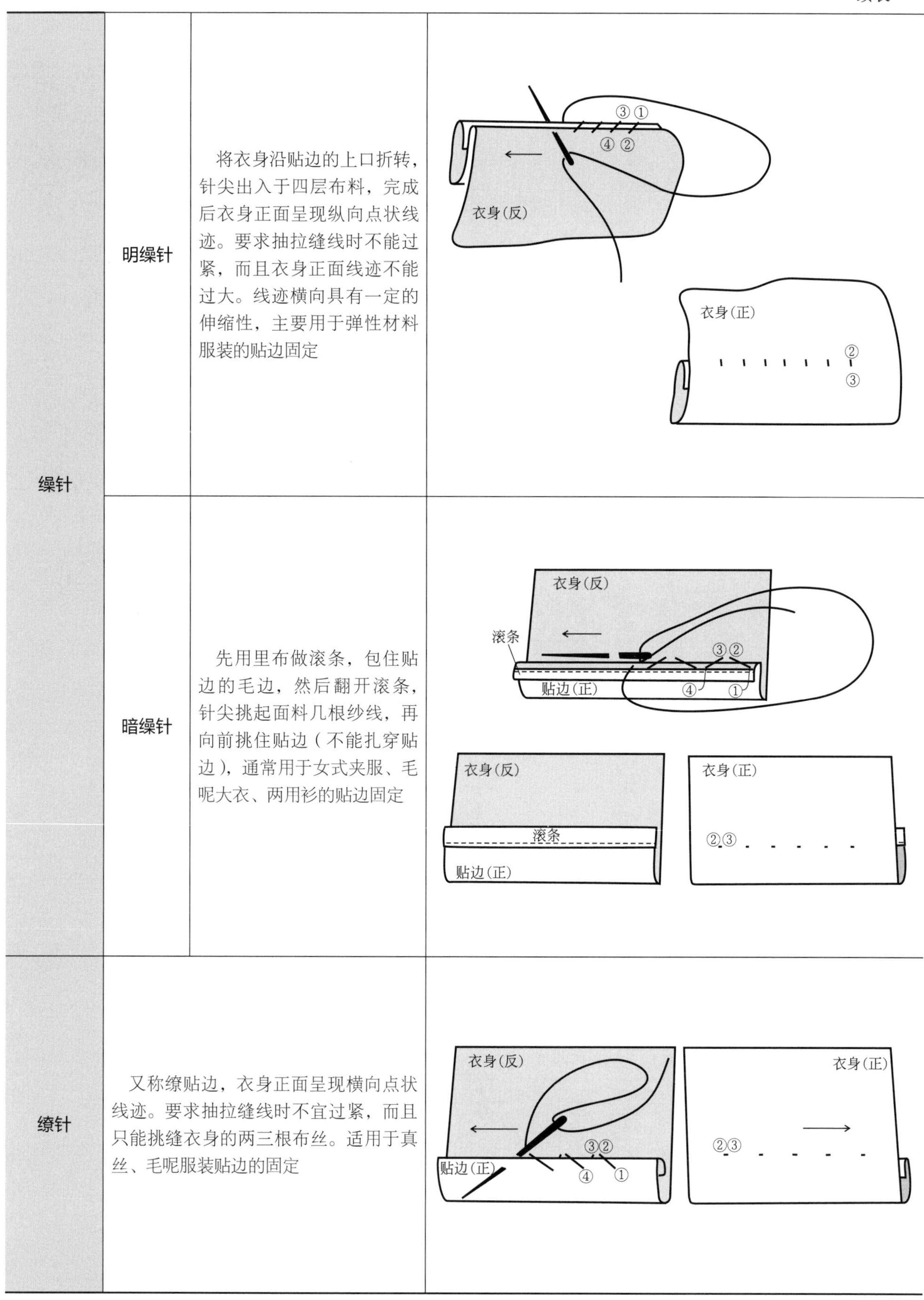

缲针	明缲针	将衣身沿贴边的上口折转，针尖出入于四层布料，完成后衣身正面呈现纵向点状线迹。要求抽拉缝线时不能过紧，而且衣身正面线迹不能过大。线迹横向具有一定的伸缩性，主要用于弹性材料服装的贴边固定	
	暗缲针	先用里布做滚条，包住贴边的毛边，然后翻开滚条，针尖挑起面料几根纱线，再向前挑住贴边（不能扎穿贴边），通常用于女式夹服、毛呢大衣、两用衫的贴边固定	
缭针		又称缭贴边，衣身正面呈现横向点状线迹。要求抽拉缝线时不宜过紧，而且只能挑缝衣身的两三根布丝。适用于真丝、毛呢服装贴边的固定	

续表

三角针	也称黄瓜架、十字针，表面线迹呈“V”形。主要用于锁边后的贴边固定。线迹要求整齐、均匀，密度适中，正面少露线迹	
花绷	花绷的操作方法与三角针相同，线迹呈“X”形，用于表面装饰线迹或者贴布绣	
杨树花针	由衣里的正面，从右端起针，针针相套延续，每个方向的针数可以有一针、二针或三针。杨树花针是一种具有装饰性的花形针法，用于女装里子下摆贴边的固定	

续表

<table>
<tr><td rowspan="6">锁针</td><td colspan="3">即锁扣眼针法。扣眼形状分长方形（平头眼）、火柴形（圆头眼）两种。平头眼一般用在衬衫、内衣、童装上；圆头眼用在外套横向开眼的夹、呢、棉服装上。扣眼开在门襟上，习惯有“男左女右”的说法，现在有些女装也采用左门襟。扣眼大小一般为“扣子直径+厚度”。下面介绍锁圆头眼步骤</td></tr>
<tr><td>定位</td><td>确定位置时，应超出前中心线0.2cm，按设计要求等距离做记号，扣眼大小必须一致</td><td> 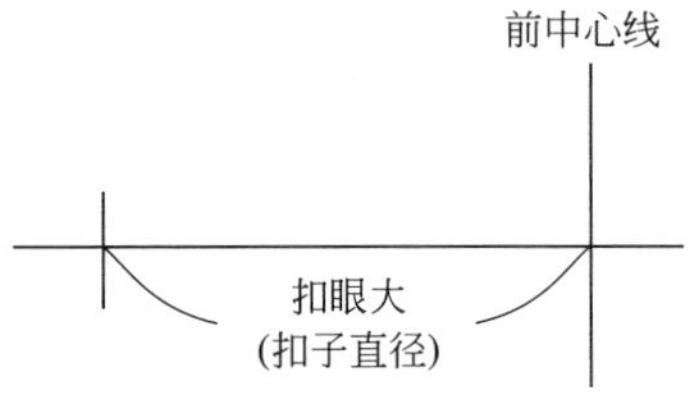前中心线
扣眼大
(扣子直径)</td></tr>
<tr><td>剪扣眼</td><td>先沿记号对折，剪开小口，然后打开向两端剪，超出中心线部分剪出圆头</td><td> 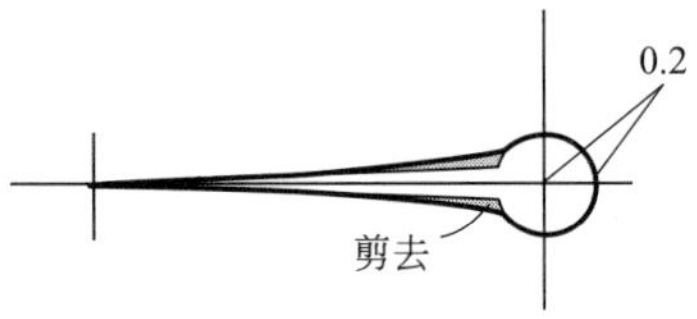0.2
剪去</td></tr>
<tr><td>打衬线</td><td>衬线由夹层中间起针，线不宜抽得太紧，但要平直。打衬线既能加固扣眼边缘也能使上下层的布料平服。门襟比较薄时常省略此步</td><td> 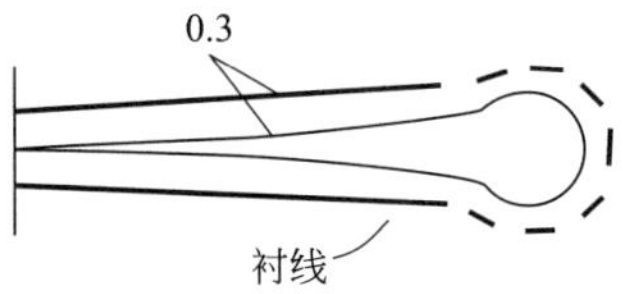0.3
衬线</td></tr>
<tr><td>锁眼</td><td>左手的食指和拇指捏牢扣眼尾端，食指在扣眼中间处撑开，然后针从衬线外侧入针、从扣眼中间出针，随手把针尾引线套住针尖，收紧线圈形成第一个锁眼线迹。同样方法，针针密锁至圆头处。锁圆头时针法相同，只是每针拉线方向都要经过圆心</td><td></td></tr>
<tr><td>尾端封口</td><td>在尾端缝两条平行封线，并在封线上锁两针，将尾端封牢；针向反面穿出，打止针结，线结抽入夹层中隐藏</td><td> 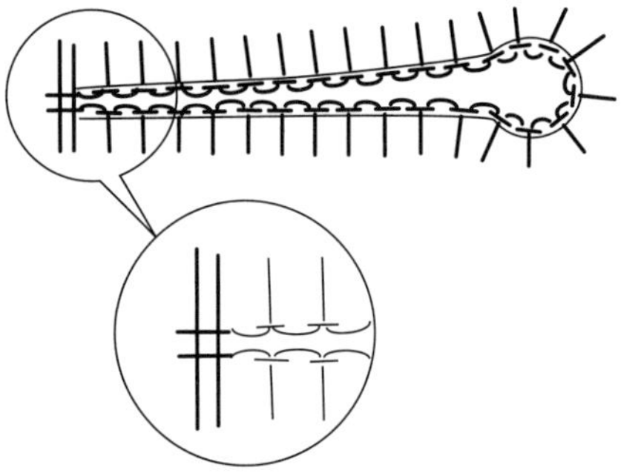</td></tr>
</table>

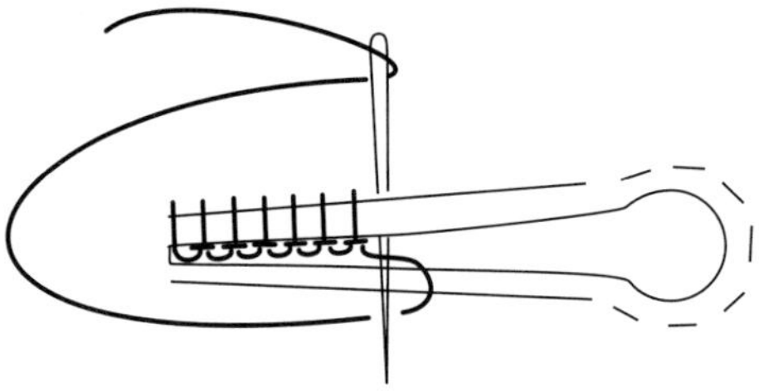

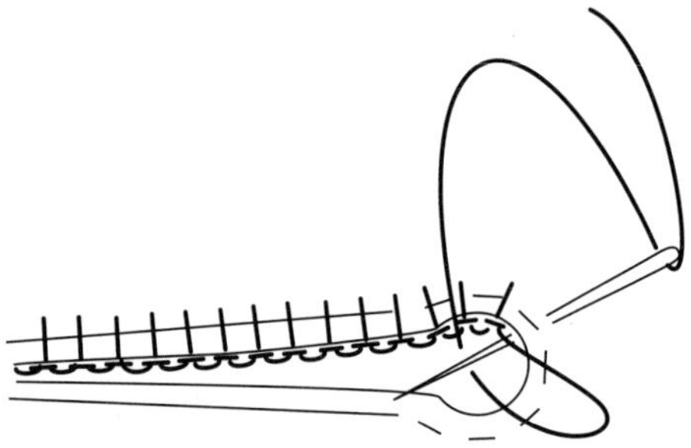

续表

钉针	即钉扣针法。纽扣分实用扣、装饰扣两种。装饰扣只需平服地钉在衣服上，而实用扣要求绕有线柱。以实用扣为例说明缝钉步骤，为了防止衣襟受力，钉扣时可以在内层加支力扣		
	定位	在扣位画出“十”字记号，穿好双股线，从正面O处入针，线结留在正面，钉扣后必须被全部遮盖，正反面都要整洁	A C O B D $OA=OB=OC=OD=0.2\text{cm}$
	缝扣	由A处出针，B处入针，往复四次（俗称四上四下），完成一组线迹；C、D处完成另一组线迹。缝线顺序也可以是先AC后BD，或者先AD后BC，不同顺序使得扣表面线迹不同。特别注意每次穿引线必须松量一致（略大于门襟厚度），便于绕线柱	留出松量
	绕线柱	绕线柱时由上而下，紧密缠绕，一般绕6～8圈，高度为3～5mm，保证扣好纽扣后衣服平整、服帖	
	收针	在线柱底端打止针结，并将线结引入线柱内；然后针穿至反面，紧扣布面再打止针结，针再次穿至正面，将线结带入夹层，保证反面整洁	

续表

拉线襻	活线襻	由反面起针，原地缝两针后留出线套；左手、右手配合完成线套后，针从最后一个线套中穿出；在既定位置缝两针固定，收针。用于衣身（裙身）下摆处贴边与里子贴边的半固定连接，也可在裙腰里侧作吊挂带	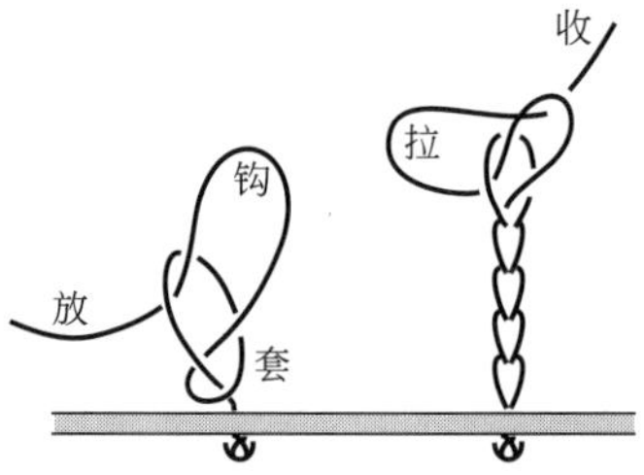
	梭子襻	由反面起针，环环相套，缝出链状线迹，可以成直线状，也可以根据要求走曲线（①②③④是起针顺序）；收针时，出针后跨过线套同一点入针，反面打结即可。用于袖口开衩处的假扣眼	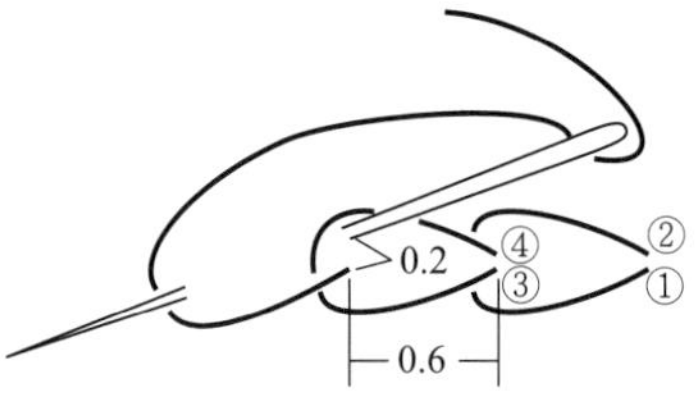
	双花襻	在确定的位置打四条衬线，正面留出约30cm线尾；然后线头、线尾分别在衬线两侧往复穿套，直到填满衬线；最后将两线头穿至反面打结、收针。用于驳头的插花眼	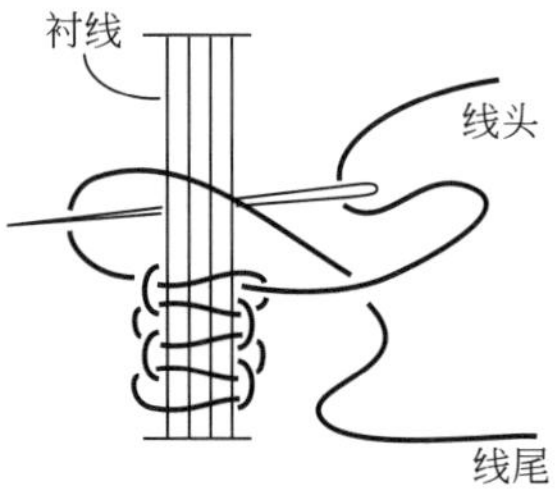
打套结	由反面起针，先并排缝四行衬线，然后用锁针缝牢衬线及布面，注意抽线时不宜太紧，每针拉力要均匀。要求针针密锁，排列整齐。衬线锁满后针穿至反面打结。主要用于服装摆缝开衩处、袋口两端、门襟封口等部位，既增加牢度又美观		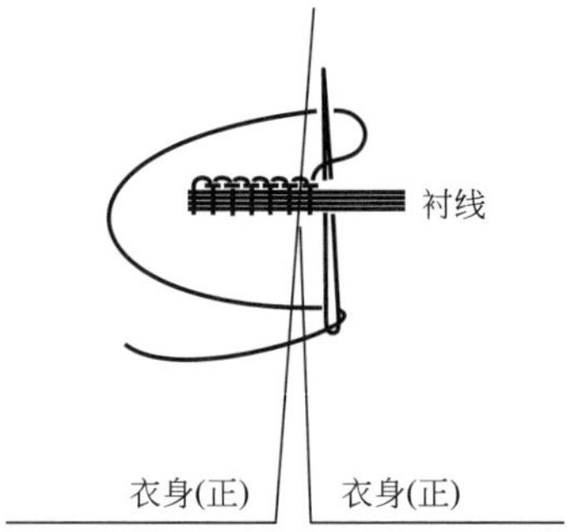

4. 手缝装饰工艺

（1）绣花

平针	平针是一种常用的、简单的针法，也是刺绣的基本针法。即一针上，一针下，进针、出针均与布面垂直。要求带线时松紧一致，针迹整齐，线迹排列均匀，密而不叠。平针排列可以组成各种图案	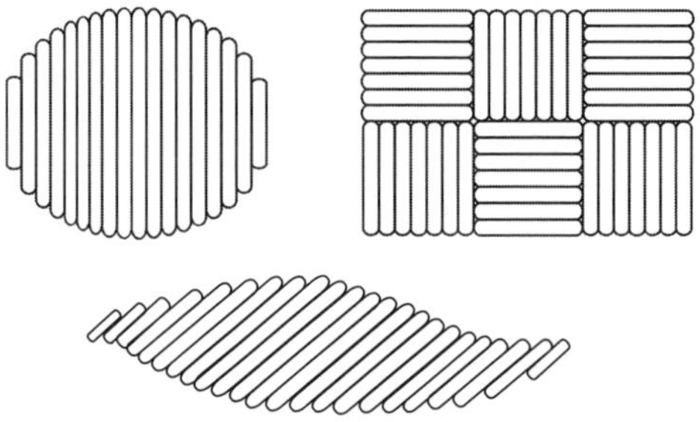

续表

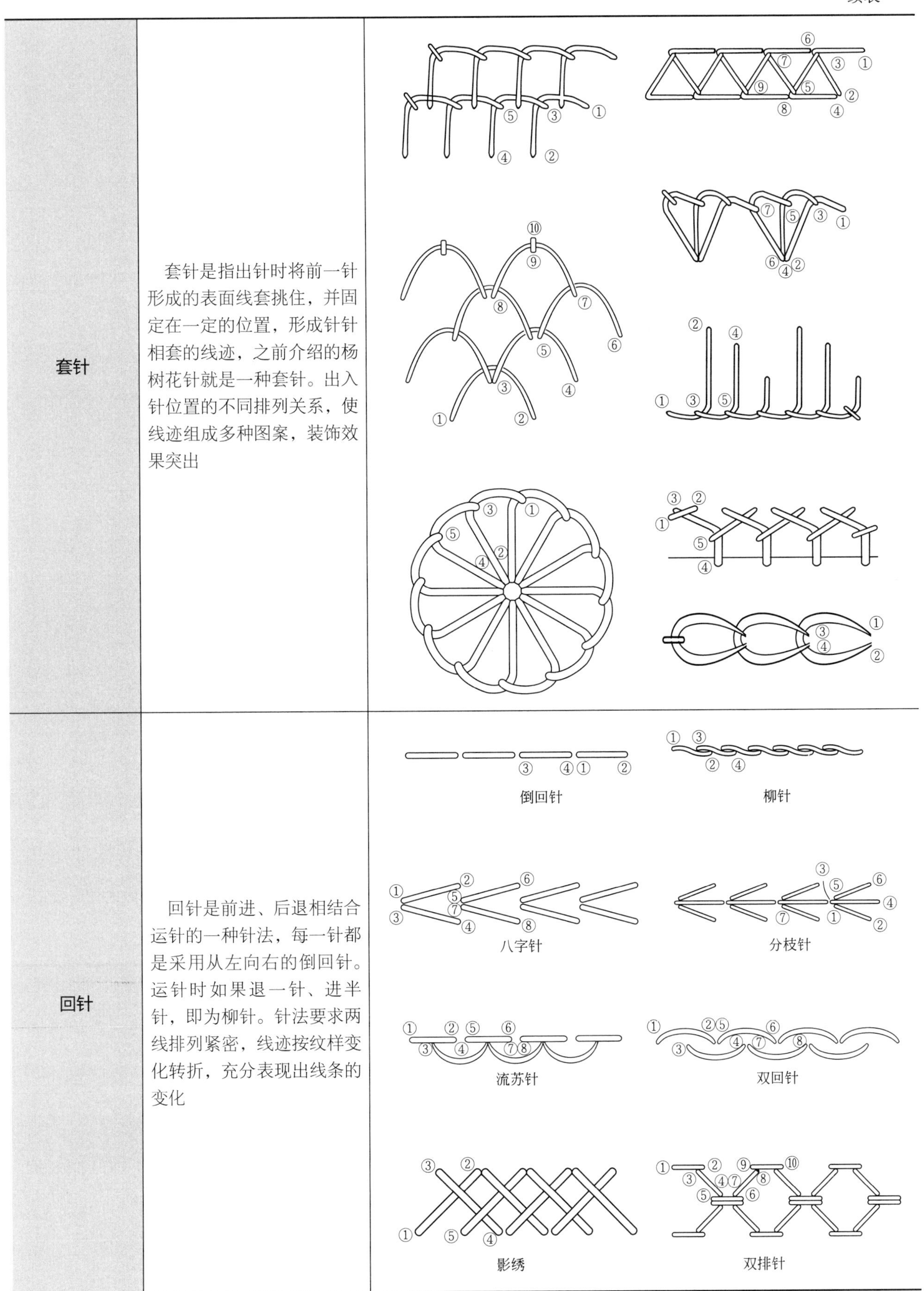

套针	套针是指出针时将前一针形成的表面线套挑住，并固定在一定的位置，形成针针相套的线迹，之前介绍的杨树花针就是一种套针。出入针位置的不同排列关系，使线迹组成多种图案，装饰效果突出	
回针	回针是前进、后退相结合运针的一种针法，每一针都是采用从左向右的倒回针。运针时如果退一针、进半针，即为柳针。针法要求两线排列紧密，线迹按纹样变化转折，充分表现出线条的变化	倒回针 柳针 八字针 分枝针 流苏针 双回针 影绣 双排针

续表

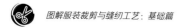

绕针	链形针	又称拉链绣，制作时要求链状均匀，整齐美观，线不宜过紧	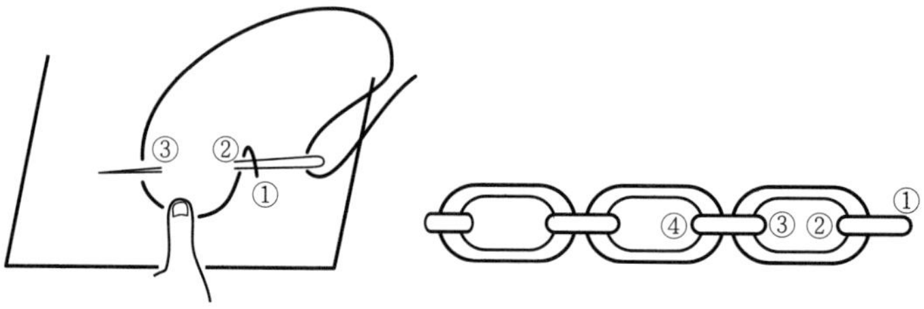
绕针	打籽针	又称圆子针，多用于花蕊。线在针上绕2～3圈，紧靠出针处入针，形成圆粒状线迹	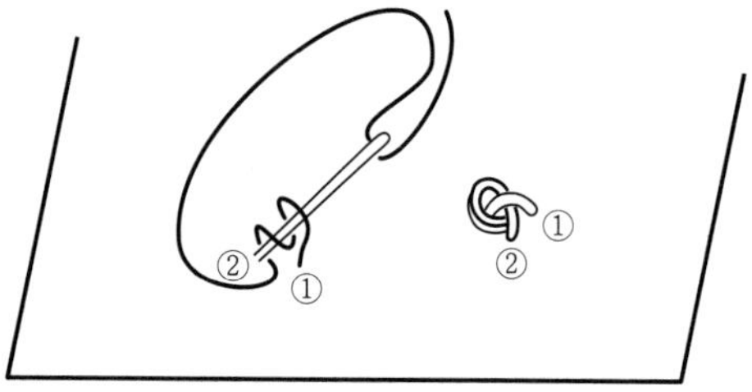
	节子针	又称缠针，线在针上绕数圈后，拔针抽线，然后进行打结，可组成各种花型和图案	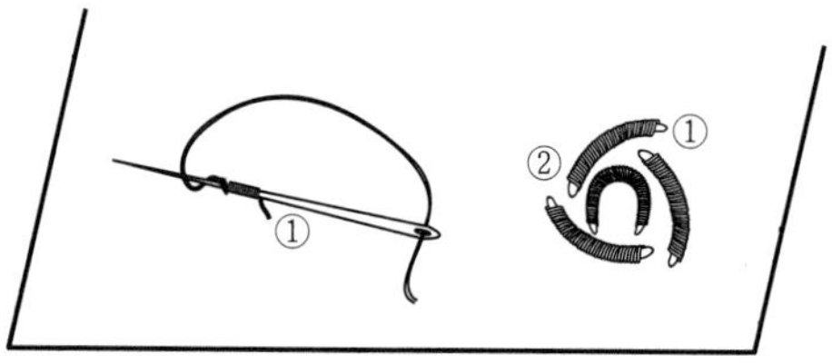

（2）挑花

挑花工艺	挑花图案构图严谨，多为对称、平稳的形式，简练而夸张。用线色彩对比强烈，极富特色。挑花工艺针迹短，排列紧凑，耐磨、耐洗，大多装饰于袖口、领外口、挂袋、手帕等。常见的有十字挑、一字挑、套针挑等
挑花材料及工具	• 挑花适宜于在厚实的棉土布上挑绣，也可选用平纹织物，如夏布、亚麻布、十字布、网眼布等 • 挑花用线可选丝绣线、棉绣线或细绒线 • 根据线的粗细选用手针
十字挑花针法	进针、出针的方向基本在一条垂直线上，行针方向为水平线 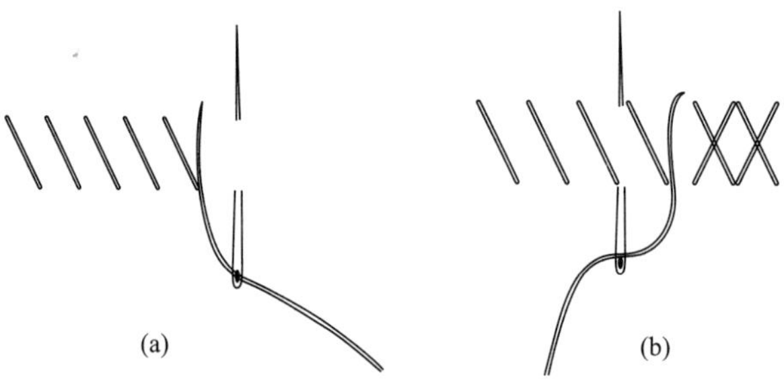 (a)　(b)

续表

十字挑花图案	线迹组合要注意交叉方向一致，交叉线迹呈90° 角，反面线迹呈垂直、水平状排列

（3）扳网

扳网工艺		扳网也称缩褶、打缆。首先要在面料上有规则地行针，且将绗线抽紧，使面料形成有规则的细裥，在裥的折边部位用装饰线进行有规则地编缝，形成各种网状图案。这种工艺不仅具有很强的装饰性，而且能产生松紧变化，从而使服装造型也产生一定变化，既美观又舒适，多用于生活中的女装和童装的局部装饰，如腰部、袖口等处
扳网材料及工具		• 扳网适合选用薄型、浅色或素色的织物，如细棉布、府绸、涤棉织物等 • 扳网用线一般是各色棉绣花线。第一行绗缝抽缩线，多用结实的涤纶线 • 根据线的粗细选用合适的手针
扳网用料计算		因要经过缩褶，所以必须计算好用料，可以通过试缝算出，也可以直接按比例确定。例如，取30cm长布条，试缝抽缩至要求的状态，量取其长度为12cm，则抽缩比例为12 ∶ 30=2 ∶ 5，即完成状态需长2cm，用料就需5cm，根据完成后需要的长度算出用料长；另一种方法是直接确定比例1 ∶ 2或1 ∶ 3等，根据需要长度计算用料长，则省去了试缝，但在该比例情况下，裥的效果是不好预见的，通常有一定经验才能把握得更好
扳网工艺步骤	绗缝	用涤纶双股线穿针，形成四股线后打结。在距布料上口1.5cm处画线，以下每隔2cm画一条线，平行排列，沿第一道画线自右向左拱针，针距为0.3 ～ 0.4cm，然后将布料抽紧至所需长度，将两端线打死结，保证长度不再改变。可将缩好褶的布料固定在桌边或桌面上，准备绗缝
	编缝	根据选用的编缝针法，一般为自左向右行针，完成一行即打结收尾，下一行仍要自左向右行针

续表

扳网图案	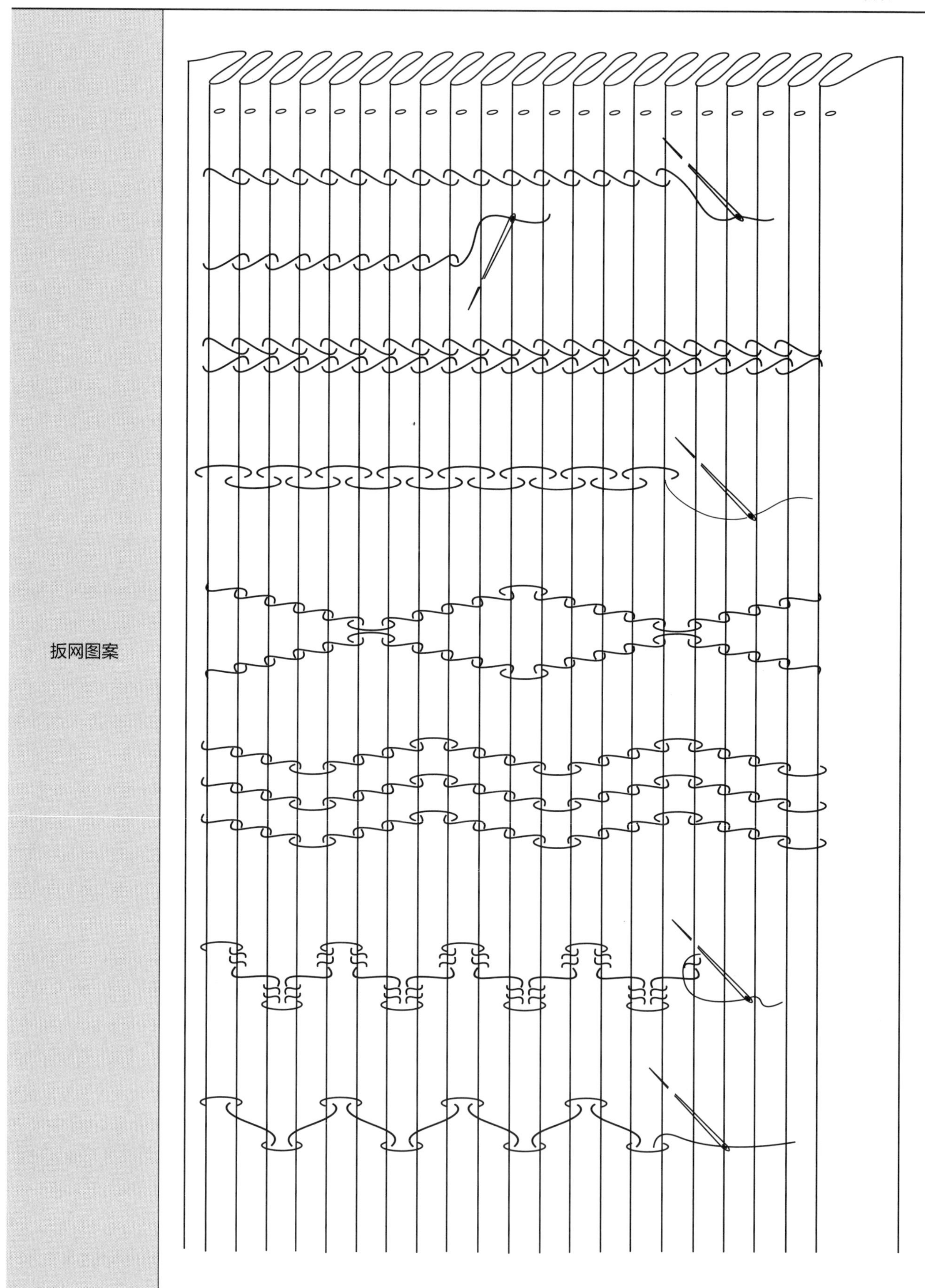

（4）缀缝

缀缝工艺		缀缝是在面料上定点，通过手工缝缀，使对应点聚拢并固定的方法。成型后，表面形成单元式组合的褶纹，呈现凹凸、旋转、生动活泼的效果。缝缀方法不同，成型的表面纹理不同，有规则的，也有随机的，立体感突出
缀缝材料的选用		所使用的材料要求可塑性好，具有适当的厚度与光泽度，如丝绒、天鹅绒、涤纶长丝织物等
步骤	备料	准备一块边长为30cm的正方形样布，在布的反面以一定间距画好网格，间距的大小决定一个单元花型的大小，以下样品网格间距为2cm
	编制	缝制时每个单元取点的个数、顺序不同，完成的表面效果不同
缀缝花型	枕头纹	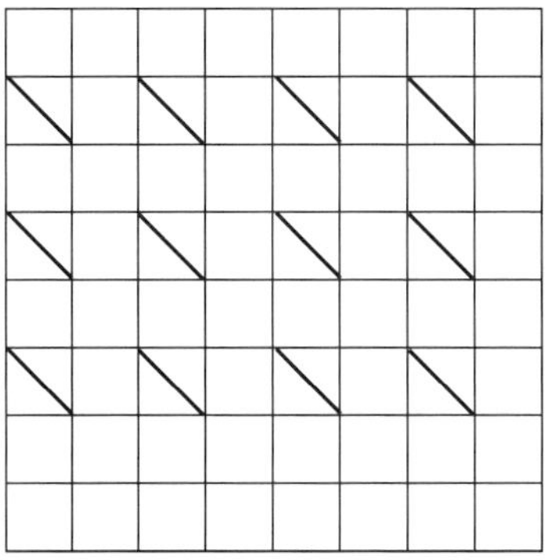 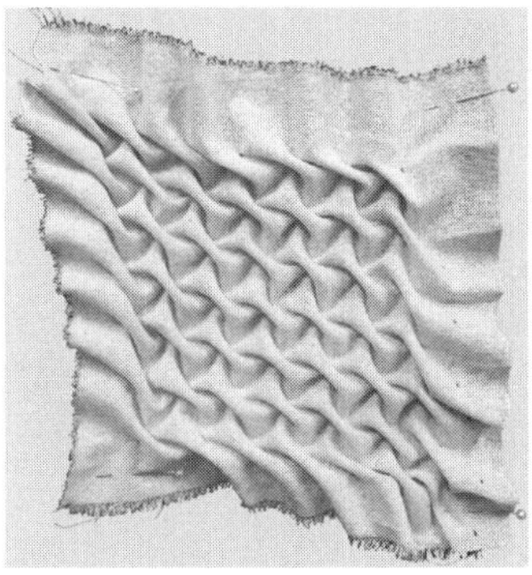
	水波纹	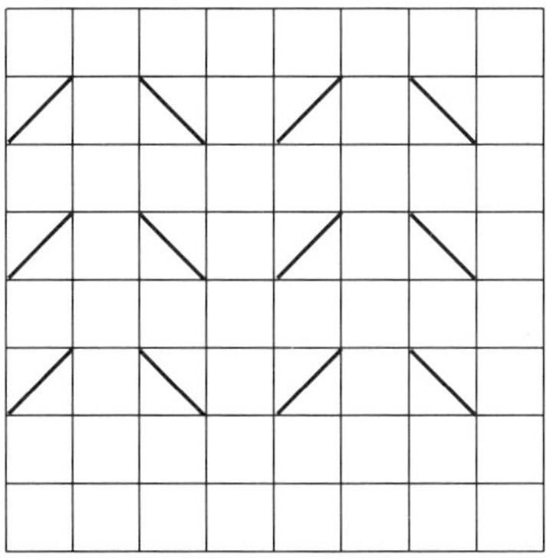 
	人字纹	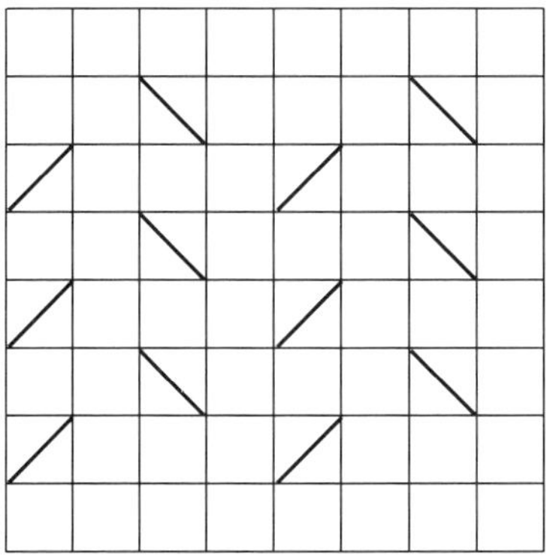 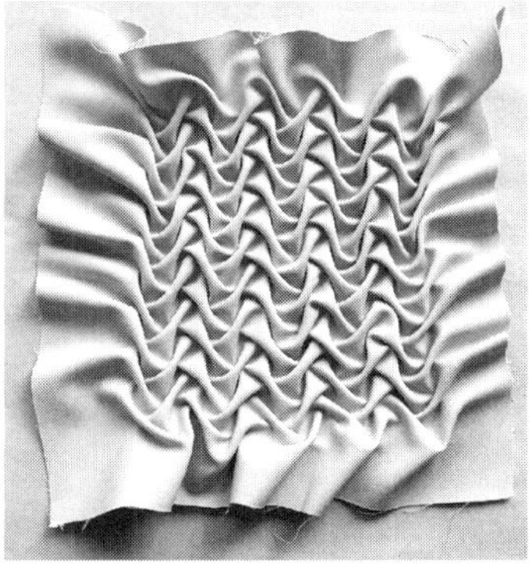

续表

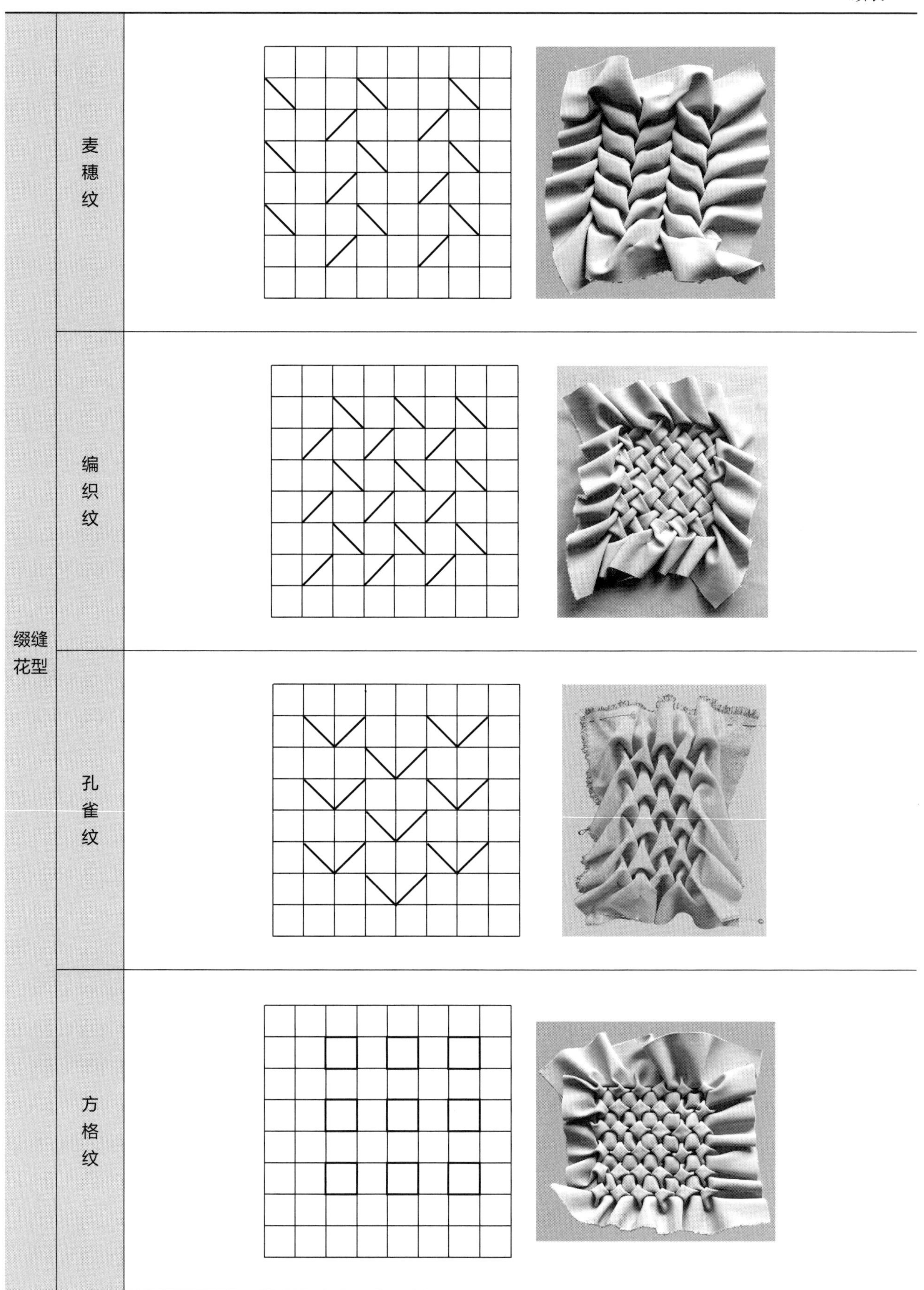

（5）盘扣

盘扣工艺简介		盘扣是我国服装行业的传统手工艺，有着悠久的历史和鲜明的民族风格，是旗袍等中式服装上的必要附件，因为扣珠似葡萄，也称为葡萄扣
做纽条	缲缝式	将宽2cm左右的正斜布条向反面各折转0.5cm左右，边折边缲缝，要求针迹细密、工整，用薄料制作时，纽条中间可衬几根棉线
	机器钩缝式	将宽1.8cm的正斜丝布条正面相叠，沿边缝线，缝份为0.4cm，然后翻至正面形成纽条（借助长针）。有时为使盘花扣便于造型，纽条中还可包入细铜丝
盘扣珠		盘葡萄扣珠时要求扣珠坚硬、匀称，可借组镊子逐步盘紧，纽条缝口不能露在表面 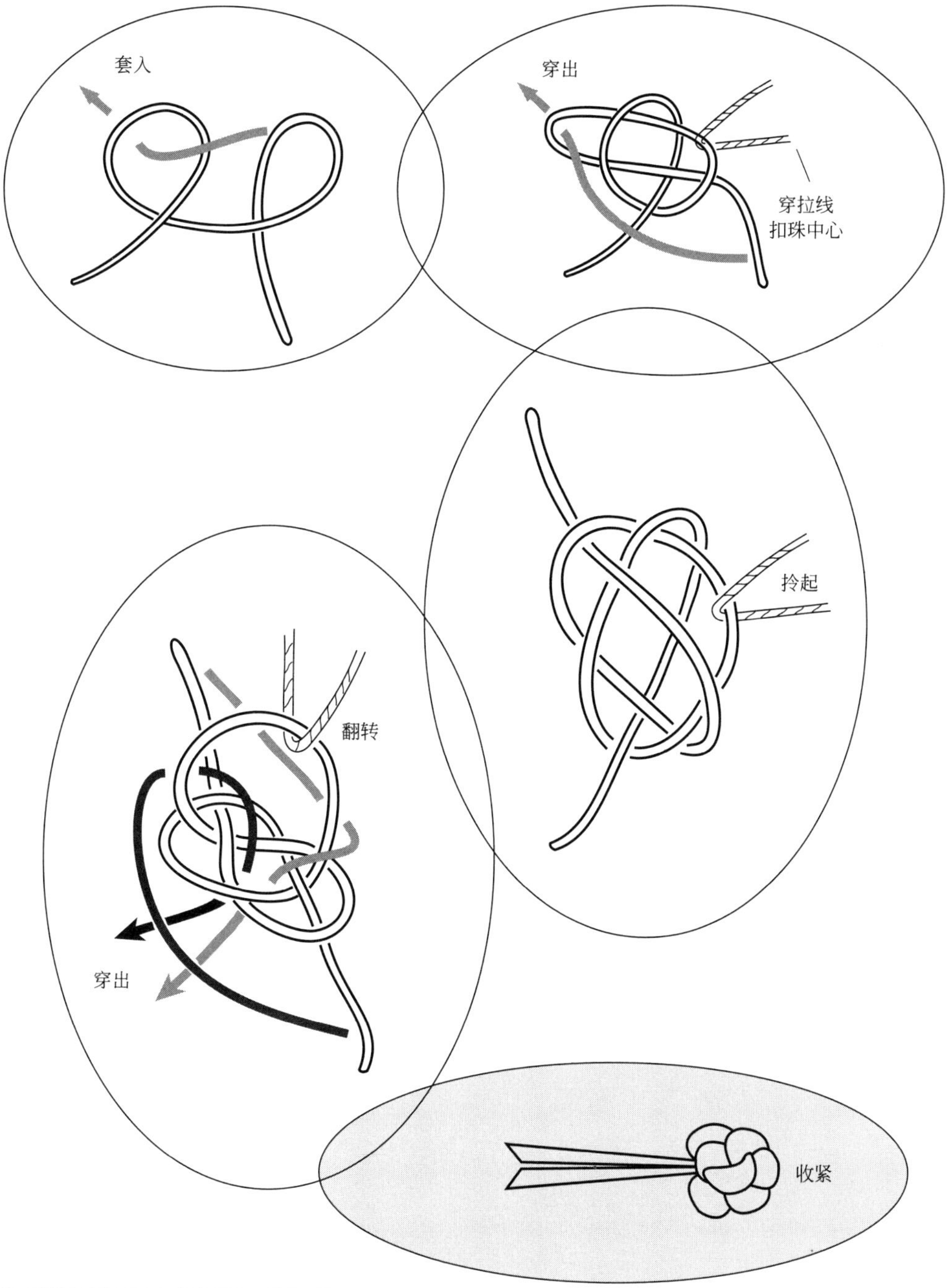

续表

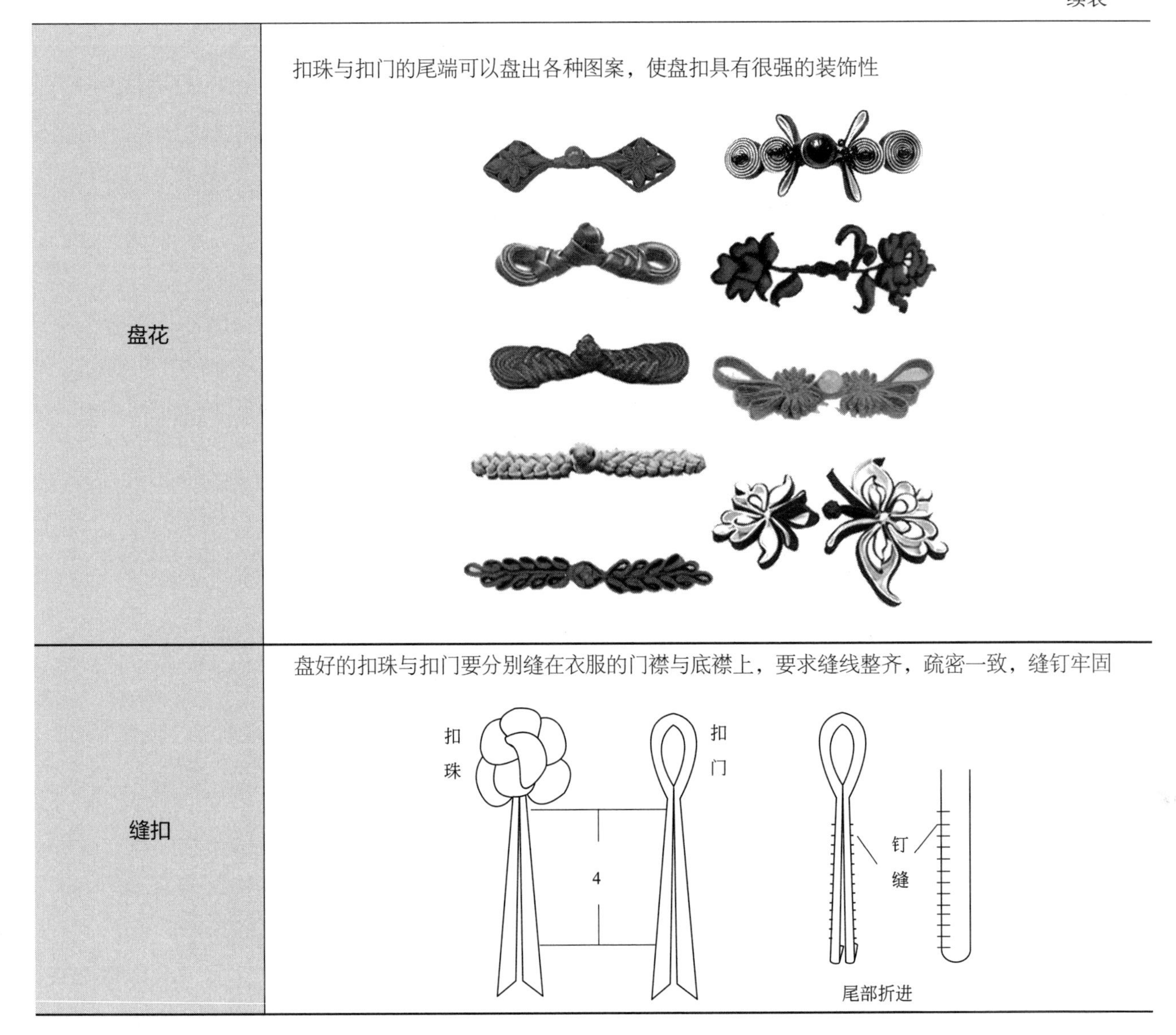

盘花	扣珠与扣门的尾端可以盘出各种图案，使盘扣具有很强的装饰性
缝扣	盘好的扣珠与扣门要分别缝在衣服的门襟与底襟上，要求缝线整齐，疏密一致，缝钉牢固

四、机缝工艺基础

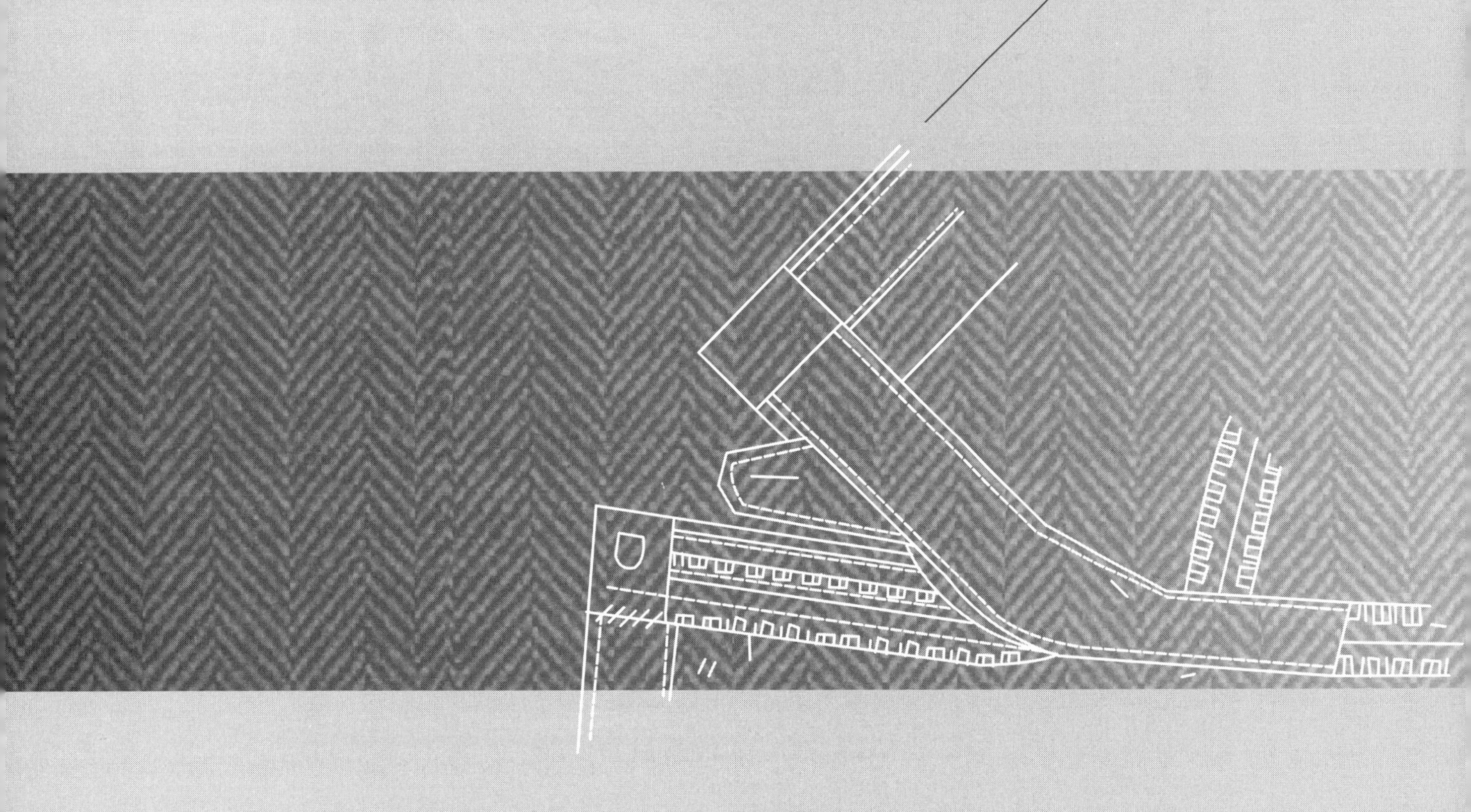

1. 机缝常用设备

（1）多功能缝纫机

多功能缝纫机简介	多功能缝纫机集直线缝、曲折缝、锁眼等功能于一身，有的多功能缝纫机还具备自动调节线张力的功能，有的则仅需轻按一键便可实现自动倒缝、自动剪线等功能，操作简便，适合家用	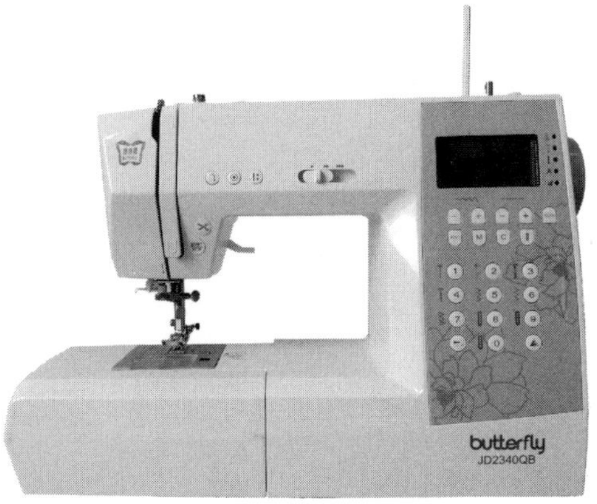 butterfly JD2340QB
线迹	多功能缝纫机能够完成多种线迹，有些还能通过电脑控制实现专业绣花的功能	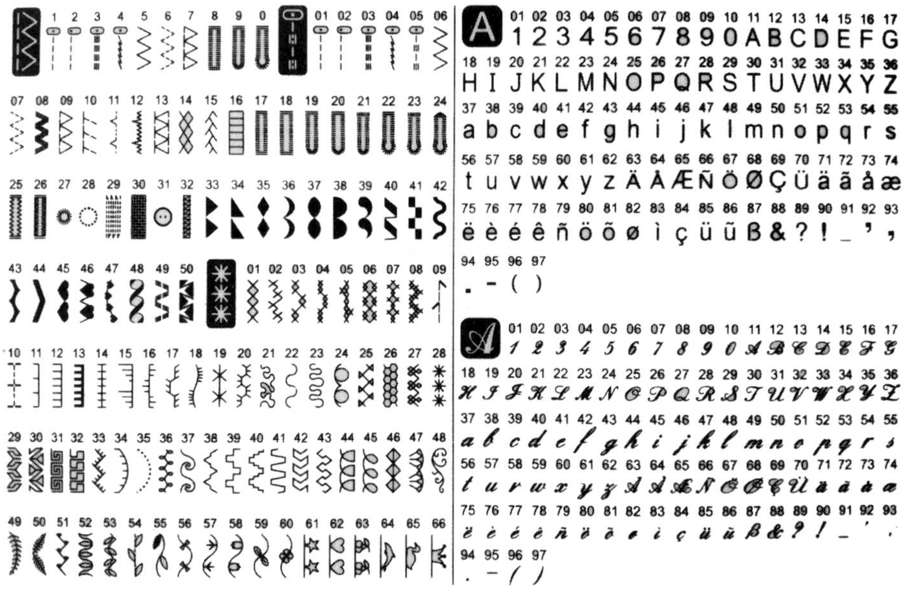 1 2 3 4 5 6 7 8 9 0 01 02 03 04 05 06 07 08 09 10 11 12 13 14 15 16 17 18 19 20 21 22 23 24 25 26 27 28 29 30 31 32 33 34 35 36 37 38 39 40 41 42 43 44 45 46 47 48 49 50 01 02 03 04 05 06 07 08 09 10 11 12 13 14 15 16 17 18 19 20 21 22 23 24 25 26 27 28 29 30 31 32 33 34 35 36 37 38 39 40 41 42 43 44 45 46 47 48 49 50 51 52 53 54 55 56 57 58 59 60 61 62 63 64 65 66 A 01 02 03 04 05 06 07 08 09 10 11 12 13 14 15 16 17 1 2 3 4 5 6 7 8 9 0 A B C D E F G 18 19 20 21 22 23 24 25 26 27 28 29 30 31 32 33 34 35 36 H I J K L M N O P Q R S T U V W X Y Z 37 38 39 40 41 42 43 44 45 46 47 48 49 50 51 52 53 54 55 a b c d e f g h i j k l m n o p q r s 56 57 58 59 60 61 62 63 64 65 66 67 68 69 70 71 72 73 74 t u v w x y z Ä Å Æ Ñ Ö Ø Ç Ü ä å à æ 75 76 77 78 79 80 81 82 83 84 85 86 87 88 89 90 91 92 93 ë è é ê ñ ö ò ø ì ç ü ù ß & ? ! _ ' , 94 95 96 97 . - ( ) A 01 02 03 04 05 06 07 08 09 10 11 12 13 14 15 16 17 1 2 3 4 5 6 7 8 9 0 A B C D E F G 18 19 20 21 22 23 24 25 26 27 28 29 30 31 32 33 34 35 36 H I J K L M N O P Q R S T U V W X Y Z 37 38 39 40 41 42 43 44 45 46 47 48 49 50 51 52 53 54 55 a b c d e f g h i j k l m n o p q r s 56 57 58 59 60 61 62 63 64 65 66 67 68 69 70 71 72 73 74 t u v w x y z Å Å Æ Ñ Ö Ø Ç Ü ä å à æ 75 76 77 78 79 80 81 82 83 84 85 86 87 88 89 90 91 92 93 ë è é ê ñ ö ò ø ì ç ü ù ß & ? ! _ ' , 94 95 96 97 . - ( )
机针	多功能缝纫机的专用机针，针柄上有一侧为平面，根据针杆的粗细分号，号越大，针越粗，常用针为12号、14号	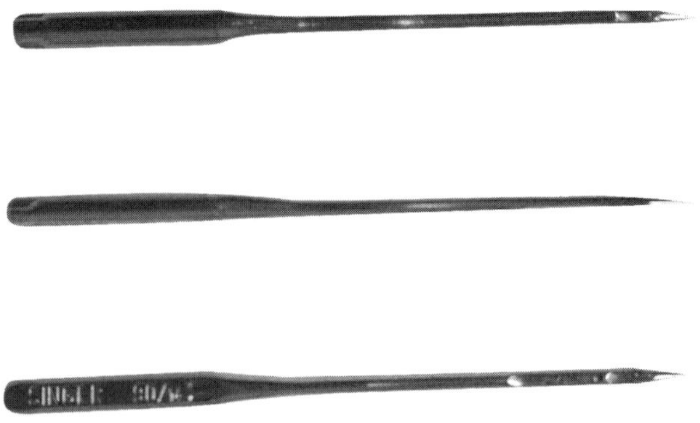

（2）工业用平缝机

平缝机简介	·平缝机是最常用的缝纫设备，主要部件包括机头、台板、电动机、机架与踏板 ·机头是平缝机的核心部分，实现缝纫的主要功能，包括引线机构、钩线机构、挑线机构和送料机构等成缝构件，以及支撑、辅助成缝和安全保护的固定构件，如外壳、压脚、过线机构、绕线器等 ·成缝线迹为直线连续型，正反面相同	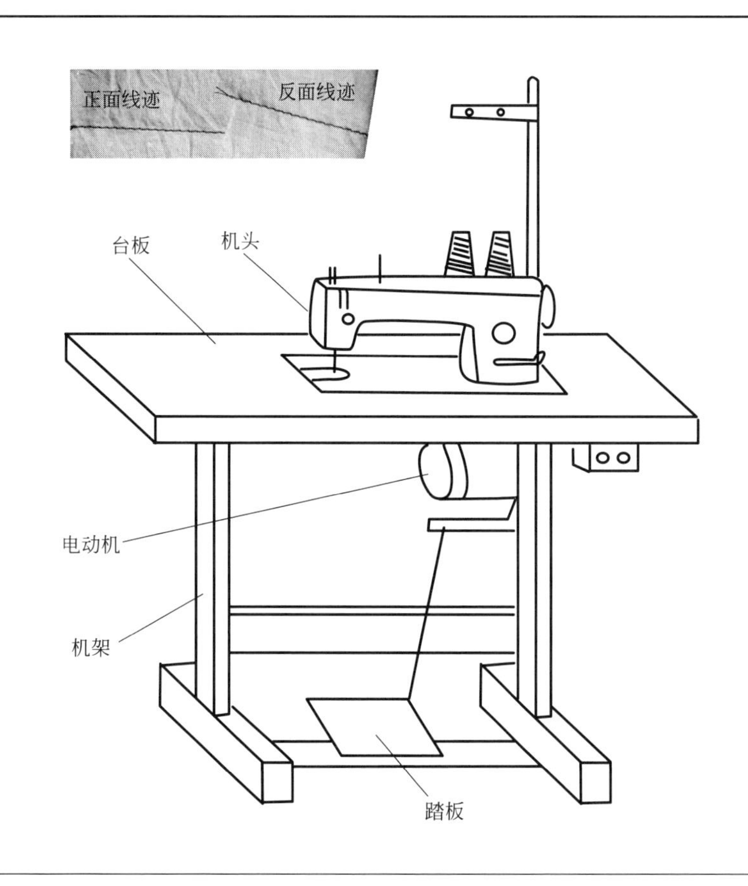
机针	·机针代号DB，由七部分组成。机针以针杆粗细分号，号数越大，针越粗。9号、11号针用于薄料缝制，12号、14号用于普通厚度布料的缝制，16号、18号用于厚料的缝制。通常用14号机针为多 ·机针安装时，将针插入针槽并顶足，长容线槽在机头左侧（朝外），针眼为左右方向，确认无误后，左手捏紧机针，右手拧紧顶针螺丝	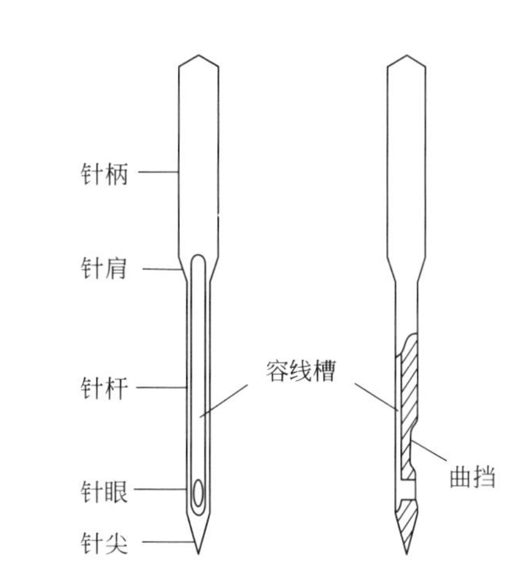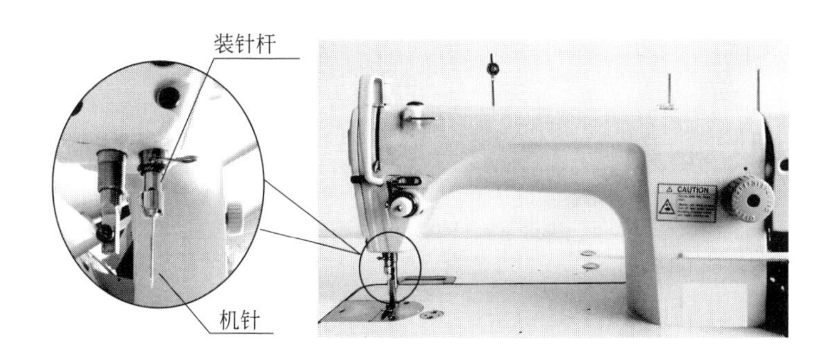

续表

<table>
<tr>
<td>面线的
穿引</td>
<td>• 穿引面线要按照图中1～12的顺序依次进行，特别提醒，挑线杆9隐蔽在保护罩下，容易漏穿
• 面线张力通过夹线器调节，顺时针拧紧，张力变大。夹线器的夹片之间容易夹入线头或杂物，需要经常清洁</td>
<td>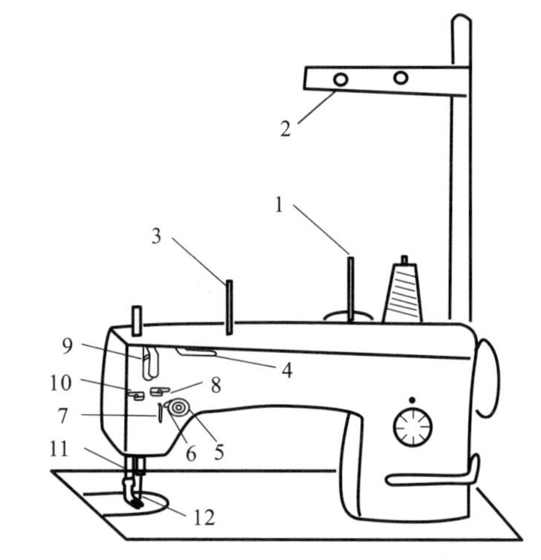

1—线架；2、3、4、7、8、10、11—导线；5—夹线器；
6—挑线簧；9—挑线杆；12—机针</td>
</tr>
<tr>
<td>底线的
准备</td>
<td>底线需要缠绕在梭芯上，操作时，首先抬起压脚，将梭芯置于机头最右侧（或者机头上平面）的绕线器上，推动挡线片，使绕线器转轮与皮带接触，随同机器顺时针旋转，线缠满后自动弹回。为保证底线张力均匀，缠线必须经过绕线夹线器</td>
<td>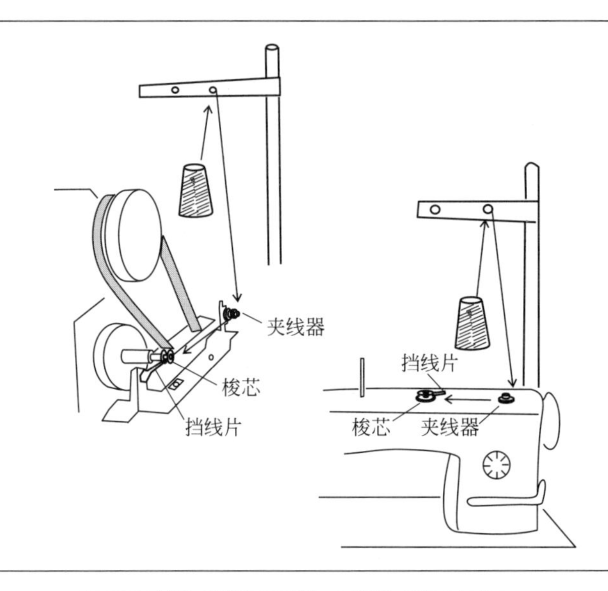
</td>
</tr>
<tr>
<td>旋梭的
准备</td>
<td>• 旋梭是导入底线的必要部件，包括梭壳与梭芯。打满线的梭芯装入梭壳，线头拉至夹线片下，拉动线头，梭芯逆时针转动时安装正确。拉住线头使旋梭吊起，抖动时底梭能匀速下落表明张力适中。如果下落过快或过慢，适当微调螺丝改变张力。注意避免大动作拧螺丝，容易造成螺丝脱落、遗失
• 调好张力的旋梭置于梭床中（缺口向上），要确保安装到位</td>
<td>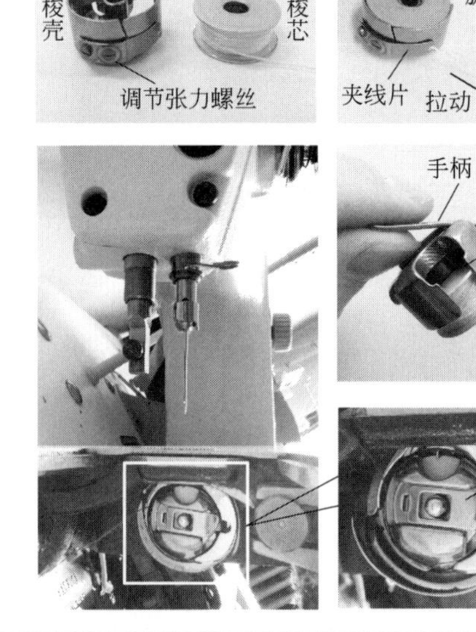
</td>
</tr>
</table>

续表

送料	• 送料牙与压脚配合，实现缝纫时的送料动作。送料牙的高度、齿距也应与缝料的特征相匹配，中厚缝料选择粗齿、高位，薄料选择细齿、低位 • 缝料向前运送的过程中，下层与送料牙的齿面接触，摩擦力较大；上层与压脚底部的光面接触，摩擦力较小，每个循环的送料量会小于下层，从而引起上下层缝料的错位。为保证上下同步送料，需要操作者手部动作的调整，在进入压脚前带紧下层、推送上层 • 送料的方向可以通过回针手柄控制，正常状况下手柄处于高位，此时向前送料；将手柄压至低位时逆向送料；手柄压至居中水平位时，送料牙只做上下运动，不做前后运动，所以不送料 • 送料牙一次送料的距离，就是机针连续两次穿过缝料间的距离，称为针距。常用针距为2.5mm、3mm	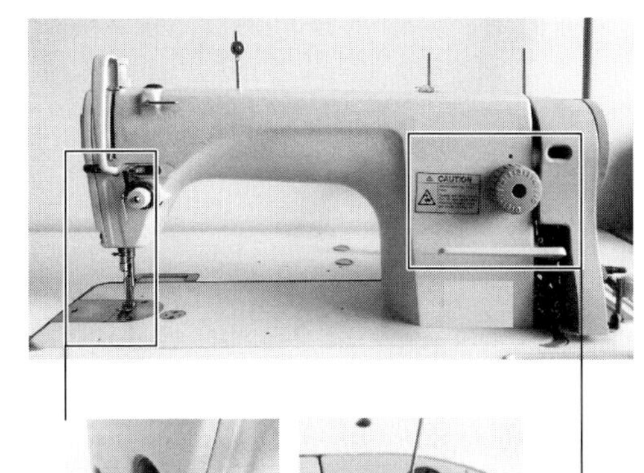 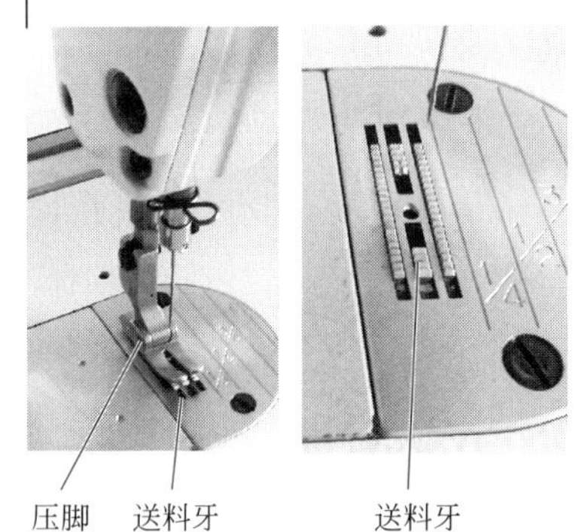 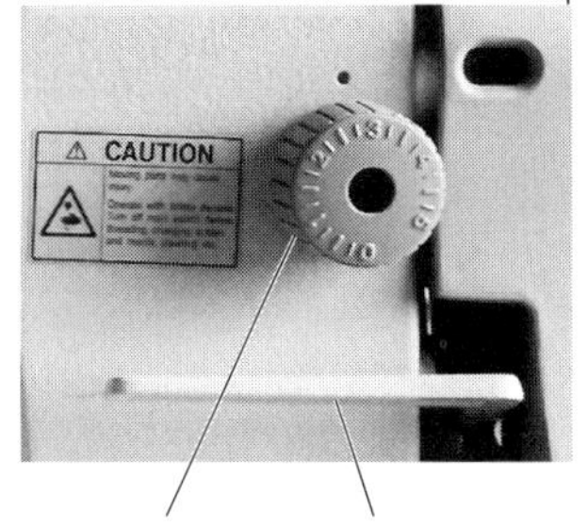
压脚	• 压脚为缝纫时的送料动作提供必要的压力，其压力大小可以调节，顺时针拧紧压脚杆上部的螺帽，压力加大。压力的大小需要根据缝料的特征而定，缝料密实厚重时压力要大，缝料松软轻薄时压力要小 • 不需要缝纫时，压脚应该被抬起，可以手控也可以膝控，压脚手柄位于机头背面，膝控位于机板下方的右腿一侧 • 压脚是可拆卸的构件，可以根据缝纫的不同需求进行更换	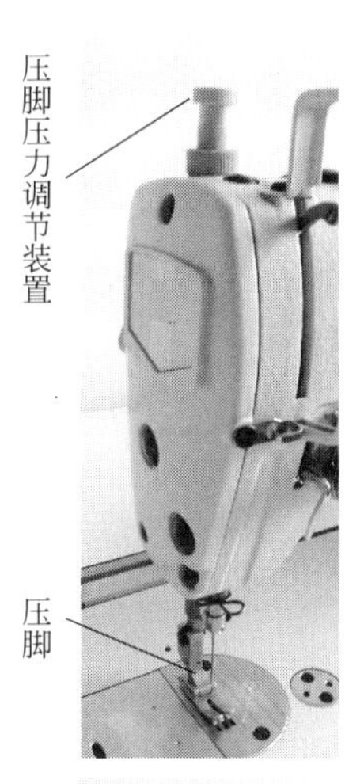 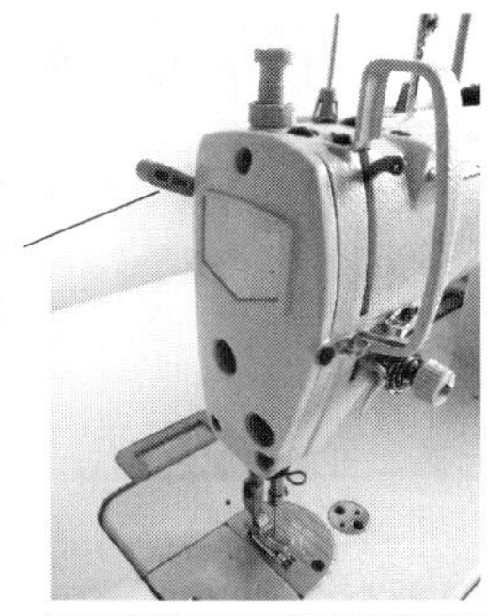 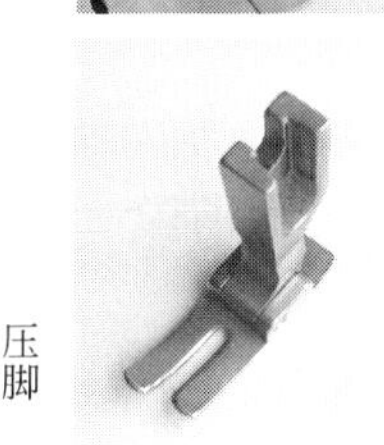 

续表

常见的专业压脚	胶底平板压脚：用于涂层类、非织造类布料的缝制	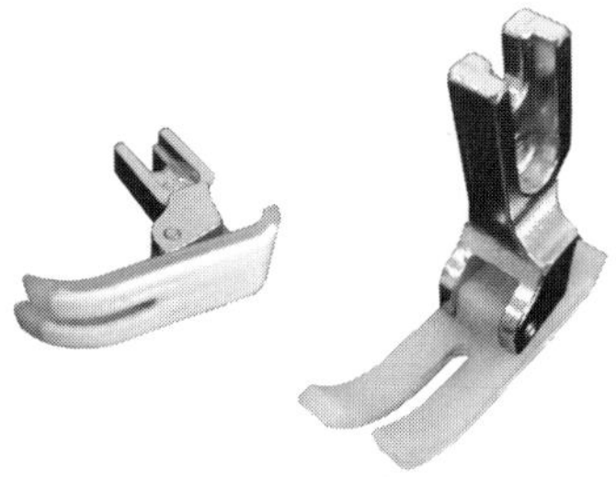
	筐型压脚：用于棉花、蓬松棉等絮料的缝制	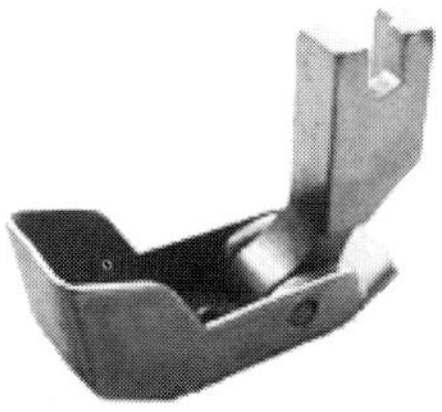
	轮式压脚：用于皮革的缝制	
	单边压脚：只在机针的一侧提供压力，主要用于装普通拉链、缉止口等，可以根据缝制方向选择左、右单边	
	隐形拉链压脚：压脚底部有双凹槽，可以容纳隐形拉链的齿，同时固定了拉链的位置，专用于装隐形拉链	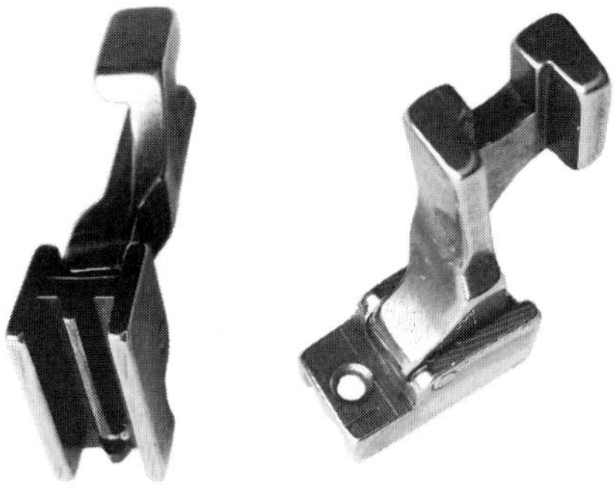

续表

常见的专业压脚	卷边压脚：压脚前端有螺旋状引导槽，缝料可以自动卷入。用于缝料边缘的卷边处理，可以根据工艺要求选择不同的宽度	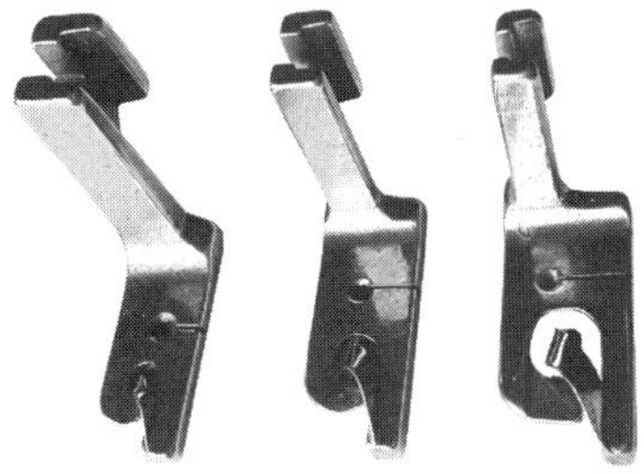
	高低压脚：压脚前端底部的两侧高低不同，便于压合两侧厚度不同的止口部位，用于缉止口的明线	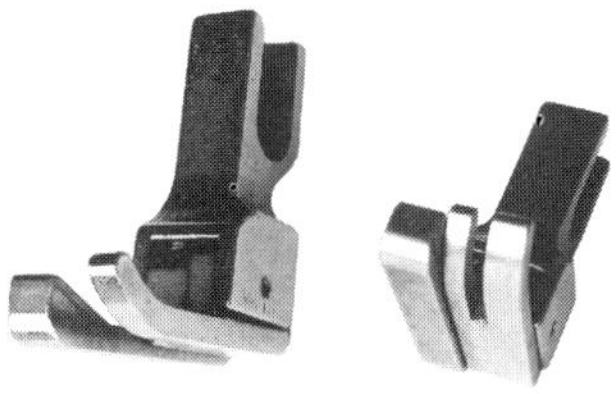
	抽褶压脚：压脚底部前高后低，送料不顺畅自然形成均匀的褶皱，用于褶皱类装饰的固定	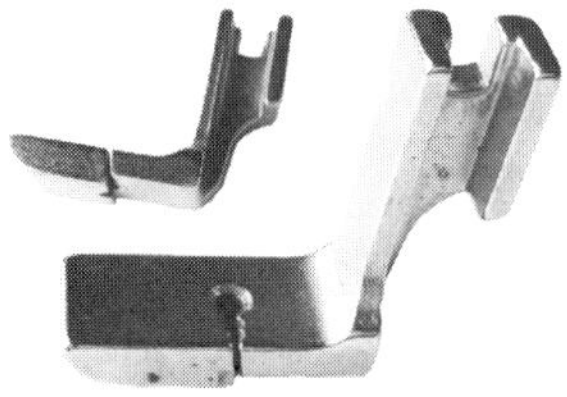
	嵌线压脚：压脚底部的凹槽可以容纳衬线，用于有衬线装饰部位的缝合	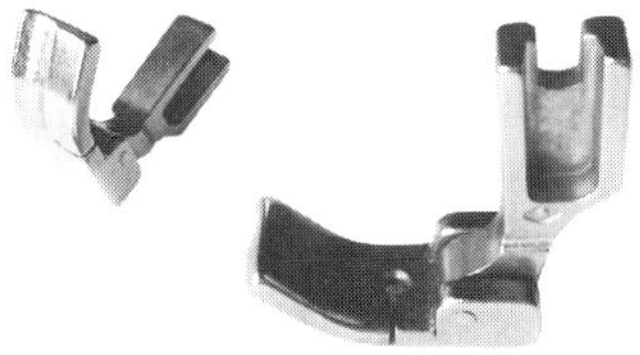
	导带压脚：压脚前端有扁平的筒状导入口，用于带状缝件的固定	
	橡筋压脚：压脚前端有橡筋导入口，用于需要借助橡筋缩褶部位的固定	

（3）三线包缝机

三线包缝机简介	•三线包缝机主要用于布料边缘毛边的处理，成缝线迹正反面不同 •其主要部件与平缝机基本相同，主要区别是机头部分，另外有两个踏板，其中左踏板启动机器，右踏板控制压脚	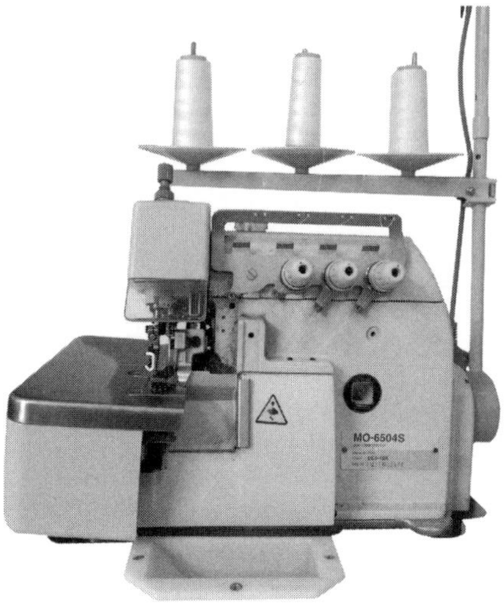 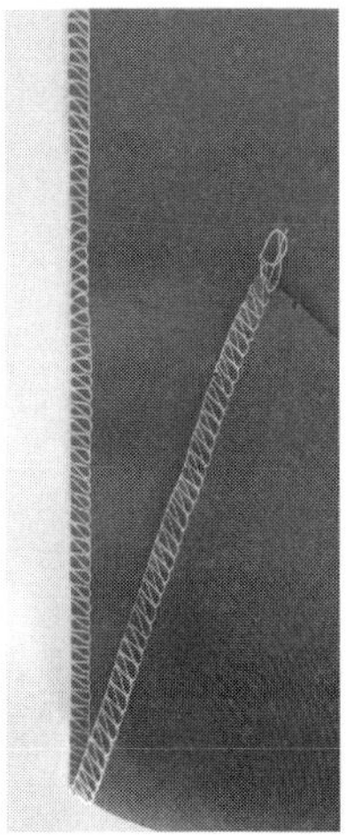
机针	三线包缝机机针代号DC，针柄部分比平缝机针短而且粗，针杆两侧均有容线槽。装针时，注意针眼的前后方向，长容线槽面对操作者	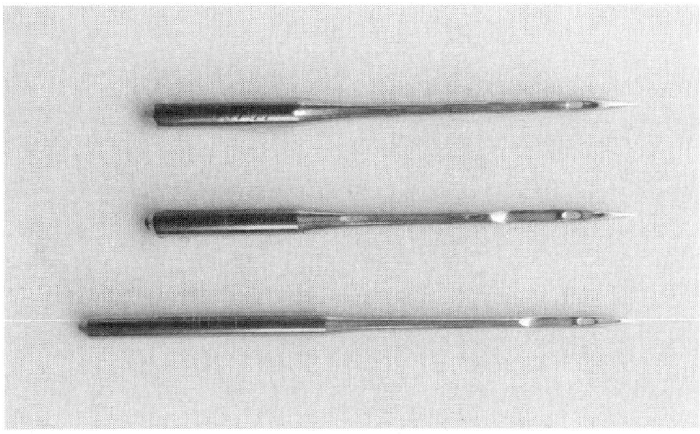
操作方法	三条缝线要按照图示的顺序依次穿引。操作时，缝料置于压脚下，布边与压脚右侧平齐（超出压脚部分会被切刀裁掉）；启动机器后注意保持匀速运转，突然变速容易造成断线；缝料自动前送，双手将缝料理顺，并左右调整保持其前进方向，不可以拉住缝料，否则会使缝料变形，也容易断线	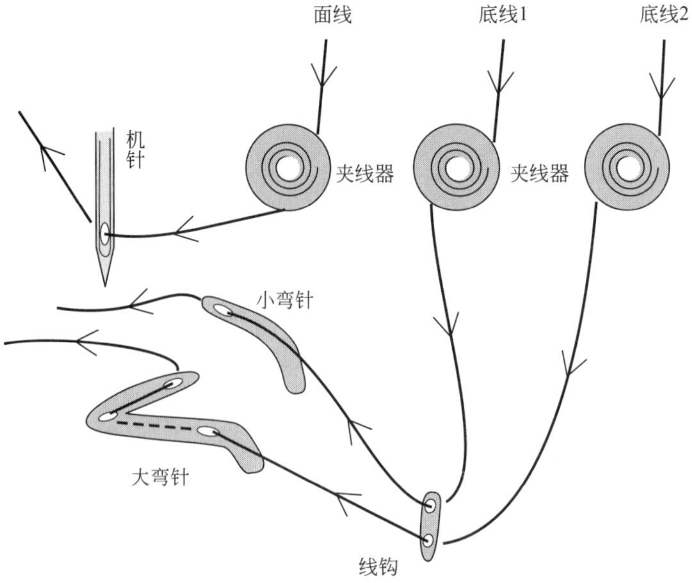

2. 其他常见缝纫设备

四线包缝机	双针四线包缝机，可以用于锁毛边，也可以用于服装的缝合，包缝后的线迹有一定的伸缩性	
五线包缝机	双针五线包缝机，成缝后形成一条链式缝合线迹与三线包缝线迹的组合，用于梭织和针织面料衣片的合缝，缝份只能倒缝	
锁眼机	用于薄料、普通厚度面料服装（衬衣）的平头扣眼锁缝，以及中厚料、厚料服装（外套）的圆头扣眼锁缝	
撬边机	暗缝固定上衣下摆、裙摆、脚口等部位	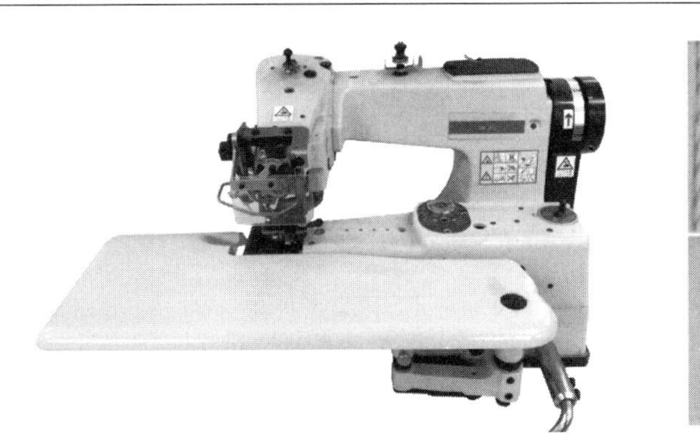

3. 机缝针法

平缝	即合缝，又称钩缝，是机缝中最基本的缝制方法。要求线迹顺直，缝份均匀，完成后布面平整，不吃不赶 合缝后，缝份可以向两侧分开折转，称为分缝；也可以都倒向同一侧，称为坐倒缝 分缝需要两裁片分别提前处理毛边（包缝机锁边），坐倒缝在缝合后两层缝份一并处理毛边	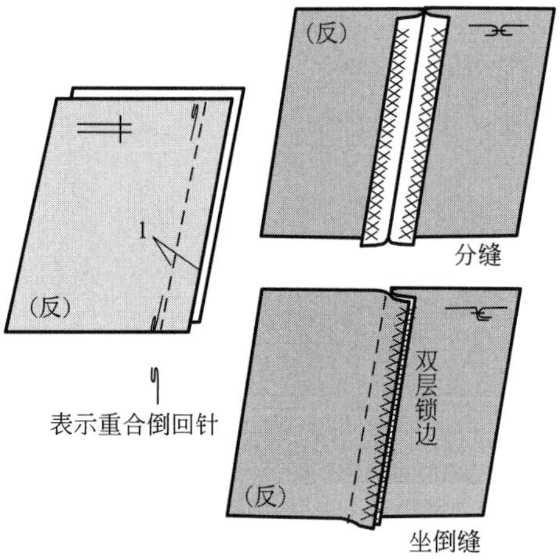 （反） 1 （反） 表示重合倒回针 （反） 分缝 双层锁边 （反） 坐倒缝
劈压缝	也称分缉缝，劈缝后，从正面沿缝口缉线，分别固定两侧缝份，常用于领子、挂面的拼接	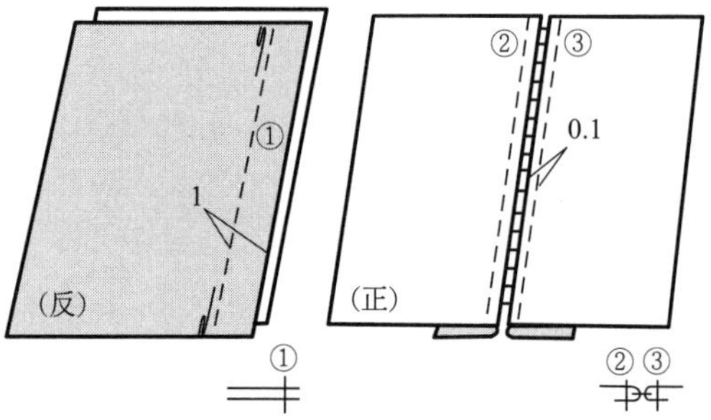 ① 1 （反） ① ② ③ 0.1 （正） ② ③
固压缝	也称坐缉缝，平缝倒缝之后，从正面沿缝口缉线固定缝份，多用于休闲类服装，明线线迹同时具有装饰作用	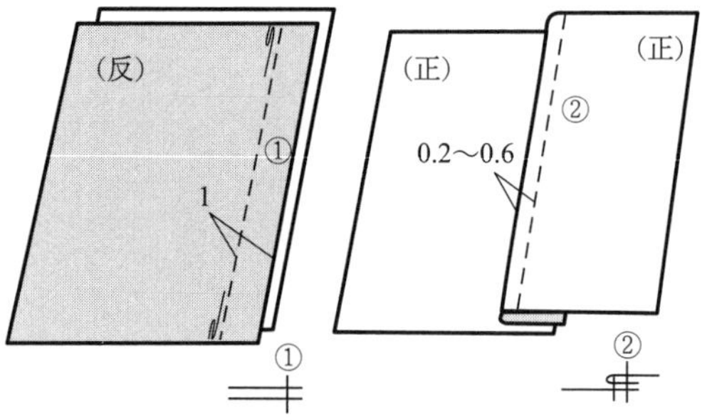 （反） ① 1 ① （正） （正） ② 0.2～0.6 ②
分压缝	也称分坐缉缝，要求两条线迹重合，多用于裤装后裆缝，具有固定缝份、增强缝合牢度的作用	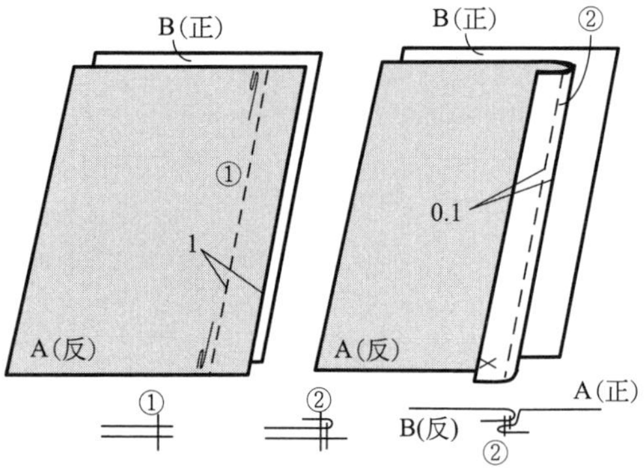 B(正) ① 1 A(反) ① ② B(正) ② 0.1 A(反) A(正) B(反) ②

续表

搭缝	将两裁片的缝份互相搭合后，沿重叠区域的中线缉缝固定。要求线迹顺直，接合平服；两侧缝份一致，重叠宽度适当。这种针法缝份较薄，用于衬料、内胆等的拼接	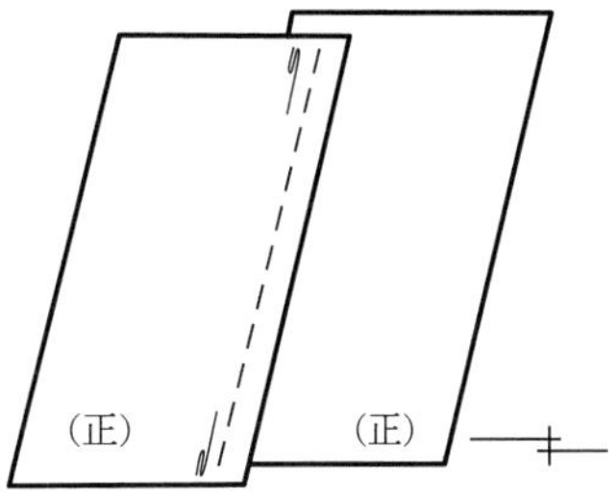
排缝	两裁片分别与第三裁片搭缝固定，正面刚好拼合。要求两裁片不能相搭，也不能有间隙；完成后布面平整、无皱缩。该针法主要用于衬或内胆的拼接，为减少缝份厚度，第三裁片选用较薄的布料	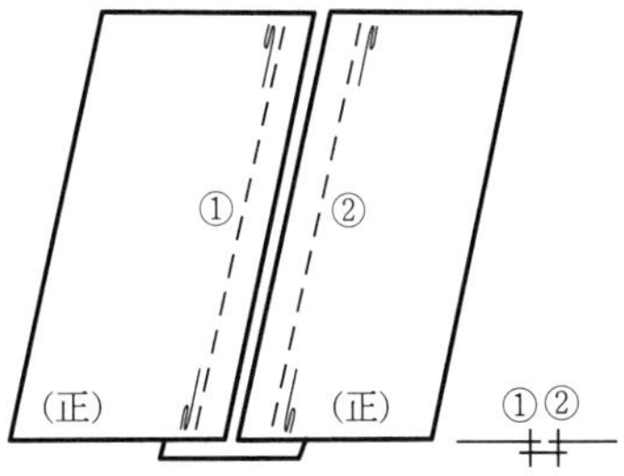
压缉缝	• 也称扣压缝，先将布料裁边向反面折转1～1.2cm，并与另一裁片正面相搭，沿折转止口缉缝（缝型代号2.02.07），线迹与止口间距根据工艺要求确定。这种针法多用于上过肩 • 扣折后与另一裁片的正面相叠，沿止口缉缝（缝型代号5.05.01），这种针法多用于装贴袋。扣压缝操作时要求线迹整齐，平行美观，止口均匀，位置正确，布面平服，折边无毛露	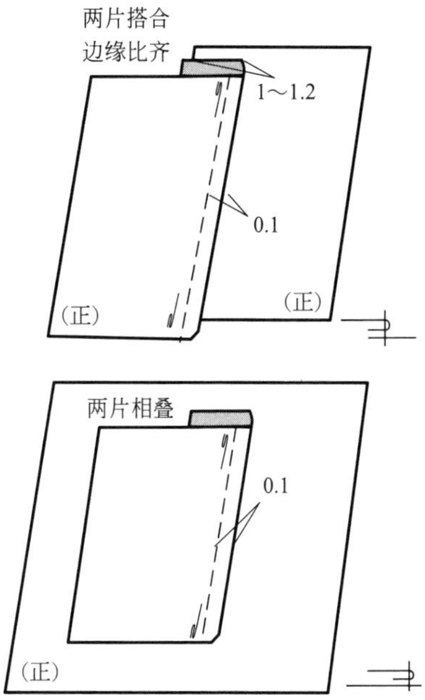
滚包缝	两裁片正面相对错位叠合，下层裁片（缝份2～2.5cm）折转毛边0.5cm，再包卷上层裁片的缝份（0.7～1cm），并沿折边止口0.1cm缉线。操作时要求包卷折边宽度一致，平整无绞皱；线迹顺直，止口均匀，无毛露。该针法主要用于薄料的缝合	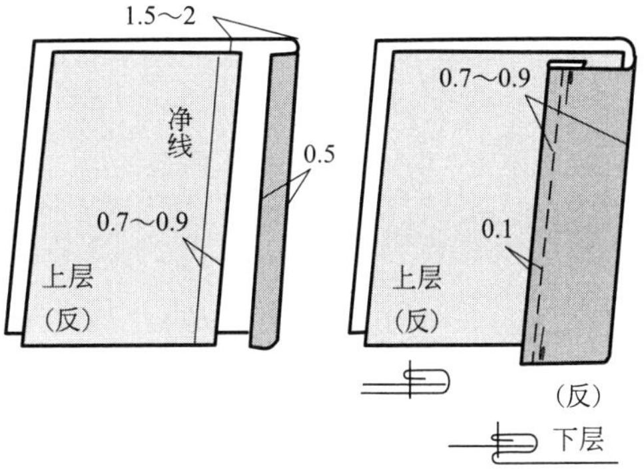

续表

内包缝	也称裹缝、暗包缝。先做包缝，两层裁片正面相对错位叠合，下层裁片（缝份1.5cm）包转上层缝份0.7cm，沿裁片边缘缉缝；然后打开上层裁片，拉平缝口，正面缉线，距离缝口0.4～0.5cm，注意不能漏缉缝份。操作时要求正面线迹顺直，缝口平服；反面缝份平整，无毛露。该针法牢度高，主要用于中山装、工装裤、牛仔裤的缝制	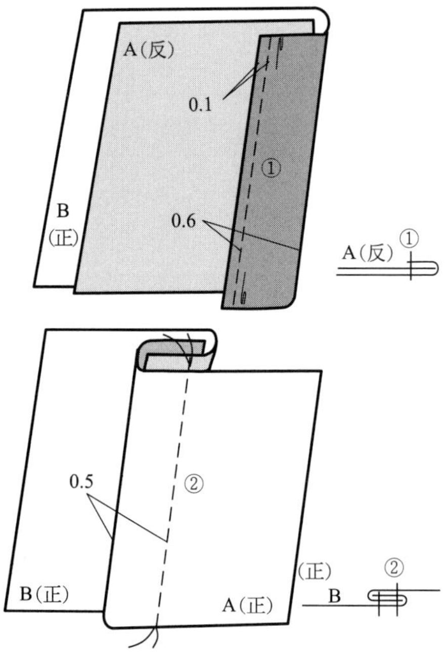 A(反) 0.1 ① B(正) 0.6 A(反) ① 0.5 ② B(正) A(正) (正) B ②
外包缝	也称明包缝，操作方法与内包缝有两点不同，一是最初叠合时是反面相对，二是两层打开时需要折转下层，使缝份留在正面，并向毛边方向折倒，沿止口0.1cm缉线。操作时要求正面线迹顺直，缝口平服，无毛露；反面无坐势。这种针法牢度高而且美观，主要用于男两用衫、风衣、大衣、夹克的缝制	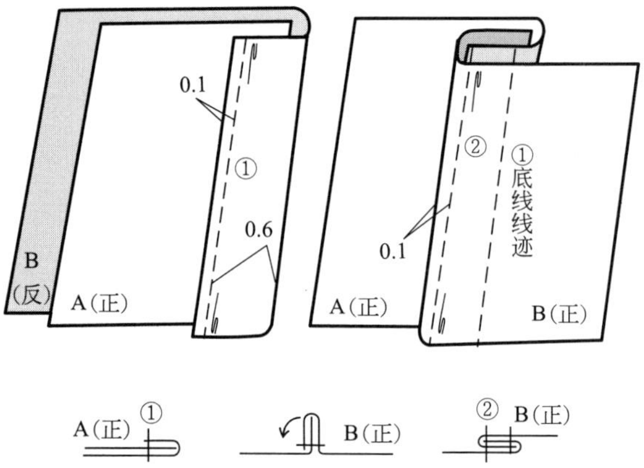 0.1 ① 0.6 B(反) A(正) ② ① 底线线迹 0.1 A(正) B(正) A(正) ① B(正) ② B(正)
来去缝	也称筒子缝或反正缝，是一种连接针法。先做来缝，将缝份修剪整齐，再做去缝；然后打开两裁片，将缝头折倒、熨平。要求来缝的缝份小于去缝的缝份，来缝的缝口处不能有坐势；去缝的缝份整齐、均匀、无绞皱、无毛露。这种针法常用于女衬衫（薄料）和童装的摆缝、袖缝等处的缝合	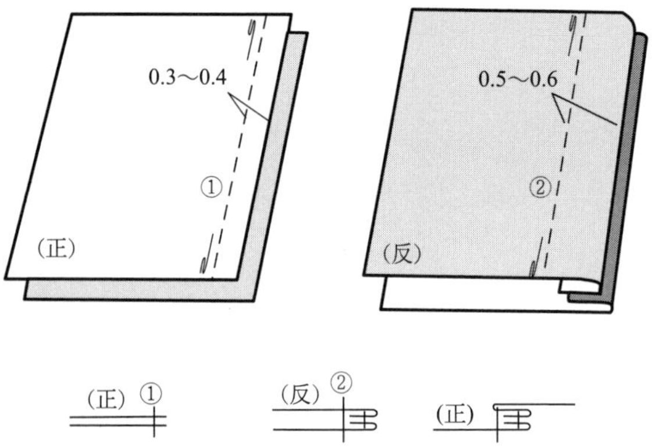 0.3～0.4 ① (正) 0.5～0.6 ② (反) (正) ① (反) ② (正)

续表

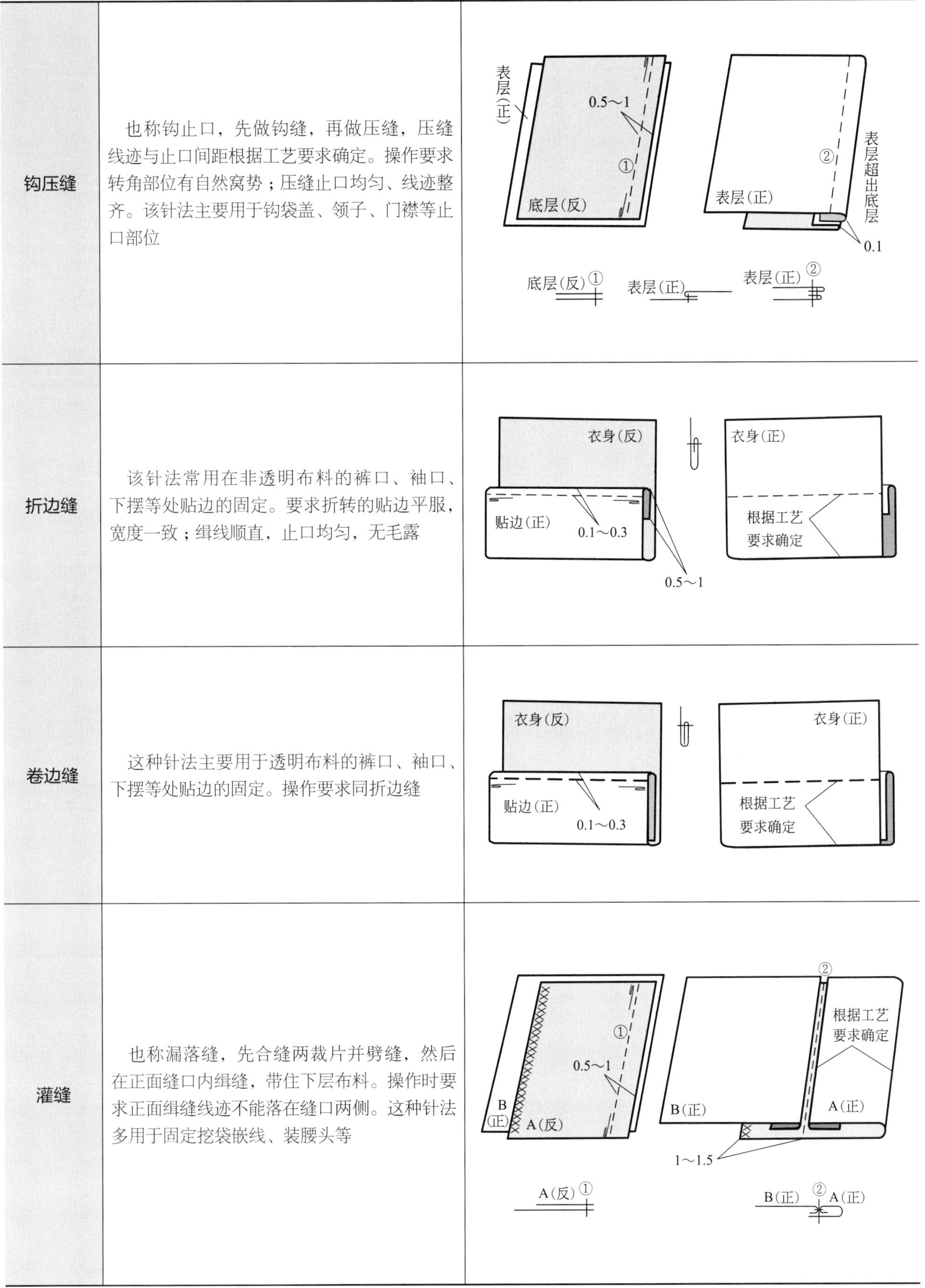

钩压缝	也称钩止口，先做钩缝，再做压缝，压缝线迹与止口间距根据工艺要求确定。操作要求转角部位有自然窝势；压缝止口均匀、线迹整齐。该针法主要用于钩袋盖、领子、门襟等止口部位	
折边缝	该针法常用在非透明布料的裤口、袖口、下摆等处贴边的固定。要求折转的贴边平服，宽度一致；缉线顺直，止口均匀，无毛露	
卷边缝	这种针法主要用于透明布料的裤口、袖口、下摆等处贴边的固定。操作要求同折边缝	
灌缝	也称漏落缝，先合缝两裁片并劈缝，然后在正面缝口内缉缝，带住下层布料。操作时要求正面缉缝线迹不能落在缝口两侧。这种针法多用于固定挖袋嵌线、装腰头等	

续表

骑缝	也称闷缝、咬缝，是双层夹缝单层的针法	
	双面夹缝：将两边折净的裁片沿中线对折（底层宽出0.1cm）后，夹住另一裁片的缝份，沿折边正面缉线0.1cm。缉缝时注意要尽量推送上层，带紧下层，保持上下平齐。这种针法用于装袖克夫、袖衩等	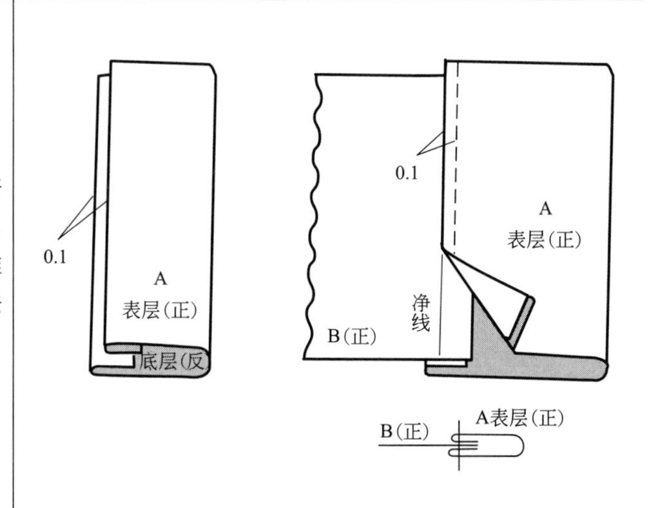
	反正夹缝：先将两裁片正面对反面叠合，缝第一道线；再将A裁片翻上并折转缝份，压在刚好盖没第一道缝线的位置，沿折边正面缉线0.1cm。缉缝时同样注意送上层、带下层，这种针法用于装领、腰头、门襟条等	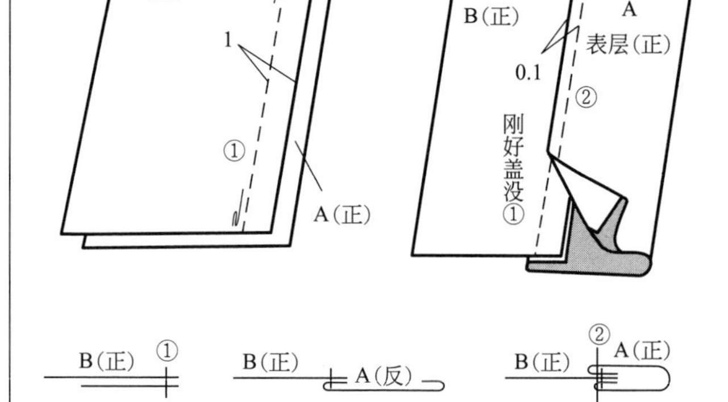
	正反夹缝：两裁片正面相对叠合，缝第一道线；再将A裁片翻上，沿中线折转；正面缝口处灌缝或者沿折边缉线0.1cm，带住下层。缉缝时同样注意送上层、带下层，这种针法用于装腰头	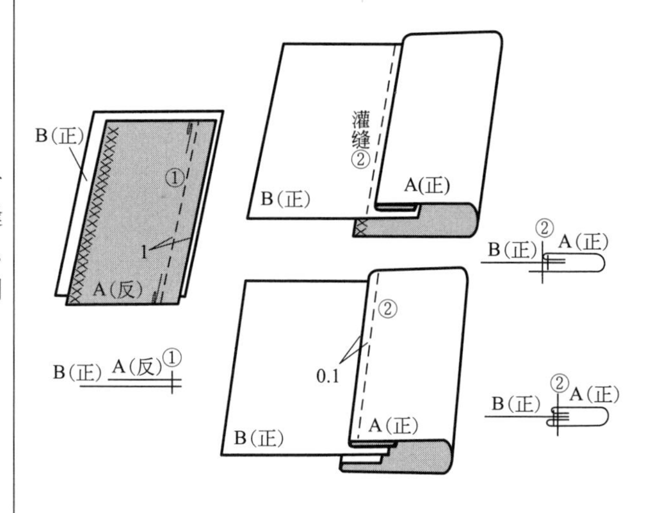

4. 毛边的处理

花剪裁剪	齿状剪刀直接裁剪	
Z形缝线	多功能机“Z”形线迹缝过后，沿线迹边缘裁剪	
锁边	包缝机缝边	
滚边	用扣净毛边的滚边条，骑缝包裹毛边	

5. 机缝装饰工艺

（1）缉线工艺

止口缉线	止口缉线也称为压止口，是在部件的边缘等距离地缉明线，既有装饰效果，又增强牢度，多用于领、袋、腰头、门襟等处	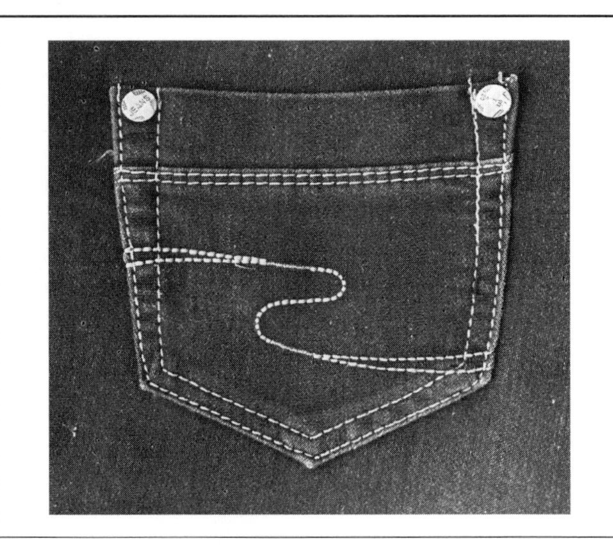
缝口缉线	在拼接缝处缉明线，被广泛应用于衣片、裤片的缝合部位	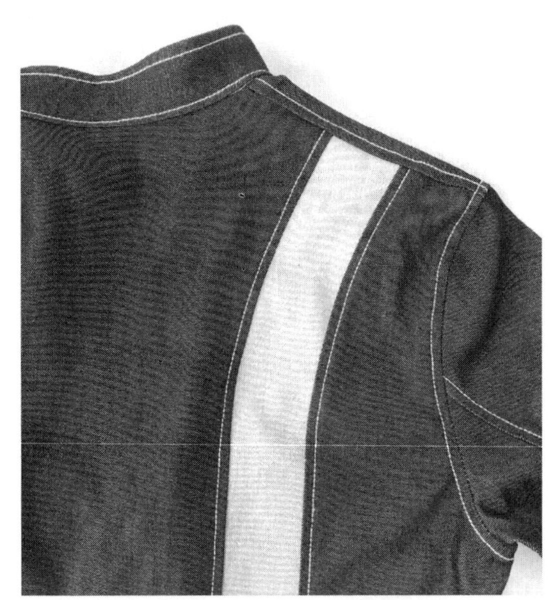
缉图案	缉图案常用于有内胆的服装，如羽绒服、棉衣等。图案根据需要设计，在固定内胆的同时，具有很强的装饰性	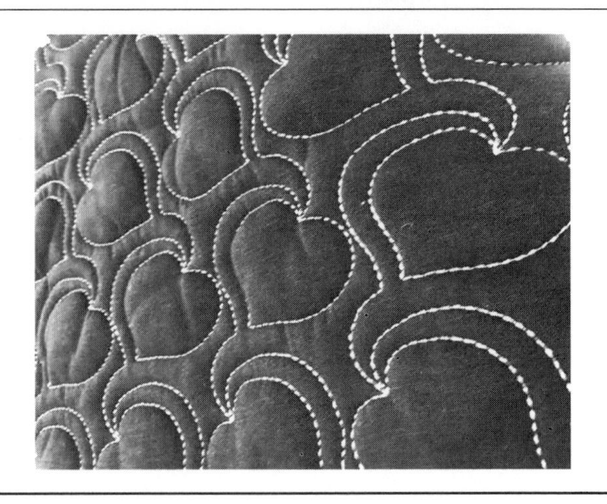

（2）缉细褶工艺

直线细褶	裁剪时需留出褶量并画出褶位。缉线时，沿线缉一定宽度（0.2cm），褶间距约1cm，完成后将褶朝同一方向熨倒。或者纵向缉线反向固定横褶	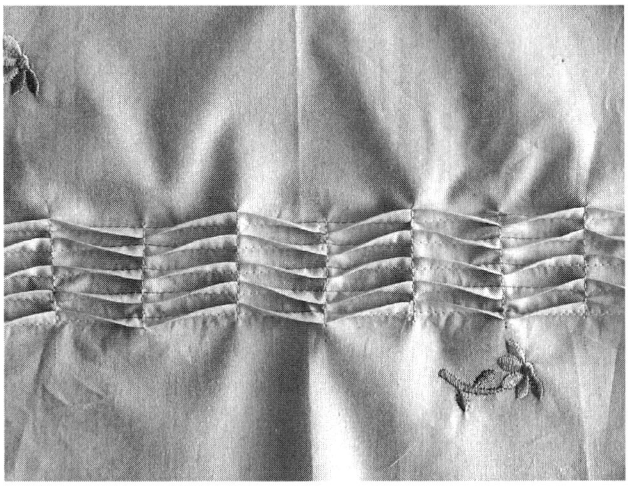
十字形细褶	直线形细褶完成后，再沿垂直方向缉褶，使褶纹呈现方格状	
衬线细褶（在两条缉线中间穿入衬线的工艺更具有立体感，完成时需用单压脚）	单做式	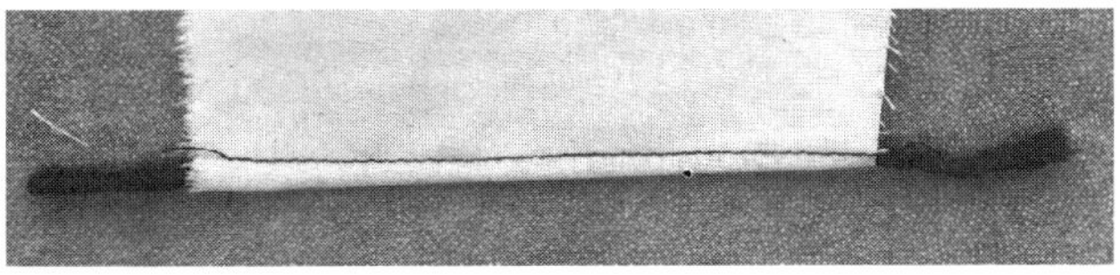 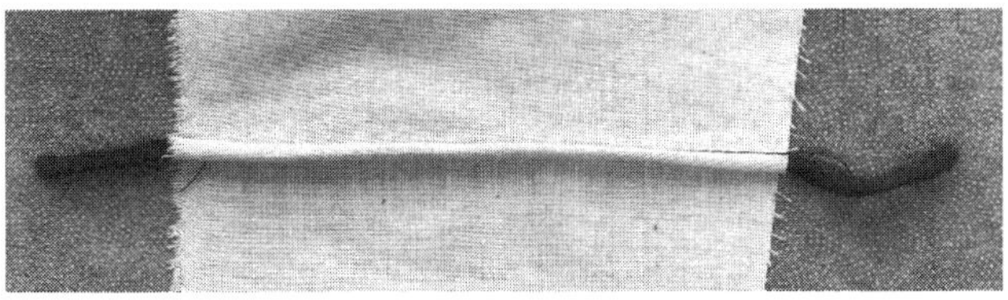
	夹做式	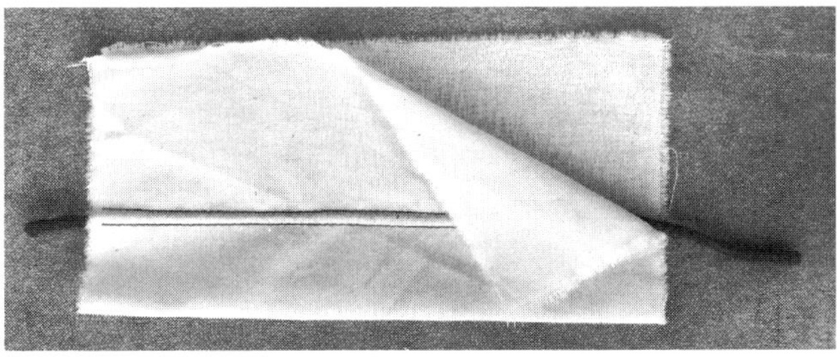

（3）滚边工艺

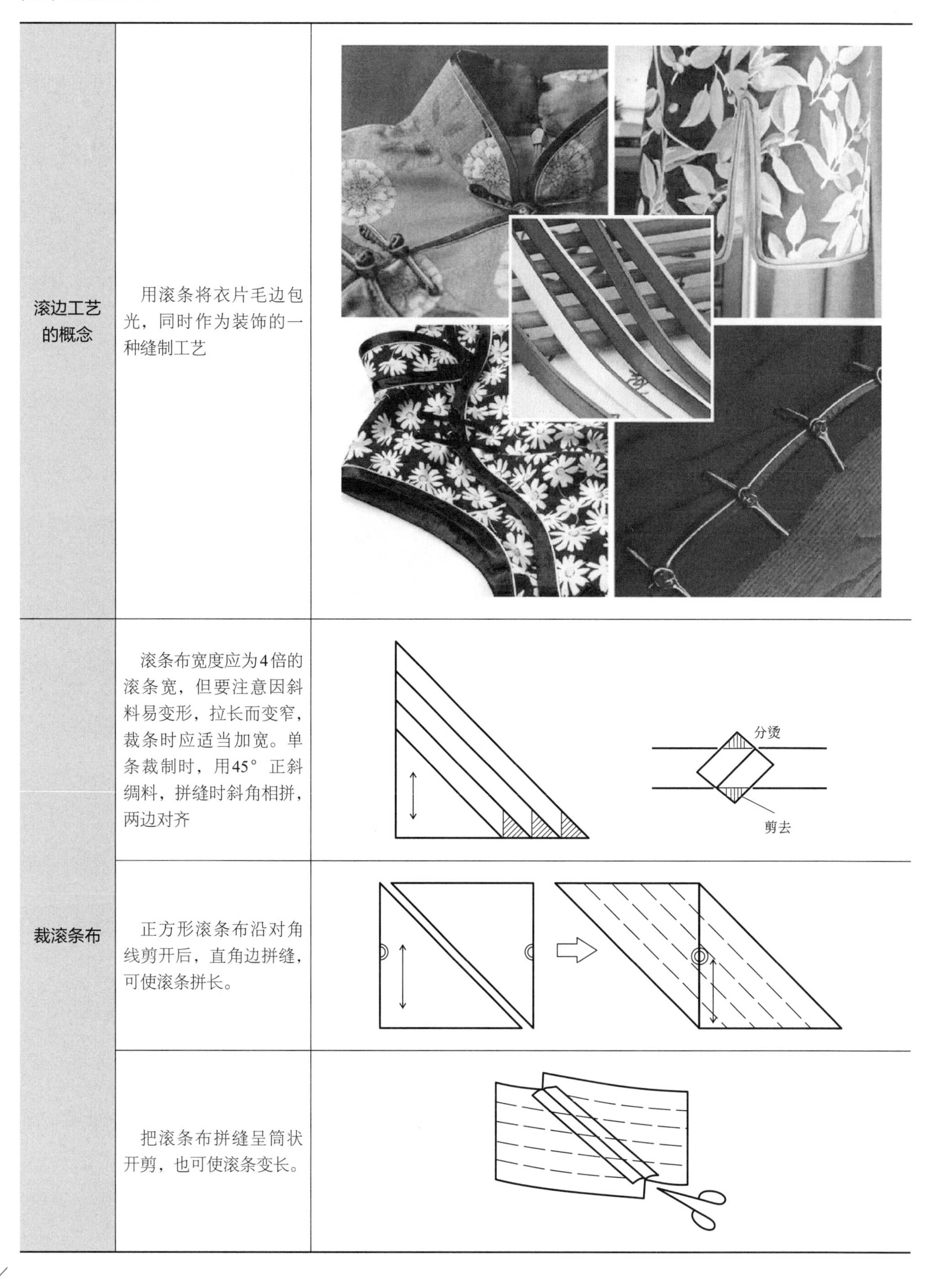

滚边工艺的概念	用滚条将衣片毛边包光，同时作为装饰的一种缝制工艺	
裁滚条布	滚条布宽度应为4倍的滚条宽，但要注意因斜料易变形，拉长而变窄，裁条时应适当加宽。单条裁制时，用45°正斜绸料，拼缝时斜角相拼，两边对齐	
	正方形滚条布沿对角线剪开后，直角边拼缝，可使滚条拼长。	
	把滚条布拼缝呈筒状开剪，也可使滚条变长。	

续表

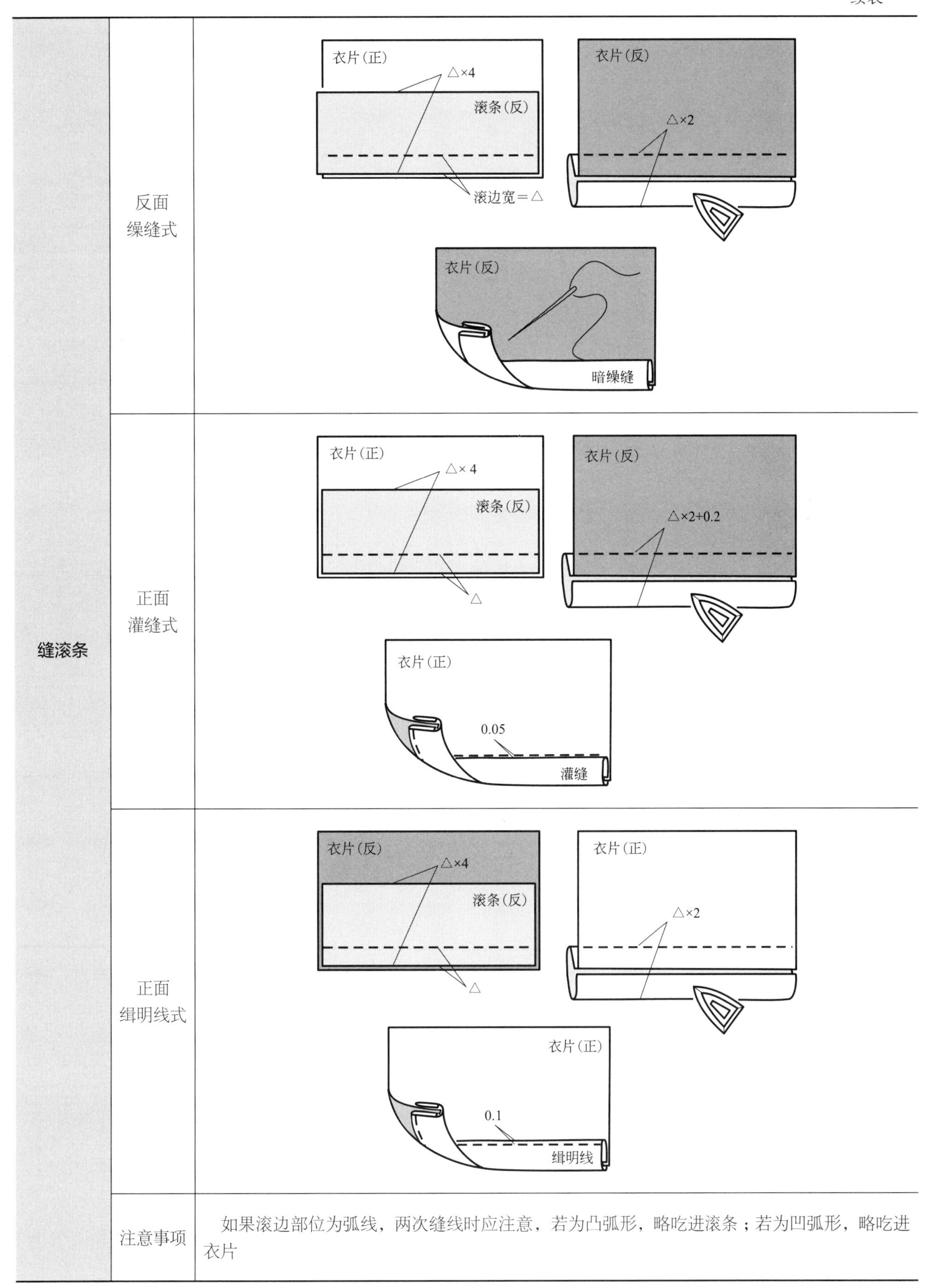

注意事项	如果滚边部位为弧线，两次缝线时应注意，若为凸弧形，略吃进滚条；若为凹弧形，略吃进衣片

（4）嵌条工艺

嵌条工艺的概念	是指在部件的边缘或拼接缝的中间嵌上一条带状的嵌条布，既有装饰作用，也有助于保持止口形状	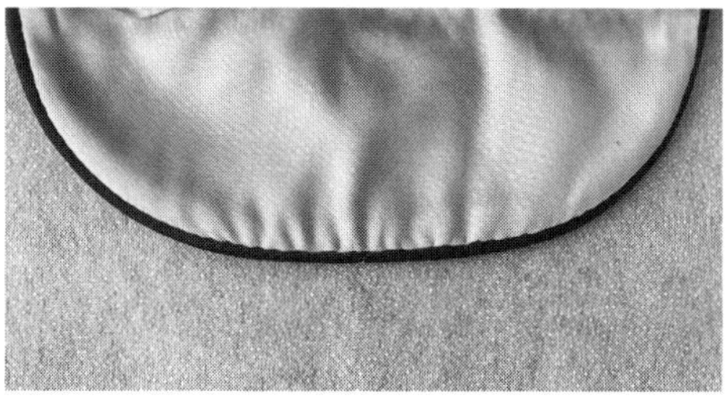
暗缝式	将两裁片正面相叠，嵌条夹在中间缉线，翻正烫倒缝，注意不要压到嵌条双折处	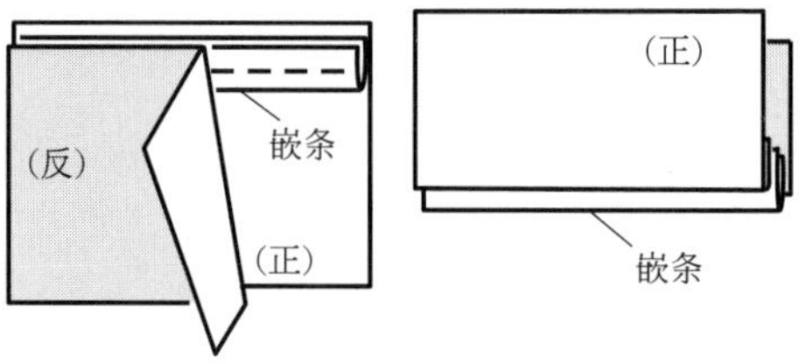
明缝式	将嵌条夹在两层裁片之间，正面缉线宽0.1cm。缝制时需用单压脚，嵌条中可夹入线绳，使之更具立体感	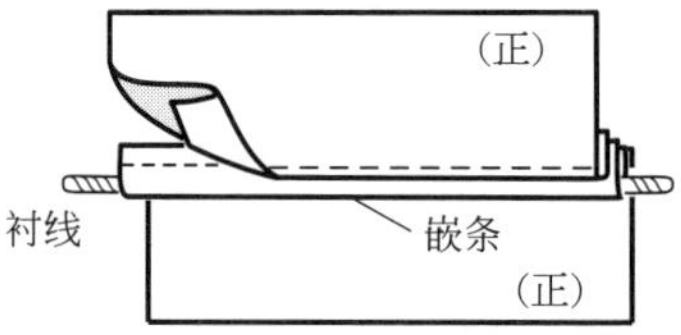

（5）宕条工艺

宕条工艺的概念	是指用另一种面料缝贴在衣片表面的装饰。常见的形式有单宕、双宕、三宕，也有一滚（边）一宕、一滚双宕等多种	
暗宕式	缝好的宕条表面无线迹	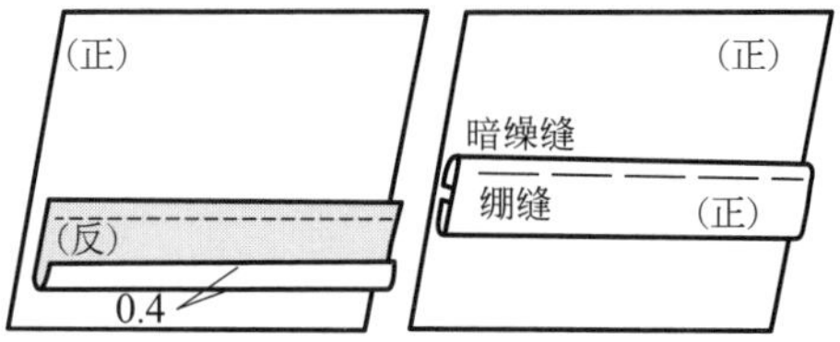
明宕式	将宕条两侧毛边扣净，缉线固定在衣片上，线迹距宕条止口0.1cm	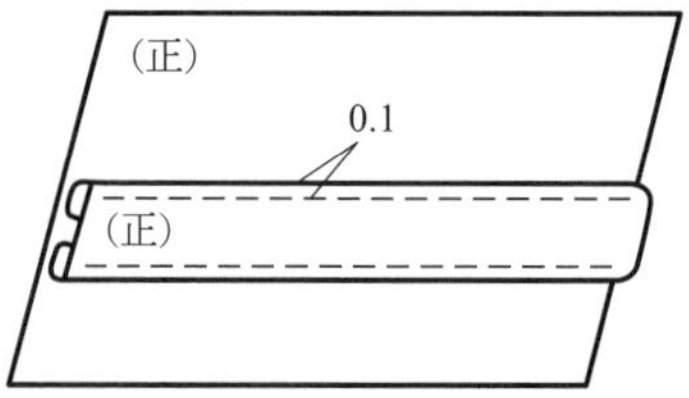

（6）镶边工艺

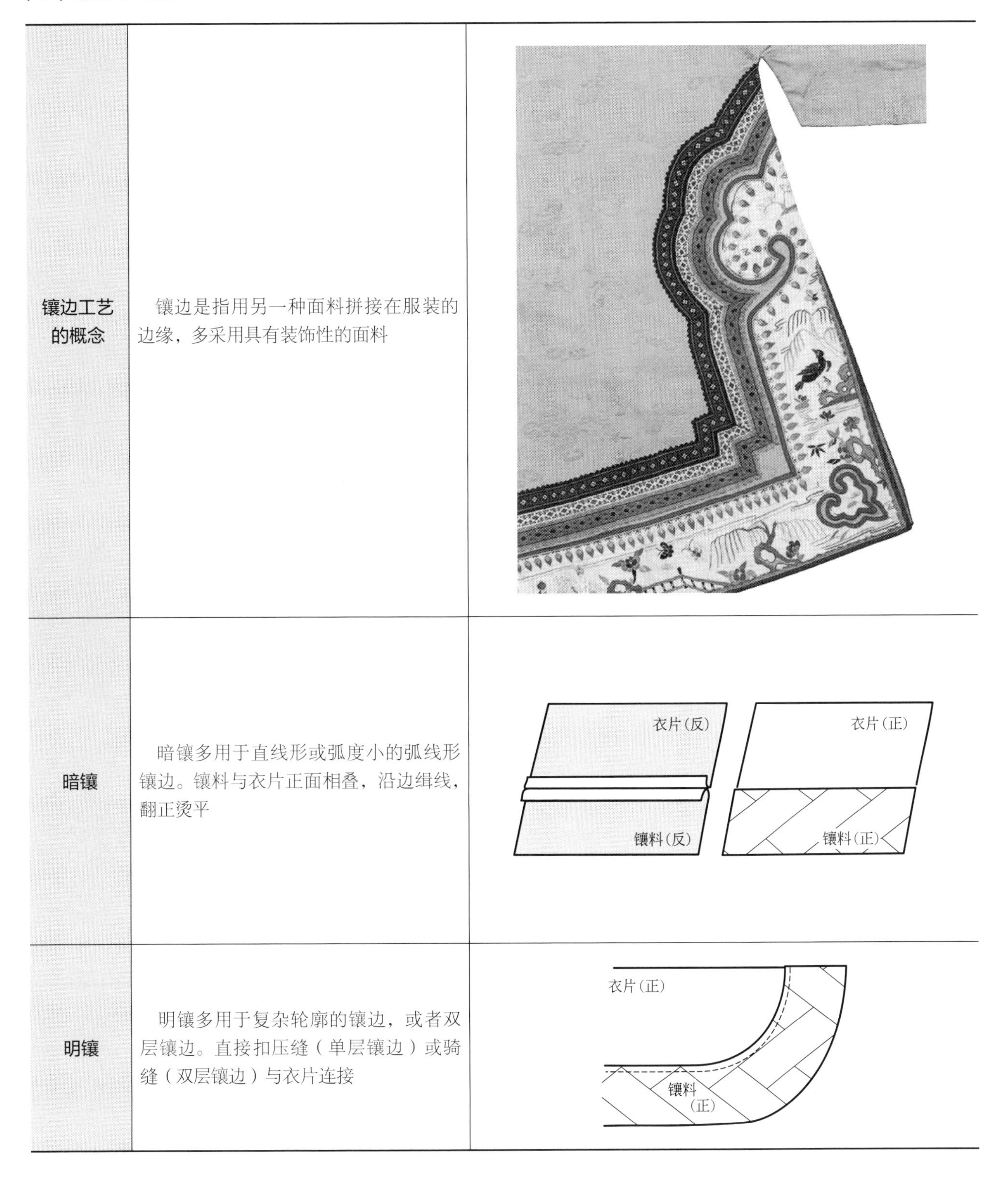

镶边工艺的概念	镶边是指用另一种面料拼接在服装的边缘，多采用具有装饰性的面料	
暗镶	暗镶多用于直线形或弧度小的弧线形镶边。镶料与衣片正面相叠，沿边缉线，翻正烫平	
明镶	明镶多用于复杂轮廓的镶边，或者双层镶边。直接扣压缝（单层镶边）或骑缝（双层镶边）与衣片连接	

五、熨烫工艺基础

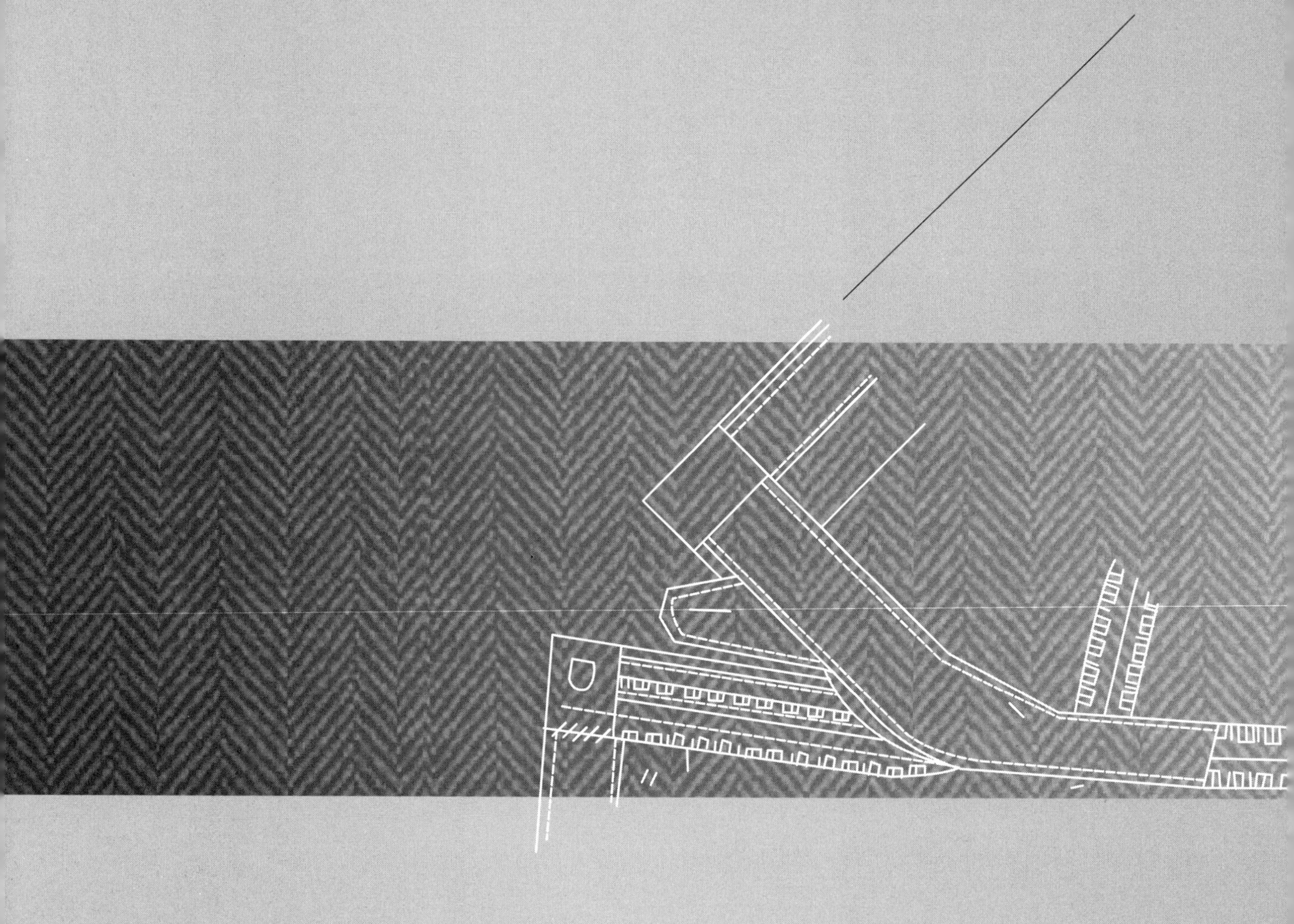

1. 熨烫的基础知识

（1）熨烫的主要作用

• 在制作服装前通过对面料喷水、熨烫，可使面料获得一定预缩，同时去掉褶皱，平服折痕。

• 运用熨烫中“推、归、拔”工艺，利用面料纤维的可塑性，适当改变织物经纬组织的密度和方向，塑造服装的主体造型，使服装更适合人的体型和运动的需要，弥补平面裁剪的不足。

• 缝制过程中边熨烫、边缝纫，能使定位准确，缝制精巧，从而保证成衣质量。

• 成衣经过后整烫、热定型处理后，造型自然，表面平整、挺括，褶裥、线条笔挺，穿着舒适，具有整体美感。

（2）熨烫的基本要求

• 把握正确的熨烫温度，熨烫中要常试温，忌烫黄、烫焦衣物。

• 给湿正确，喷水或加蒸汽要均匀、适度，忌过干或过湿。

• 注意力要集中，推移熨斗要根据熨烫要求，掌握轻重缓急，要随时观察熨烫效果，熨斗不能长时间停留在一个位置上。

• 被熨烫的衣物要垫实、平展。

• 熨烫时根据衣物部位及工艺要求的不同，合理选择熨斗的使用部位，有时用熨斗底的全部，有时需用尖部、侧部、后部等。

• 右手持熨斗操作，左手固定衣物，双手密切配合。分缝烫时用手指劈开缝份，归、拔时用手指将丝绺辅助聚拢或伸开。

（3）熨烫的要素

熨烫湿度	为了熨烫达到效果，需要一定的湿度，但是有些合成纤维织物不能加湿，如维纶
熨烫压力	熨烫压力随布料的质地和厚薄而定，衣料薄或织物组织松弛，所需压力小，厚实紧密的面料则相反
熨烫时间	熨烫时间随布料的质地和厚薄而定，薄料熨烫时间短，温度也低，厚料则相反。熨斗不宜在布料的某一位置长时间停留或重压，以免留下熨斗的印痕或烫变色
熨烫温度	各种布料因材料和染料等的不同，要求的熨烫温度也不同，可通过试烫法试验后确定。调温熨斗上已明确各类面料适宜熨烫温度，正常情况下可直接选定

（4）熨烫的温度

面料名称		熨烫温度/℃	
		直接烫	垫湿布
精纺毛织物	薄型织物，如凡立丁、派力司	150～170	200～220
	中厚型织物，如毛哔叽、华达呢	160～180	220～250
	毛绒面织物，如法兰绒、啥味呢	150～170	210～240
粗纺毛织物	海军呢、麦尔登、大衣呢	160～180	220～250
	女式呢、女衣呢	150～170	210～240
纯棉织物	平布、细布等平纹棉布	165～185	180～190
	卡其、华达呢等较厚实的棉布	180～200	210～230
	灯芯绒、平绒等有毛绒的棉织品	180～200	200～230
再生丝织物	黏胶长丝织物、天丝织物	160～180	200～220
再生棉织物	黏胶短纤织物或莫代尔织物	160～180	165～185
丝绸面料	薄型织物，如电力纺、绢丝纺	160～170	200～210
	中厚型织物，如织锦缎、古香缎	160～180	200～220
	柞蚕丝绸	155～165	190～220
麻布面料	苎麻布、亚麻布	160～180	170～195
纯涤纶织物	机织弹力呢、涤纶绸等	150～170	190～210
涤/棉混纺织物	涤/棉府绸、卡其等	150～170	210～200
涤/黏混纺织物	凡立丁、花呢等	150～170	200～220
涤/毛混纺织物	派力司、花呢等	150～170	200～220
涤纶长丝交织物	涤桑绸、涤/锦绸等	140～160	180～210
厚型锦纶织物	黏/锦华达呢、黏/锦哔叽等	120～140	180～210
腈纶织物	腈/黏凡立丁、腈/黏花呢等	110～130	180～200
丙纶混纺织物	丙/棉细布、丙/棉花布等	85～100	150～160
氯纶织物	氯纶混纺凡立丁、棉/氯混纺哔叽	40～60	不可湿烫
维纶织物	卡其、华达呢等	125～145	不可湿烫

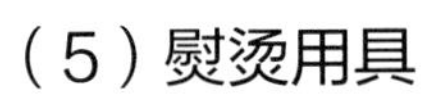

（5）熨烫用具

蒸汽调温熨斗	吊瓶式调温熨斗，适用于制作过程中的熨烫	蒸汽调温熨斗　挂烫机
挂烫机	主要用于穿用过程中的整烫，适合家用、商用，操作方便	
辅助用具	烫凳、布馒头、袖枕，熨烫曲面部位时作为衬垫物	烫凳　布馒头　袖枕
使用与保养	•使用熨斗时要注意安全。不用时，应放在专用底座上，并切断电源，不要随手放在被烫衣物或工作台上，以免烫坏衣物或工作台板，或引起火灾 •注意保持熨斗底部清洁。熨烫时注意工作台面整洁，特别注意黏合衬的碎料要及时清理，以防熨斗沾上胶粒和污垢，弄脏或损坏衣物 •各种熨烫用具，用完切忌随手乱丢乱放，以免弄脏或弄坏	

2. 熨烫技法

（1）平烫

技法说明	将衣物放在衬垫物上，依照衬垫物的造型烫平，不做特意伸缩处理的一种手法。常用于布料去皱、缩水或服装的整理等
操作过程	① 选择一块有皱痕布料，平铺在工作台上
	② 根据指示调整控温旋钮，或用滴水法试熨斗底温，另取一块同种碎料试烫，确认温度合适后再进行熨烫
	③ 在明显的折痕部位刷水，其他部位熨烫时同步加蒸汽
	④ 右手持熨斗，从右至左，由下向上推移；或由中心向左右、上下推移；同步加湿，均匀控制湿度。左手按住布料，配合右手动作，使布料不随熨斗移动。注意当熨斗前推时，尖部略抬起；熨斗后退时，后部略抬起；平稳推动熨斗，用力均匀
要求	布面烫平整、干燥、完全消除皱痕，无烫黄、烫焦现象

（2）起烫

技法说明	处理织物表面留下的水花、极光或绒毛倒伏现象的熨烫手法。该手法比平烫要轻，力求使织物恢复原状
操作过程	① 取一块带有极光的织物，平铺在工作台上
	② 布面上铺一块含水量较大的水布
	③ 手持高温熨斗，在有极光的部位前后左右反复擦动。注意，熨斗不要重压布料
	④ 轻烫水布表面，将布料烫干
要求	熨烫时手势始终要轻，不能操之过急，更不能重压织物，造成新的极光或倒绒

（3）压烫

技法说明	服装止口处压实定型的熨烫手法。主要用于钩缝后的领、衣襟、下摆、袖口等部位的定型
操作过程	盖水布，用重力压烫止口，停留时间可稍长，直至烫平、烫薄、烫干 贴边
要求	折角方正，压烫平实；止口不倒吐；布面整洁，无极光

（4）分烫

技法说明	缝合后的缝份分开、熨烫定型	
平分烫	两块裁片平缝后，将布面拉平，使缝份朝上，平铺在工作台上；左手在前分开缝份，右手持熨斗，以熨斗尖逐渐跟进左手，向前将缝份分开烫平；翻至正面（盖上水布），以熨斗底压住已分烫开的缝份，烫平、烫干	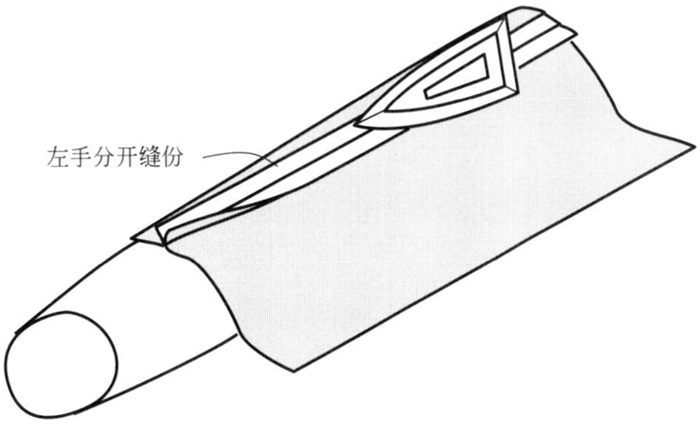 要求：缝份完全打开，不留坐势；缝口平整，不变形
伸分烫	先做平分烫，然后以熨斗底全部压住缝份，向两边作拉伸熨烫。左手捏住缝份一端处向外拉伸，右手持熨斗压住缝份，边压边向前推移，使缝口比原先略长。操作时注意双手配合，熨斗不能停留时间过长；拉伸幅度根据需要而定，拉伸用力均匀	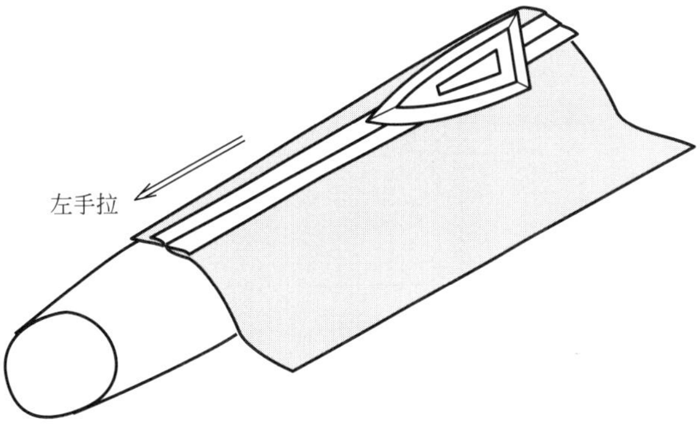 要求：同平分烫
缩分烫	平缝后的两块布料，缝份向上打开，下面垫袖枕或布馒头；右手持熨斗，熨斗尖对准缝份，左手将缝份分开，并向熨斗尖方向略推送；熨斗将分开的缝份压实，边分烫边前进	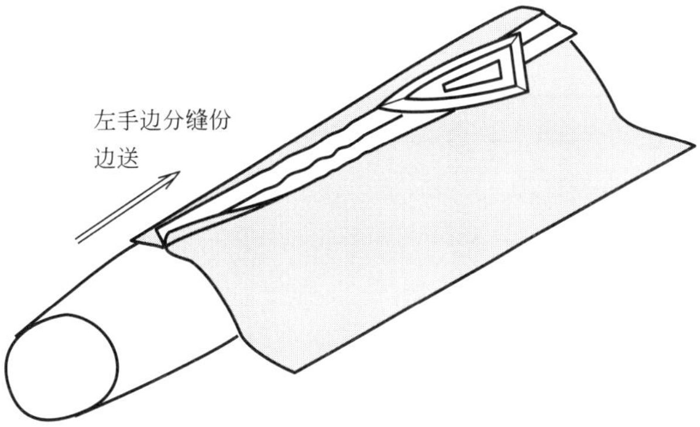 要求：左手辅助熨烫，推送时前后要均匀一致；缩分烫完成后，缝口平服，不变形

（5）座烫

<table>
<tr><td>技法说明</td><td colspan="2">将缝合后的所有缝份倒向一侧，压实、定型的熨烫技法</td></tr>
<tr><td>操作过程</td><td>两块裁片缝合后，将布面拉平，使缝份朝上，平铺在工作台或者布馒头上。左手在前分开缝口并压倒缝份，右手持熨斗，以熨斗尖逐渐跟进左手，向前将缝份烫倒；以熨斗底全部压住已烫倒的缝份，烫平、烫干</td><td>左手压住缝份
要求：左手辅助熨烫，使缝口完全打开，平服，不变形</td></tr>
</table>

（6）扣烫

<table>
<tr><td>技法说明</td><td colspan="2">将裁片毛边扣净并压烫定型的熨烫手法。主要用于贴袋、袖口、下摆等处的熨烫。为保证熨烫质量，扣烫时一般都备有硬而薄的净样，称为扣烫样板</td></tr>
<tr><td>平扣烫</td><td>左手沿扣烫样板将布料缝份向内扣折约1cm，右手持熨斗压住转折的缝份；左手边扣边向后退，右手边烫边跟进。将布料翻正，整个熨斗压住折边，加湿后用力烫实，切忌熨斗沿折边用力推移。注意扣烫折边时要轻，最后翻正熨烫时要重；双手动作配合默契，尤其右手注意跟进</td><td>扣烫样板
要求：止口顺直、平服、不变形，折边宽度一致</td></tr>
<tr><td>缩扣烫</td><td>借助扣烫样板，从布料直丝的一侧开始烫，左手折边，右手跟进，用熨斗的尖部压实折边；取出扣烫样板，翻正布料，沿止口用力压烫，同时加蒸汽。注意整个过程样板不能移动，可以提前手缝拱针缩缝，或者最大针脚机缝，抽缩缝制线，使弧形区域缝份变短，帮助熨烫成型</td><td>扣烫样板
要求：止口圆顺、平服、不变形，缝份无死褶</td></tr>
</table>

（7）归烫

技法说明	归，指归拢，通过熨烫使布料长度缩短
操作过程	左手归拢丝绺，右手稍用力沿弧线推移熨斗，需要缩短的部位在熨斗内侧 波纹状褶皱 变直变短
要求	布料变形自然，曲面平服

（8）拔烫

技法说明	拔，指拔长，通过熨烫使布料长度变长
操作过程	左手向前拉布料，右手持熨斗沿弧线用力推，需要拔长的部位在熨斗外侧 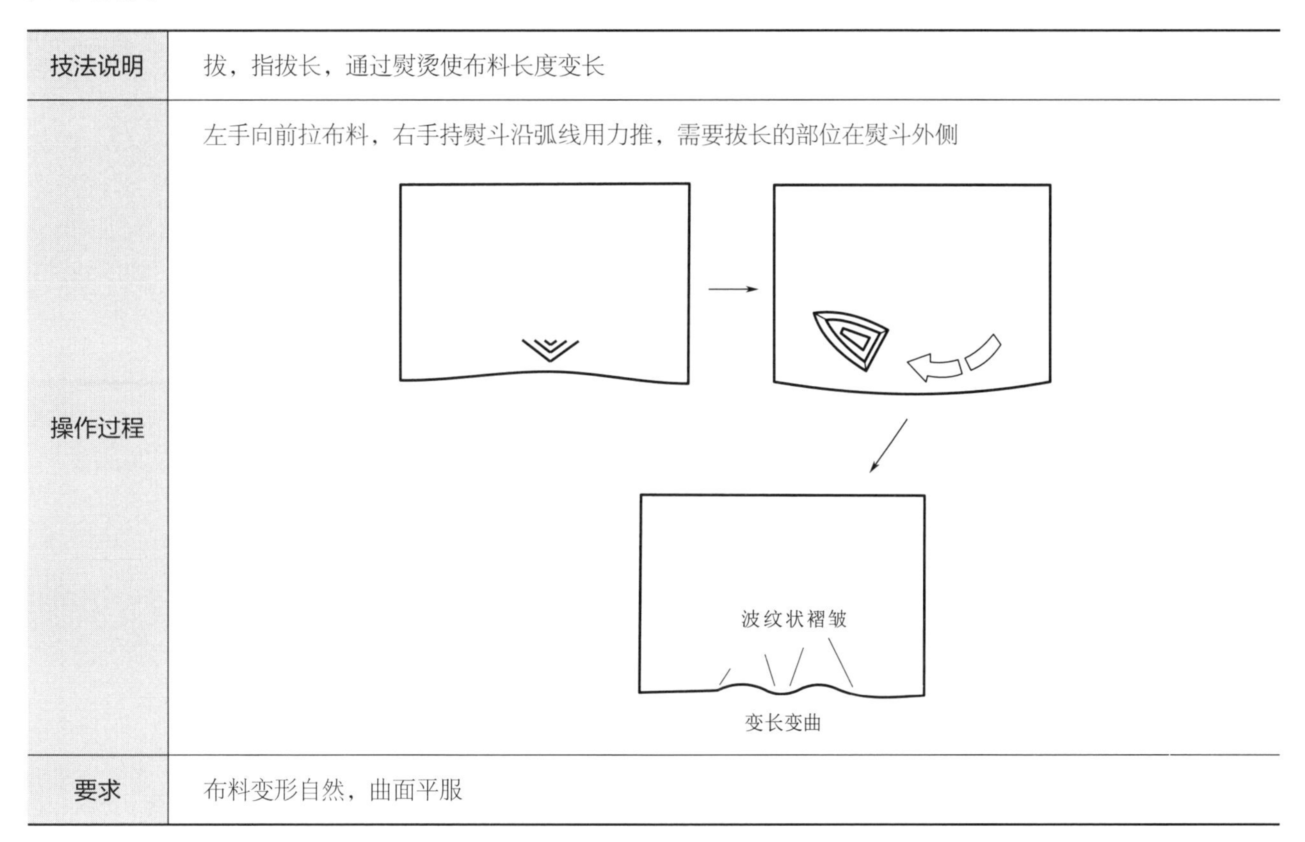 变长变曲
要求	布料变形自然，曲面平服

六、服装材料基础

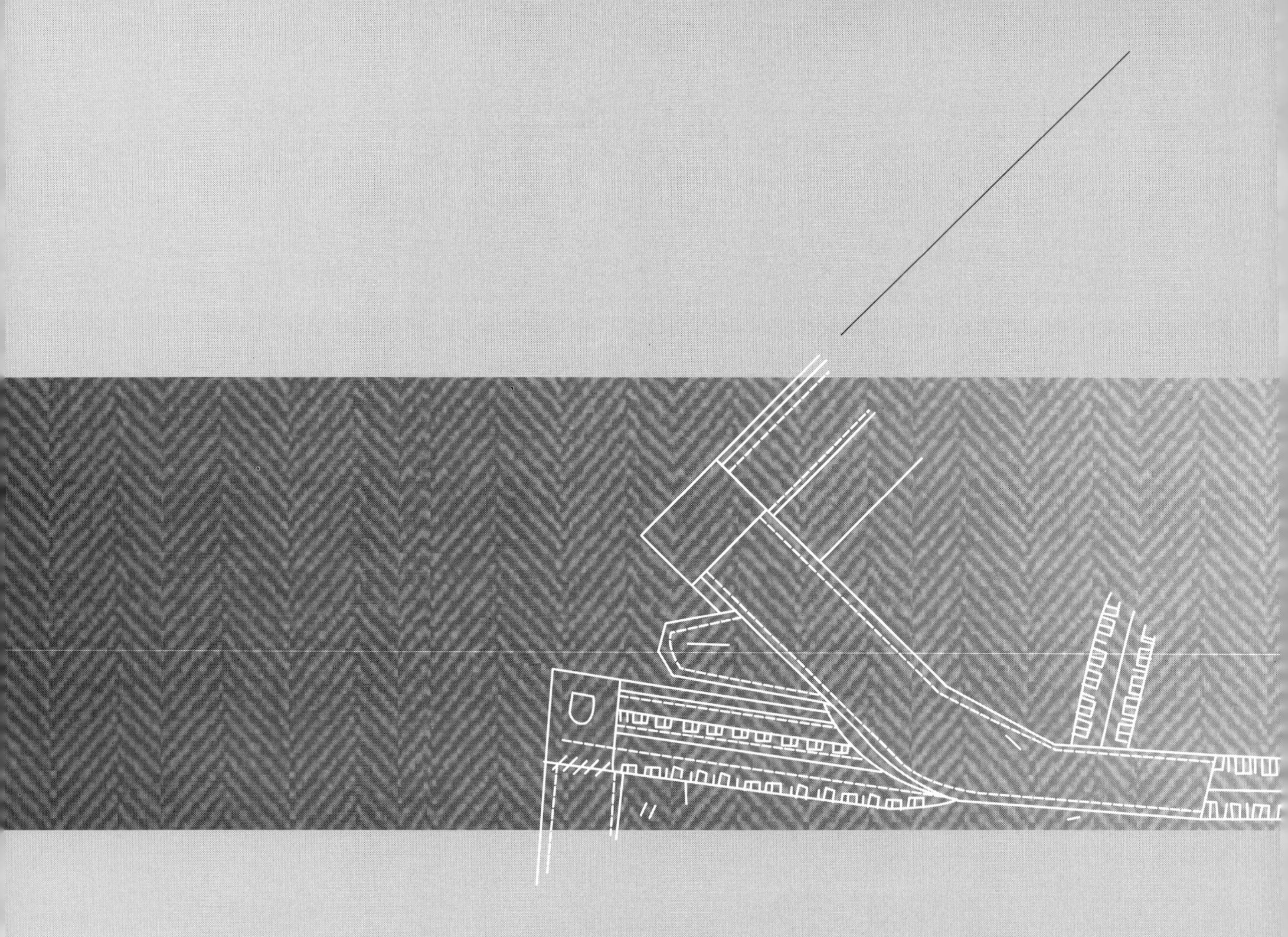

1. 服装面料

服装面料类别	• 天然纤维织物（棉、毛、丝、麻织物等） • 化学纤维织物（涤纶、锦纶、腈纶、丙纶、黏胶纤维织物等）
服装面料的选用原则	① 功能原则。考虑面料的特点必须符合服装功能的要求；如消防员服装要求有阻燃功能 ② 色泽原则。考虑面料的色泽和图案必须与设计要求相符或相近 ③ 质感原则。若服装款式是两种或以上面料的组合，则要考虑几种面料的厚薄、密度、缩率等质感是否协调 ④ 工艺原则。考虑所选面料必须符合该款式服装的缝纫、熨烫等加工工艺的要求 ⑤ 价格原则。考虑服装的档次，面料成本与服装档次相匹配 ⑥ 卫生原则。对内衣、婴幼儿服装要考虑卫生保健，对皮肤无刺激作用 ⑦ 综合原则。综合考虑，尽力兼顾。一旦不能顾及时可以有所侧重

服装面料的选用实例		
	男西服套装	全毛牙签条花呢、涤/黏混纺花呢等
	男西裤	纯涤纶仿毛织物、涤/黏混纺板司呢、涤/棉混纺卡其等
	男、女衬衫	涤/棉府绸、纯棉细布、丝光棉布、黏纤丝交织缎、真丝面料、全棉条格色织布、玉米纤维面料、牛奶纤维面料等
	风衣、夹克衫	涤/棉卡其、全棉粗平布、仿麂皮等
	女便服	全棉条绒、全棉条格色织布、全棉牛仔布、针织面料等
	睡衣	全棉毛巾布、全棉针织布、莫代尔针织布、真丝缎面料等
	童装	全棉或涤/棉印花布、条格布、棉绒布、泡泡纱布、人造毛皮等
	羽绒服	涤/棉高密全线府绸、锦纶涂层塔夫绸等
	女礼服	丝绒、软缎、锦缎、金银丝闪光面料等
	男礼服	黑白两色为格调的礼服呢、华达呢、涤/棉高支府绸等
	旗袍	夏季：真丝双绉、绢纺等；春秋：织锦缎、古香缎、金丝绒等

2. 服装里料

服装里料的选用原则	① 里料与面料性能匹配。首先缩水率、耐热性、洗涤用洗涤剂的酸碱性尤其要一致；其次强力、弹性、厚薄也要相随。如纯棉或黏纤里料适用于纯棉面料服装，羊绒大衣或裘皮大衣宜用较厚的里料，易产生静电的面料要配易吸湿和抗静电的里料 ② 里料与面料颜色和谐。里料颜色要与面料颜色相同或比面料略浅 ③ 里料与面料柔软随和。一般里料比面料要柔软和轻薄，里料和面料要自然随和，否则，“两张皮”现象会大大降低服装档次 ④ 里料与面料成本相符。一般成本高的高档面料配较贵的里料，低价低档面料配价廉的里料

续表

常用里料	纯棉布	保暖舒适，方便洗涤，适用于婴幼儿服装和夹克便服等。缺点是不够光滑，易缩水
	锦纶绸	轻薄耐磨，光滑有弹性，不缩水，是当前国内外普遍采用的里料之一，特别是风雨衣、羽绒服等多选用这种里料
	涤纶绸	由涤纶长丝织成的平纹和斜纹素色布称涤纶绸，它的性能与锦纶绸相似，比锦纶绸价格低廉，缺点是容易起静电
	铜氨丝绸	铜氨丝是以木浆、棉短绒浆粕为原料制成的一种再生纤维，铜氨丝绸吸湿快干，柔软顺滑，不易产生静电，适用于各类秋冬季服装里料。铜氨丝里料的缺点是不耐碱，要避免使用碱性洗涤剂
	醋酯纤维绸	该里料光泽好，手感柔软滑爽，有良好的悬垂性，真丝感强，易洗易干，不霉不蛀。适用于各种服装，较厚的斜纹、缎纹布常用于休闲外套、夹克、呢子大衣和毛皮大衣等里料，缺点是裁口边缘易脱散
	涤/棉混纺绸	结合了天然纤维和化学纤维的优点，吸湿、坚牢而挺括、光滑，适用于各种洗涤方法，常用作羽绒服、夹克衫和风衣的里料

3. 服装絮填料

棉花	具有良好的保暖性，但弹性差，受压后保暖性降低，经常曝晒和拍打有利于保持保暖性和蓬松性。棉花适合做儿童和老人的棉服，也常用于军大衣
羽绒	常见的有鹅绒和鸭绒，是一种动物性蛋白纤维。按颜色分为灰绒和白绒，其轻柔、飘逸、吸湿、发散，保暖性极佳，是理想的保暖絮填料。在运用羽绒制作絮填料时，需要绗缝，以免松散“乱套”，厚薄不均。也可用布料（托布）包住并绗缝，以保护和固定这些填充物。托布应选质地柔软、不影响服装外观造型的材料
腈纶棉	腈纶是保暖性优良的化学纤维之一，其絮片可据服装尺寸任意裁剪，易水洗，洗后不乱、不毡结，仍能保持原有蓬松性和保暖性。腈纶棉的保暖性比羽绒和棉花差
中空棉	由中空涤纶短纤中加少量丙纶经热熔制成的絮片，性能与腈纶棉类似。常见的有1孔、4孔、7孔，其中7孔中空棉的保暖性最好，多用于被子絮料
热熔棉	热熔棉一般以丙纶短纤为主体纤维，再加少量低熔点热熔纤维或喷洒“聚酰胺”胶水制成丙纶絮片，也称为“喷胶棉”，是价廉物美的冬装填料
动物绒毛	羊毛和骆驼绒是高档的保暖絮填料，其保暖性好，但易毡结，不能水洗，如果混以部分化学纤维则有所改善
混合填料	驼绒和腈纶或中空涤纶混合做絮填料可减少毡结性并降低成本
天然毛皮、人造毛皮	天然毛皮的皮板密实挡风，绒毛中储有大量的空气而保暖。普通低档毛皮可作为高档防寒服装的絮填材料。由毛或化纤混纺制成的人造毛皮以及长毛绒也是较好的保暖絮填材料，有时也可以直接用作具备保暖功能的里料或服装开口部位的装饰沿边设计
特殊功能絮填料	为了使服装达到某种特殊功能而采用特殊功能絮填料。例如，潜水员服装的夹层植入电热丝，以使人体保温；将冷却剂作为服装絮填料，通过冷却剂的循环利用使人体降温；宇航服中，使用防辐射材料作为絮填料，可以起到防辐射作用；还有各种保健絮料等

4. 服装衬料

<table>
<tr><td>棉布衬</td><td colspan="2">未经整理加工或仅上浆硬挺整理的棉布可作为衬料。棉布衬可用于一般面料服装的衬布</td></tr>
<tr><td>麻布衬</td><td colspan="2">麻布衬由于其使用原料为麻纤维而具有一定的弹性和韧性，广泛用于各类毛料制服、西装和大衣等服装中</td></tr>
<tr><td rowspan="2">毛衬</td><td>黑炭衬：是用动物性纤维（山羊毛、牦牛毛、人发等）或毛混纺纱为纬纱，棉或棉混纺纱为经纱加工成基布，再经特殊整理加工而成的衬料。具有优良的弹性、较好的尺寸稳定性，主要用于西服、大衣、制服、上衣等服装的前身、肩、袖等部位</td><td></td></tr>
<tr><td>马尾衬：是用马尾作纬纱，棉或涤/棉混纺纱为经纱加工成基布，再经定型和树脂加工而成，具有优良的弹性、较好的尺寸稳定性。马尾衬主要用于肩、胸等部位</td><td>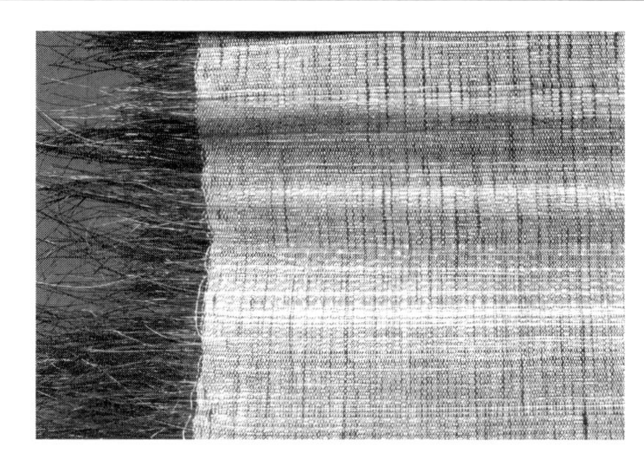</td></tr>
<tr><td>树脂衬</td><td>以棉、化纤及混纺的机织物、针织物或非织造布为底布，并经过树脂整理加工制成的衬布。纯棉树脂衬布应用于服装中的衣领、前身等部位，还用于生产腰带、裤腰等；涤/棉混纺树脂衬布因其弹性较好等特性而广泛应用于各类服装中的衣领、前身、驳头、口袋、袖口等部位，此外还大量用于腰衬、嵌条衬等；纯涤纶树脂衬布因其弹性极好和手感滑爽而广泛应用于各类服装中，是一种品质较高的树脂衬布</td><td> 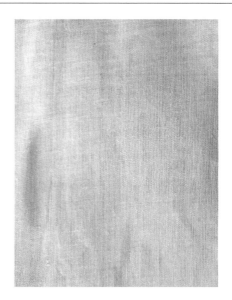</td></tr>
</table>

续表

热熔黏合衬料	简称为黏合衬。这种衬是将热熔胶涂于底布制成，使用时需在一定的温度、压力和时间条件下，使黏合衬与面料（或里料）的反面黏合，达到服装挺括美观并富有弹性的效果，还具有保暖的附加作用	
	机织布黏合衬：底布通常为纯棉或与其他化纤混纺的平纹织物，尺寸稳定性和抗皱性较好，多用于中、厚型面料的服装	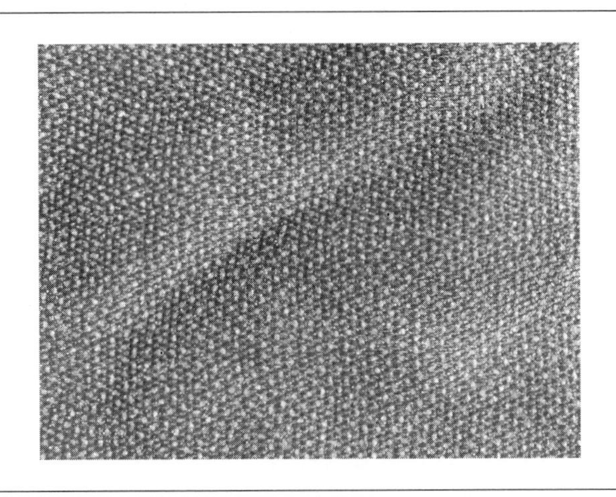
	针织布黏合衬：包括经编衬和纬编衬，它的弹性较好，尺寸稳定，多用于针织布料和弹性机织布料的服装中	
	非织造布黏合衬：常以化学纤维为原料制成，分为薄型（15～$30g/m^2$）、中型（30～$50g/m^2$）和厚型（50～$80g/m^2$）三种。因其成型后挺括、不脱散、成本较低而广泛用于各类服装	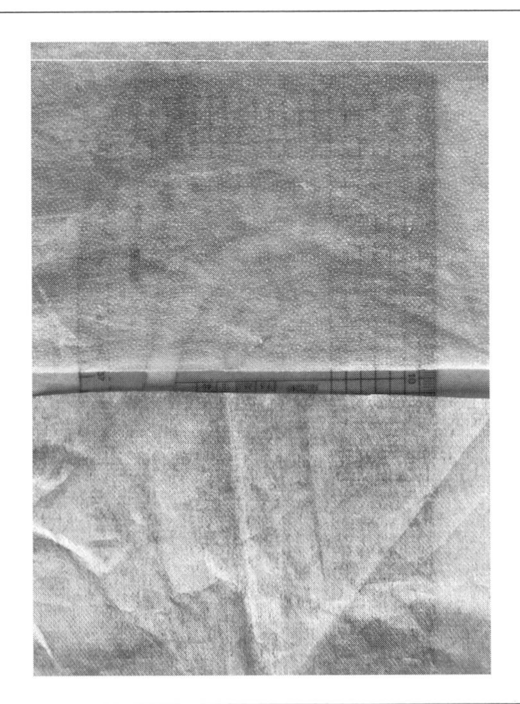

续表

牵条衬	又称嵌条衬，广泛用于中高档毛料服装、丝绸服装和裘皮服装的止口、下摆、门襟、袖窿、驳头和接缝等部位，其作用为防止变形、防止脱散、补强造型、折边定位等	
纸衬与绣花衬	在轻薄柔软、尺寸不稳定的材料上绣花时，可以用纸衬来保证花型的准确和美观。现在大部分纸衬已被由水溶性纤维和黏合剂制成的特种非织造衬布所代替，这种衬主要用于绣花服装和水溶花边，故又称为绣花衬	
西裤腰衬	西裤腰衬又称腰里，应用最广的是由树脂衬布、织带条（织商标带）和口袋布缝制而成，宽约5cm，用于裤腰的内侧，起装饰、保型和防滑作用	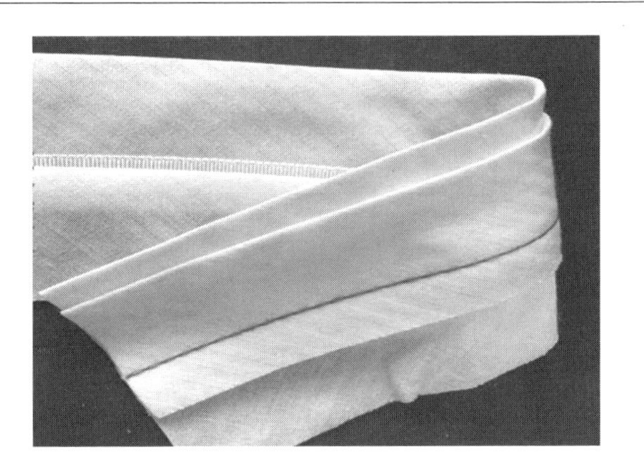
领底呢	是高档西服的领底材料，领底呢的刚度与弹性极佳，可使西服领平挺、富有弹性而不变形。领底呢有各种厚度与颜色，使用时应与面料相匹配	

5. 缝纫线

<table>
<tr><td>缝纫线的型号</td><td colspan="2">常用缝纫线的型号有202、203、402、403、602、603等，型号前两位表示单纱的英支数，最后一位的2或3分别指该缝纫线是由两股或三股纱并捻而成。例如：603就是由3股60英支纱并捻而成
602号线最细，多用于薄型面料，如夏季穿的真丝、乔其纱等；603和402线是最普通的缝纫线，一般面料都可以使用，如棉、麻、涤纶、黏纤等各种常用面料；403线用于较厚面料，如呢制面料等；202和203线也可称为牛仔用线，线较粗，强度大，专用于牛仔布</td></tr>
<tr><td rowspan="2">缝纫线的规格</td><td>直管线：通常为500～1000m卷装，主要用于家用缝纫</td><td></td></tr>
<tr><td>宝塔线：通常是大卷装，长度3000～20000m，适合于高速缝纫机使用</td><td></td></tr>
<tr><td>缝纫线的材质</td><td colspan="2">• 纯棉软线适用于棉等素色织物的服装，可用于手缝、包缝、扎衣样
• 丝光棉线用于棉织物缝纫
• 蜡光线用于皮革等硬面料或需高温熨烫面料的缝纫
• 涤纶长丝线用于缝制军服等结实耐用的服装
• 涤纶弹力丝缝纫线用于缝制健美服装、运动服等弹力服装
• 涤纶短线缝纫线用于混纺织物服装
• 锦纶长丝线，用于缝制化纤、呢绒、针织物等有弹性且耐磨面料的服装</td></tr>
<tr><td>缝纫线的选用</td><td colspan="2">• 色泽与面料要一致，除装饰线外，应尽量选用相近色，且宜深不宜浅
• 缝线缩率应与面料一致，以免缝纫物经过洗涤后缝迹因缩水过大而使织物起皱；高弹性及针织类面料应使用弹力线
• 缝纫线粗细应与面料厚薄、风格相适宜
• 缝线材料应与面料材料特性接近，线的色牢度、弹性、耐热性要与面料相适宜，尤其是成衣染色产品，缝纫线必须与面料纤维成分相同（特殊要求除外）</td></tr>
</table>

6. 其他辅料

锁眼线	丝光三股线，光泽度好，结实耐用，专用于锁眼	
绣花线	采用优质天然纤维或化学纤维经纺纱加工而成的刺绣用线，色彩丰富，光泽度好，用于完成装饰性线迹	
透明线	也称为鱼线，对任何颜色的材料都具有很好的隐藏性，用于手工或机缝比较厚实的材料，尤其适用于制作箱包等	
拉链	拉链很方便开合，用于服装需要开口的部位，以实用性为主。根据外观分为普通拉链与隐形拉链，根据拉链牙齿的材料分为塑料拉链与金属拉链	

七、门襟工艺

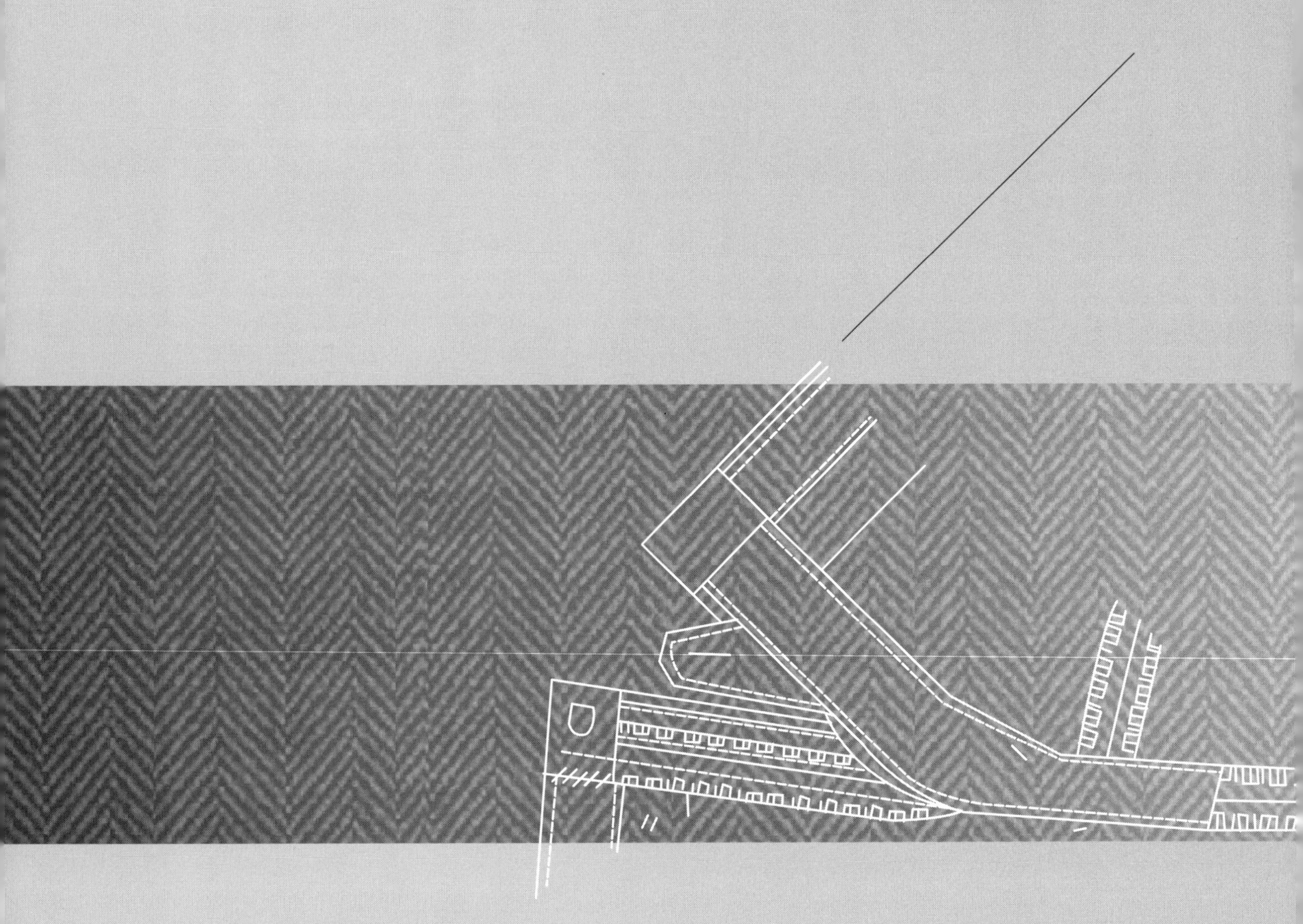

1. 上衣门襟工艺

（1）连裁式明门襟

款式	连裁式明门襟是将与衣片连裁的贴边，直接外翻作明门襟，露在门襟表面的是衣片的反面。只有款式允许的情况才能用此方法，多用于女衬衫、儿童衬衫	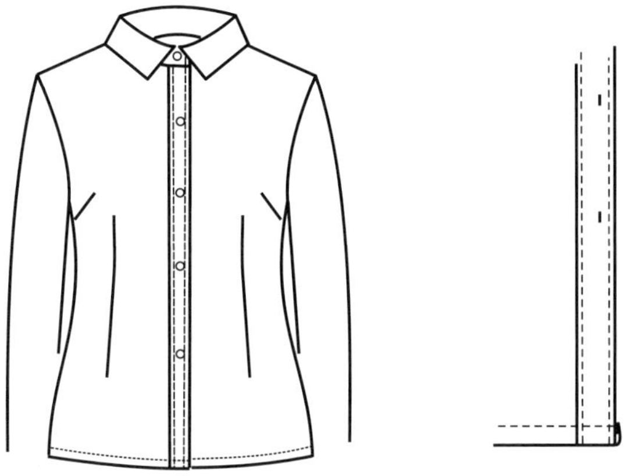
备料	右衣片连裁式明门襟（注意领口弧度），需要硬挺效果的话，贴边区域可以粘黏合衬。另需准备门襟扣烫样板1片	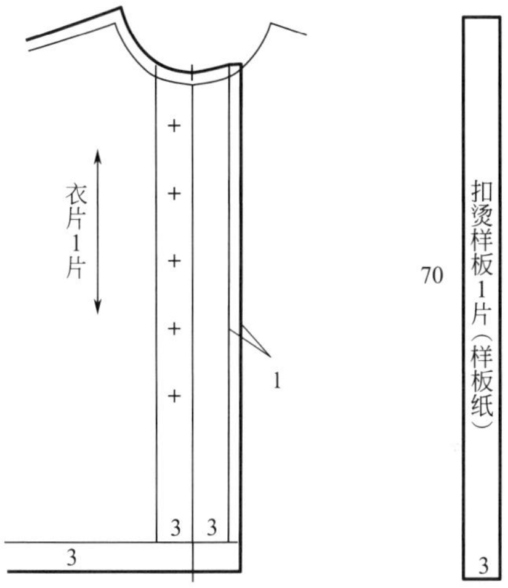 衣片1片 1 3 3 3 70 扣烫样板1片（样板纸） 3
扣烫	借助扣烫样板，熨烫门襟两侧的止口。注意不能顺门襟长度方向推熨斗，以免止口变形	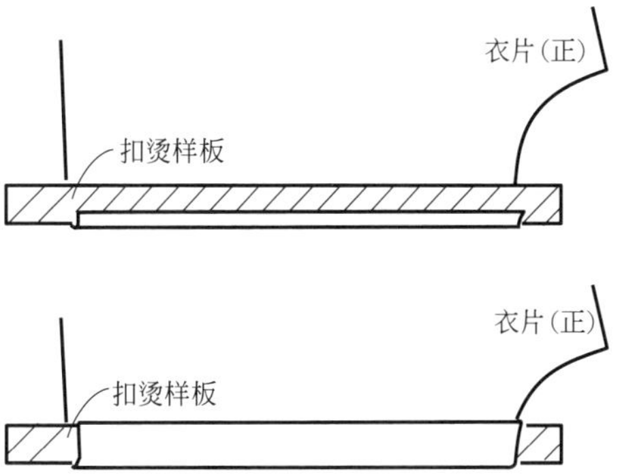 衣片（正） 扣烫样板 衣片（正） 扣烫样板
固定贴边	距离门襟两侧止口0.1cm分别缉线，初学者建议先缉门襟止口，再缉贴边止口，以防贴边错位	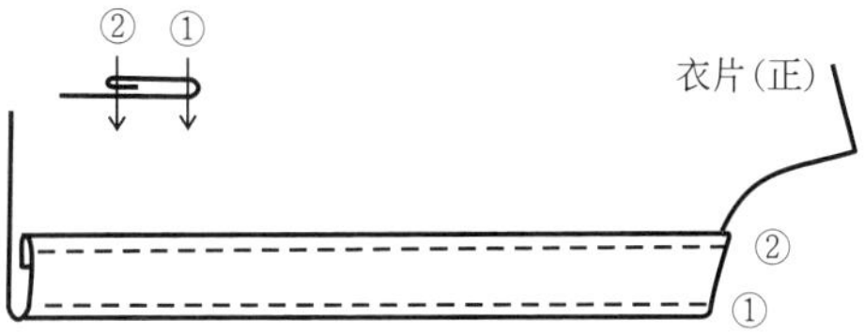 ② ① 衣片（正） ② ①

（2）单层另装式明门襟

款式	单层另装式明门襟是另裁的门襟条，贴合固定在衣片表面，止口保型性好，工艺比较简单，男衬衫大多采用这种明门襟	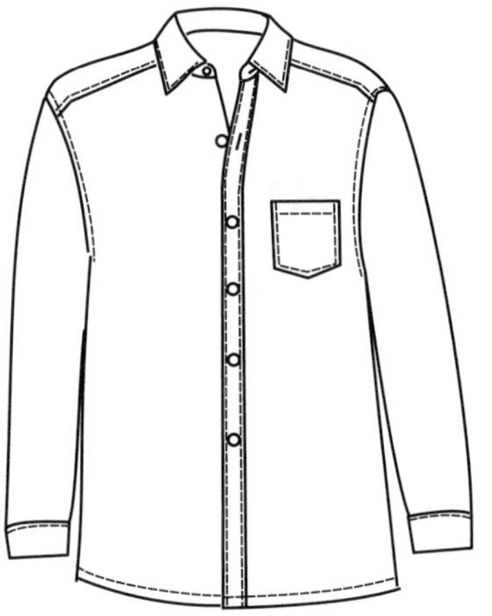
备料	左衣片1片，门襟条1片，扣烫样板1片。门襟条一般长度方向取经纱方向，格子面料有时也取斜纱方向。需要硬挺效果的话，门襟条可以全粘黏合衬	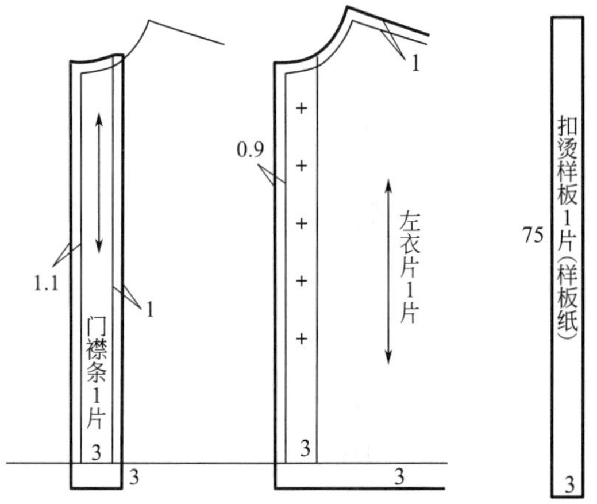 1.1 1 门襟条1片 3 3 0.9 1 左衣片1片 3 3 75 扣烫样板1片（样板纸） 3
扣烫	借助扣烫样板，扣烫门襟内侧的止口。注意不能顺门襟长度方向推熨斗，以免止口变形	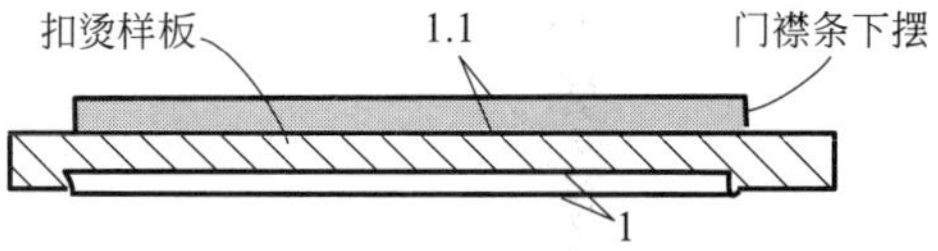 扣烫样板 1.1 门襟条下摆 1
钩缝门襟条	将门襟条(正)与左衣片(反)相叠，上下层边缘比齐钩缝止口	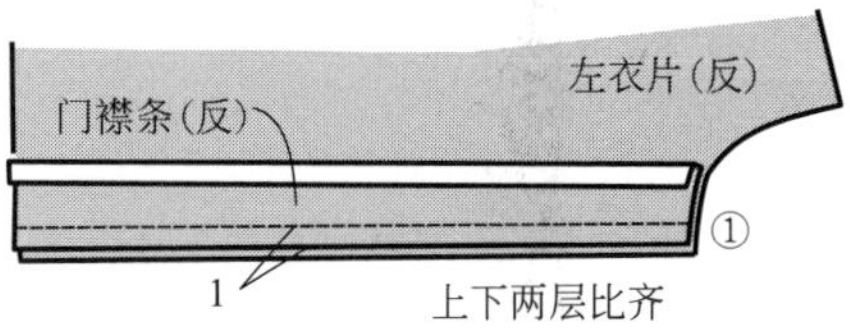 左衣片(反) 门襟条(反) ① 1 上下两层比齐
固定门襟	劈开门襟止口缝份（避免缝口出现坐势），翻正门襟条，压烫止口，注意门襟条向反面吐出0.1cm。距离门襟条两侧止口0.1cm分别缉线固定	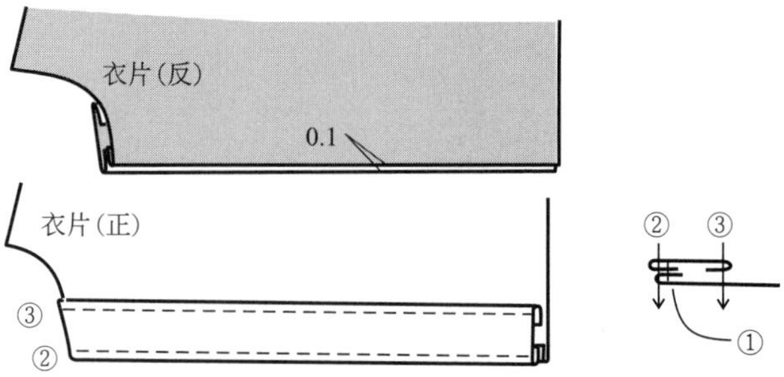 衣片(反) 0.1 衣片(正) ③ ② ② ③ ①

（3）双层另装式明门襟

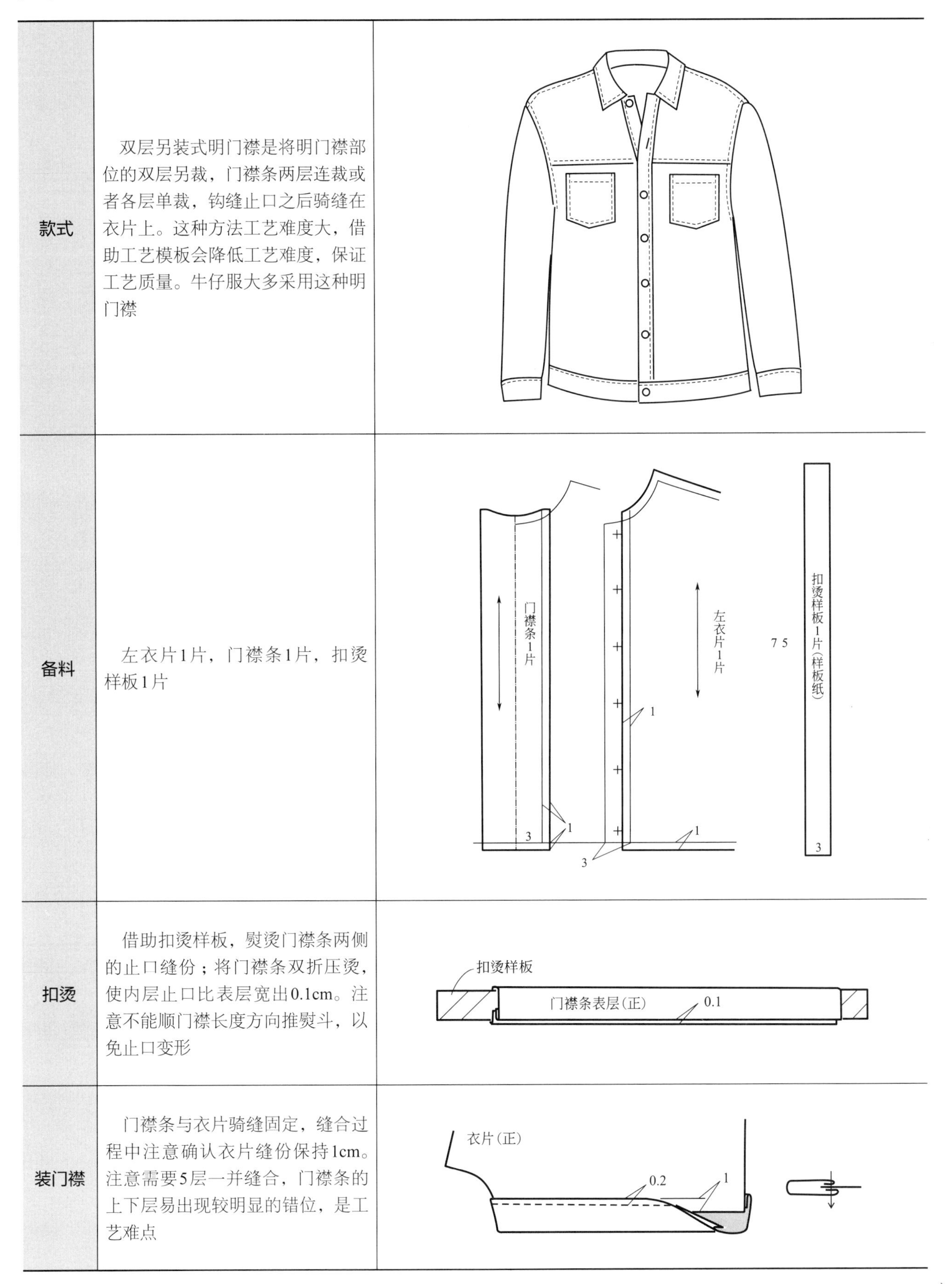

款式	双层另装式明门襟是将明门襟部位的双层另裁，门襟条两层连裁或者各层单裁，钩缝止口之后骑缝在衣片上。这种方法工艺难度大，借助工艺模板会降低工艺难度，保证工艺质量。牛仔服大多采用这种明门襟	
备料	左衣片1片，门襟条1片，扣烫样板1片	
扣烫	借助扣烫样板，熨烫门襟条两侧的止口缝份；将门襟条双折压烫，使内层止口比表层宽出0.1cm。注意不能顺门襟长度方向推熨斗，以免止口变形	
装门襟	门襟条与衣片骑缝固定，缝合过程中注意确认衣片缝份保持1cm。注意需要5层一并缝合，门襟条的上下层易出现较明显的错位，是工艺难点	

（4）外翻式暗门襟

款式	外翻式暗门襟是双层门襟，共由四层组成，扣眼打在内层门襟上，扣合后衣片表面看不到纽扣，但是会在扣位之间看到固定四层门襟间的线迹	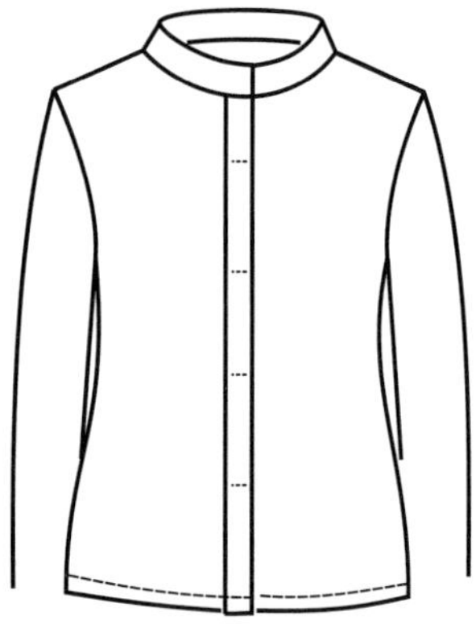
备料	右前片衣片1片，注意在领口和下摆对应做门襟翻折位置的三组记号	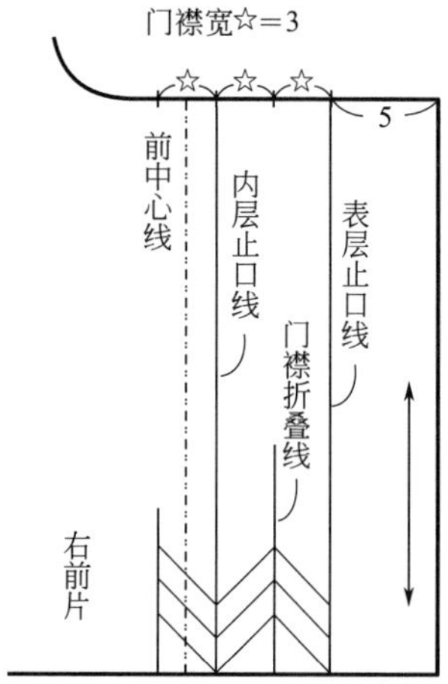
压烫门襟	分别沿门襟折边线、止口线压烫衣片门襟	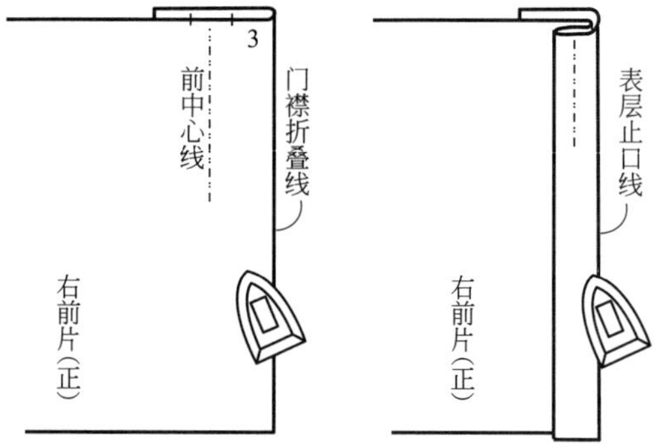
缝下摆	将贴边与衣片正面相叠，比齐边缘，沿下摆净线钩缝；修剪贴边与下摆重叠部分，将贴边翻正，折边缝固定下摆	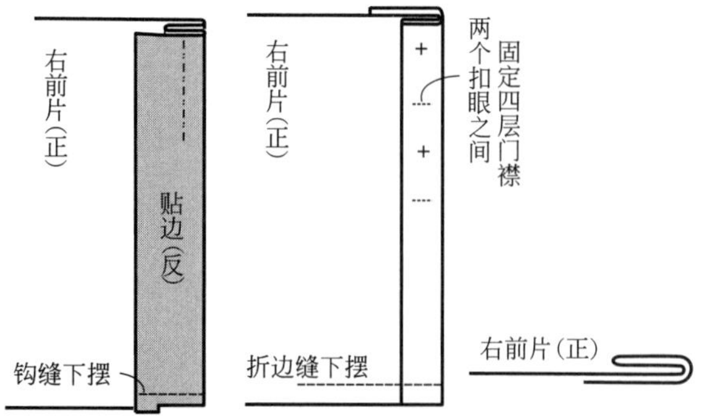

（5）内翻式暗门襟

款式	内翻式暗门襟是双层门襟，共由四层组成，扣眼打在内层门襟上，扣合后衣片表面看不到纽扣，但是会在表面看到固定四层门襟的线迹	
备料	右前片衣片1片，注意在领口和下摆对应做门襟翻折位置的三组记号	门襟宽 ☆=3 前中心线 表层止口线 内层止口线 1 右前片
做内层门襟	借助样板扣烫门襟最内层的毛边，沿内层止口线压烫门襟折边线；绷缝固定内层门襟后，在要求的位置打扣眼	内层止口线 右前片(正) 打扣眼 绷缝 右前片(正)
固定门襟及下摆	将门襟沿止口线折叠、压烫，从衣片表面缉线固定门襟（5层），注意保持门襟平服；折边缝固定下摆	固定门襟 表层止口线 右前片(正) 表层止口线 右前片(正) 折边缝下摆 右前片(正)

（6）夹层式暗门襟

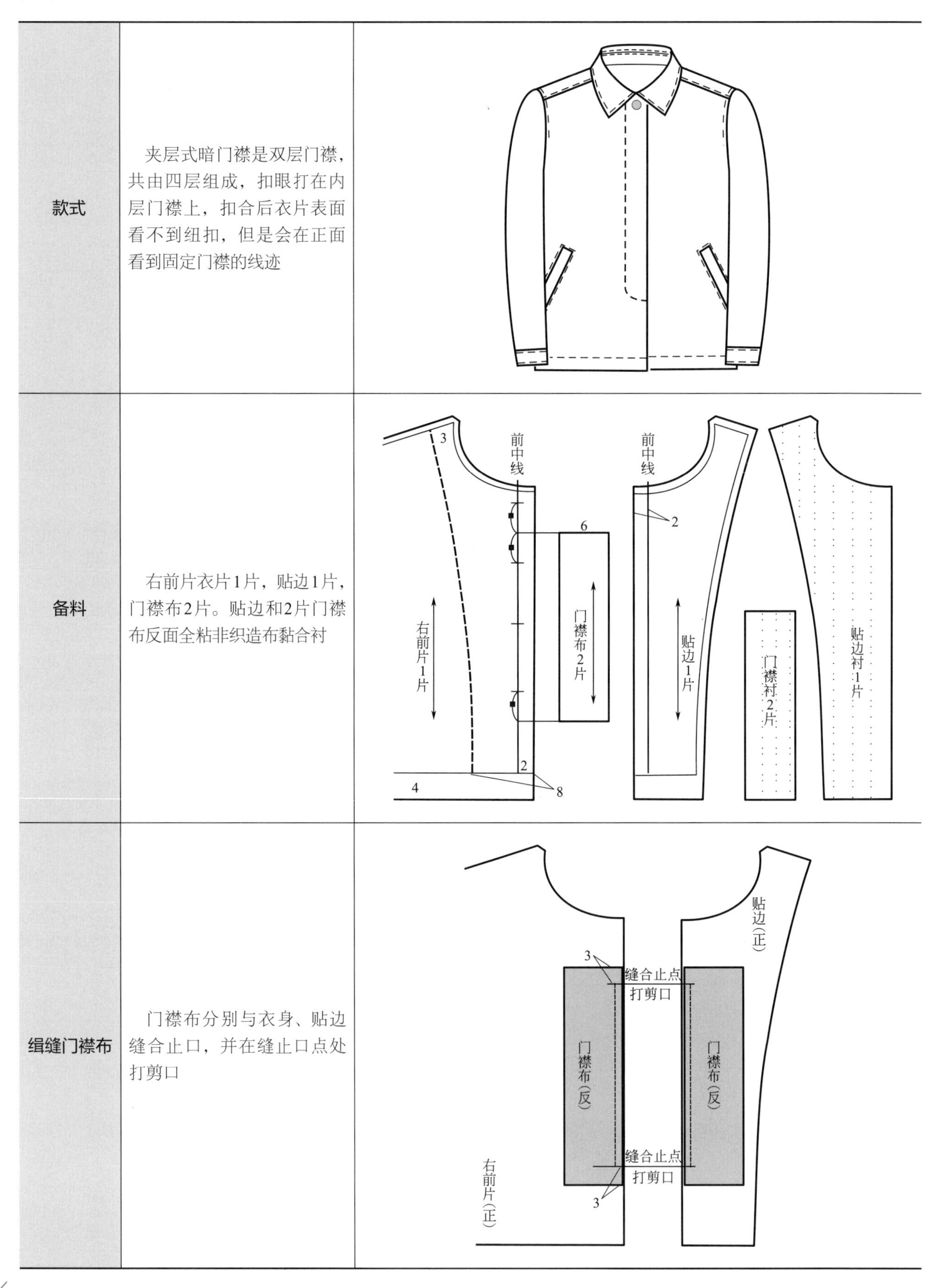

款式	夹层式暗门襟是双层门襟，共由四层组成，扣眼打在内层门襟上，扣合后衣片表面看不到纽扣，但是会在正面看到固定门襟的线迹	
备料	右前片衣片1片，贴边1片，门襟布2片。贴边和2片门襟布反面全粘非织造布黏合衬	
绢缝门襟布	门襟布分别与衣身、贴边缝合止口，并在缝止口点处打剪口	

续表

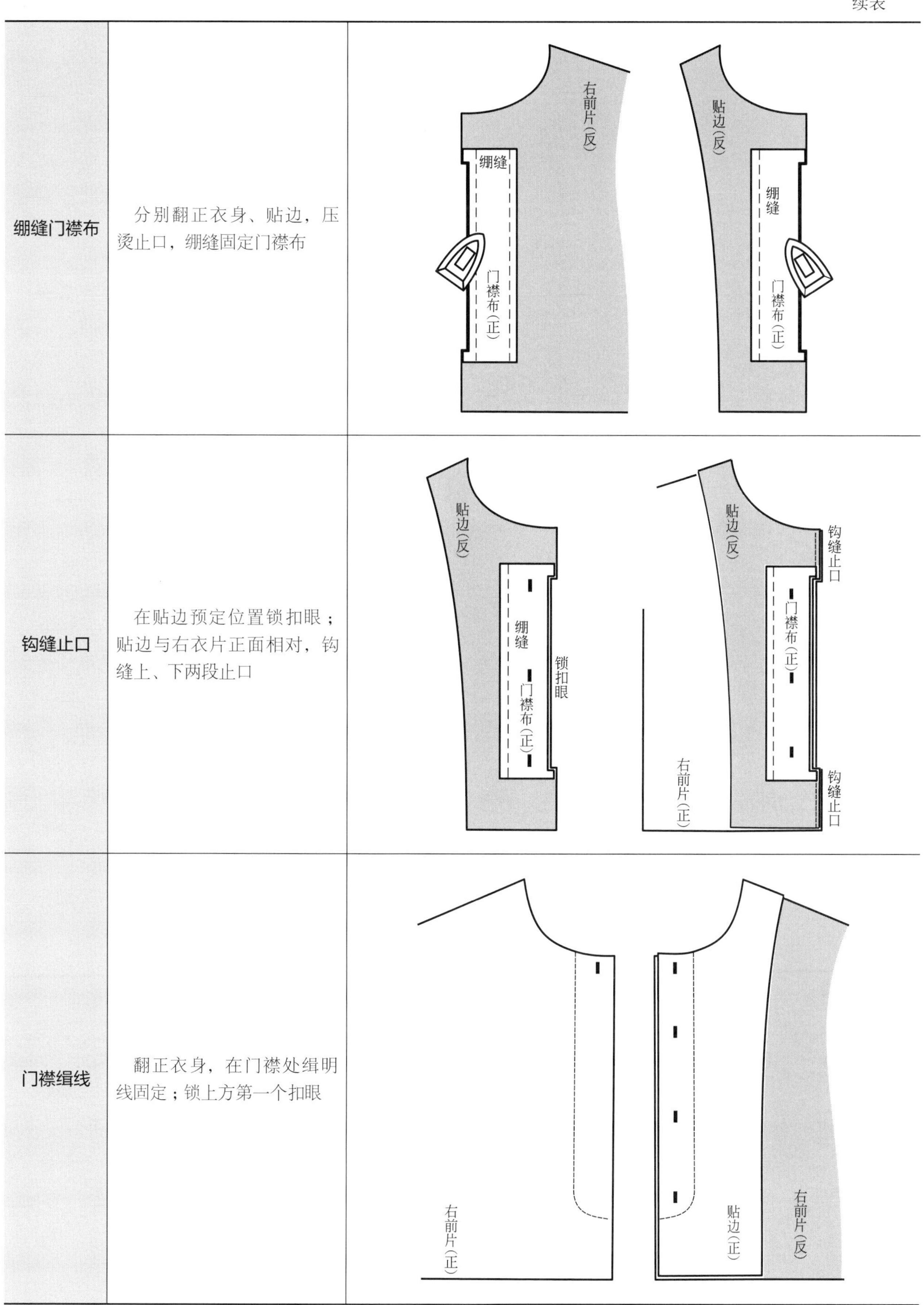

绷缝门襟布	分别翻正衣身、贴边，压烫止口，绷缝固定门襟布	
钩缝止口	在贴边预定位置锁扣眼；贴边与右衣片正面相对，钩缝上、下两段止口	
门襟缉线	翻正衣身，在门襟处缉明线固定；锁上方第一个扣眼	

（7）可见拉链式门襟

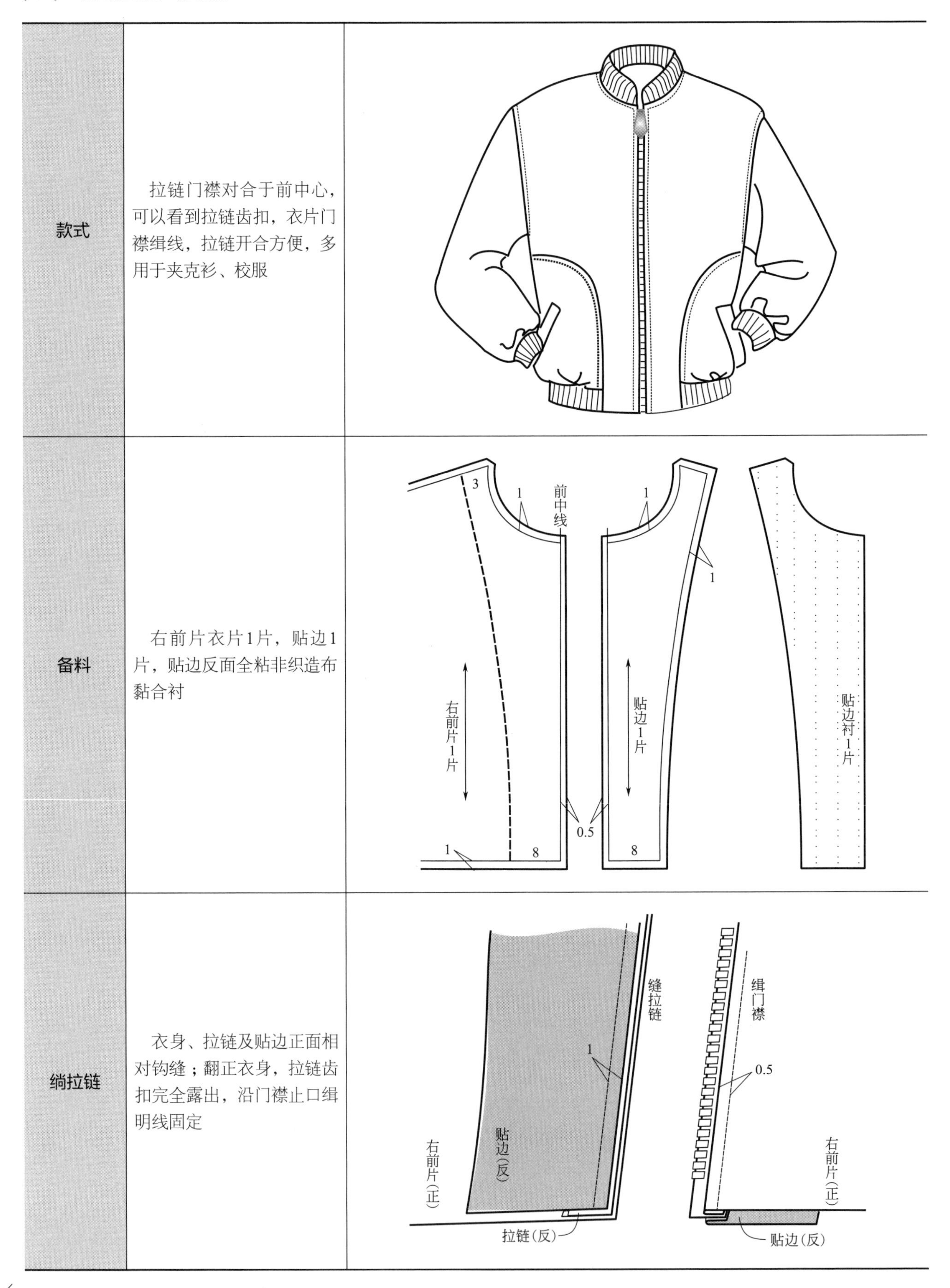

款式	拉链门襟对合于前中心，可以看到拉链齿扣，衣片门襟缉线，拉链开合方便，多用于夹克衫、校服	
备料	右前片衣片1片，贴边1片，贴边反面全粘非织造布黏合衬	
绱拉链	衣身、拉链及贴边正面相对钩缝；翻正衣身，拉链齿扣完全露出，沿门襟止口缉明线固定	

（8）覆盖拉链式门襟

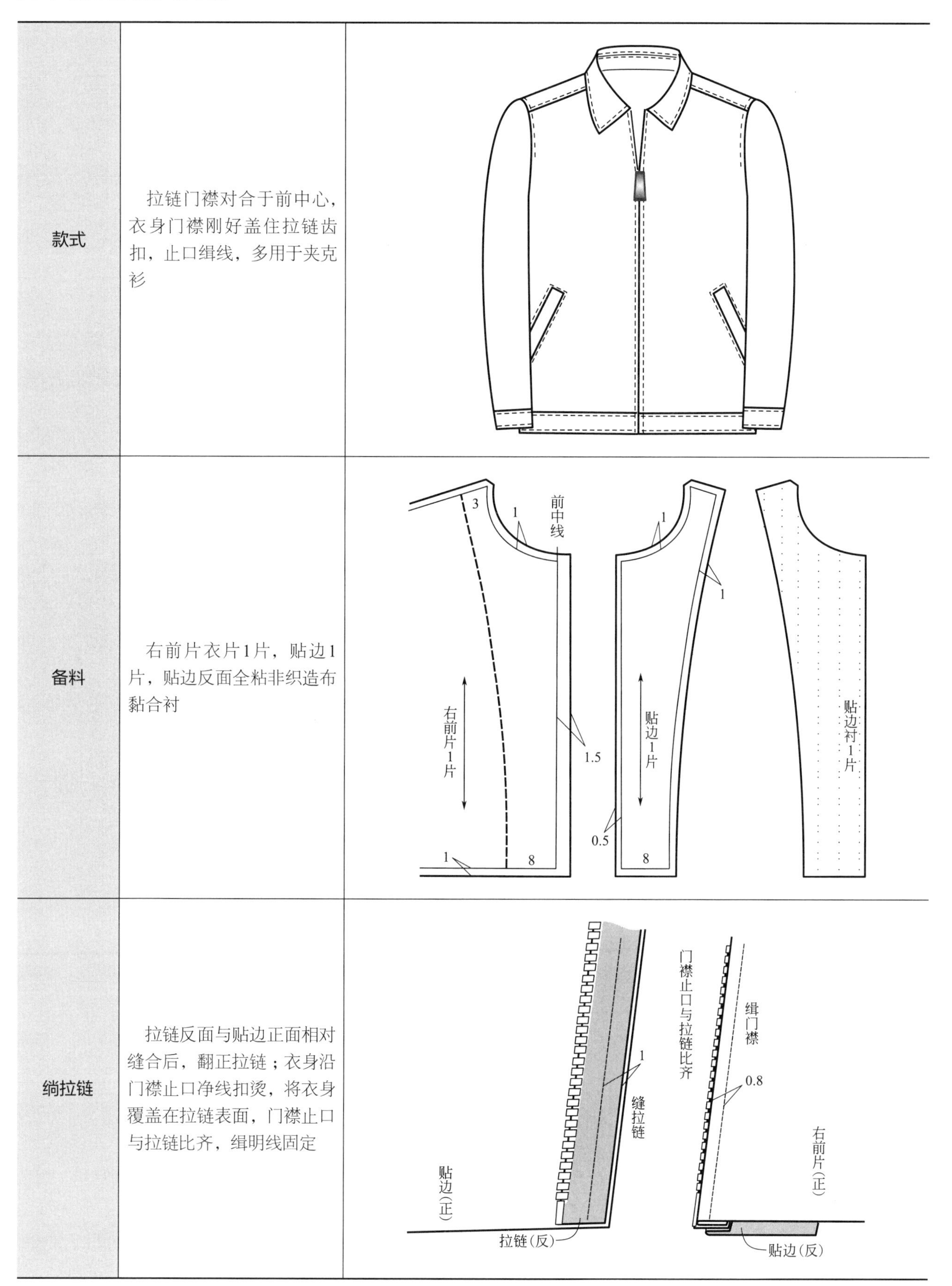

款式	拉链门襟对合于前中心，衣身门襟刚好盖住拉链齿扣，止口缉线，多用于夹克衫	
备料	右前片衣片1片，贴边1片，贴边反面全粘非织造布黏合衬	
绱拉链	拉链反面与贴边正面相对缝合后，翻正拉链；衣身沿门襟止口净线扣烫，将衣身覆盖在拉链表面，门襟止口与拉链比齐，缉明线固定	

（9）圆角对襟

款式	圆角对襟衣片左右对称，对合于前中心，钉葡萄扣，左里襟夹装搭门。多用于中式服装	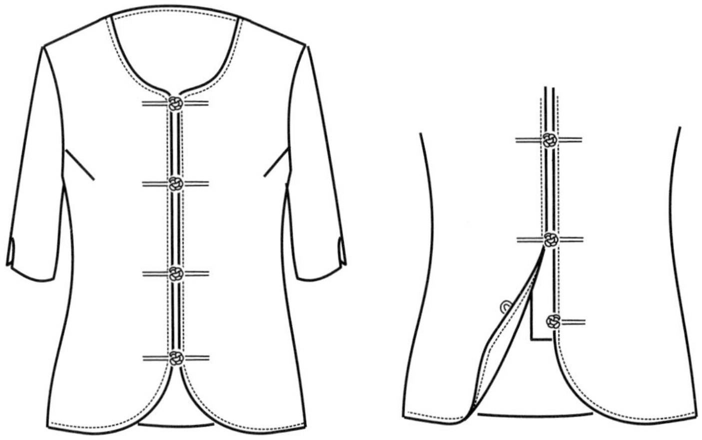
备料	前衣片2片，贴边2片，搭门1片，贴边衬2片，搭门衬1片，衬料为非织造布黏合衬	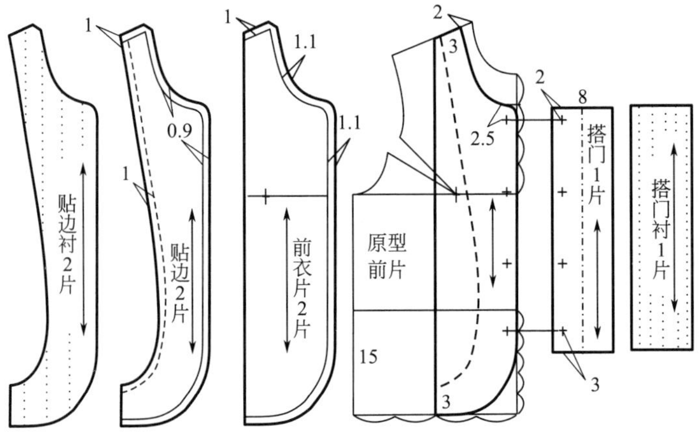
钩缝贴边	左侧衣片加装搭门，需要先钩缝搭门两端，然后翻正烫实，并绷缝在预定位置；再将贴边与衣片正面相叠钩缝止口，注意下摆圆角处略吃进衣片	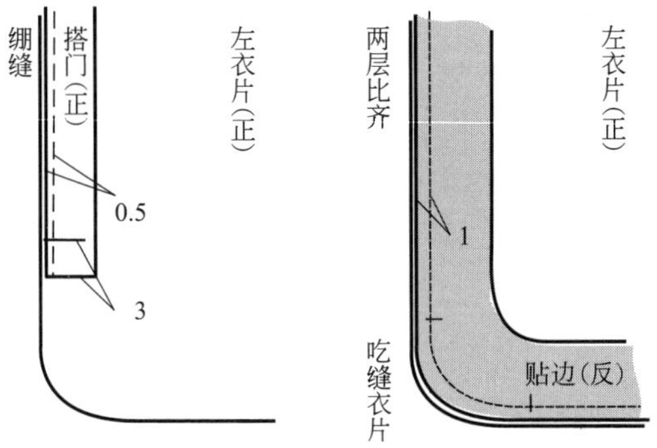
固定止口	翻正贴边，止口处衣片略有吐出，反面熨烫平服，然后从正面缉线固定止口	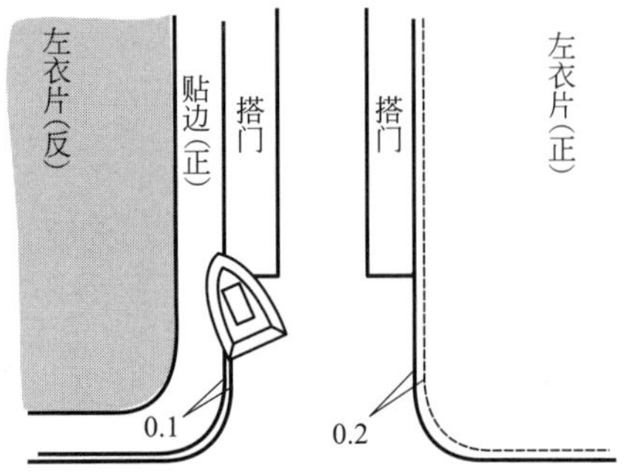

（10）嵌条式半门襟

款式	半门襟是在完整的衣片上剪开一定长度的开口，以满足穿脱需要。多用于T恤衫、毛衣等
备料	前、后衣片各1片，门襟条1片，领口滚条1片，门襟衬1片，门襟条衬1片，衬料为非织造布黏合衬
绱门襟条	衣身及门襟条反面粘衬，门襟条对折烫，将门襟条绱在衣身正面

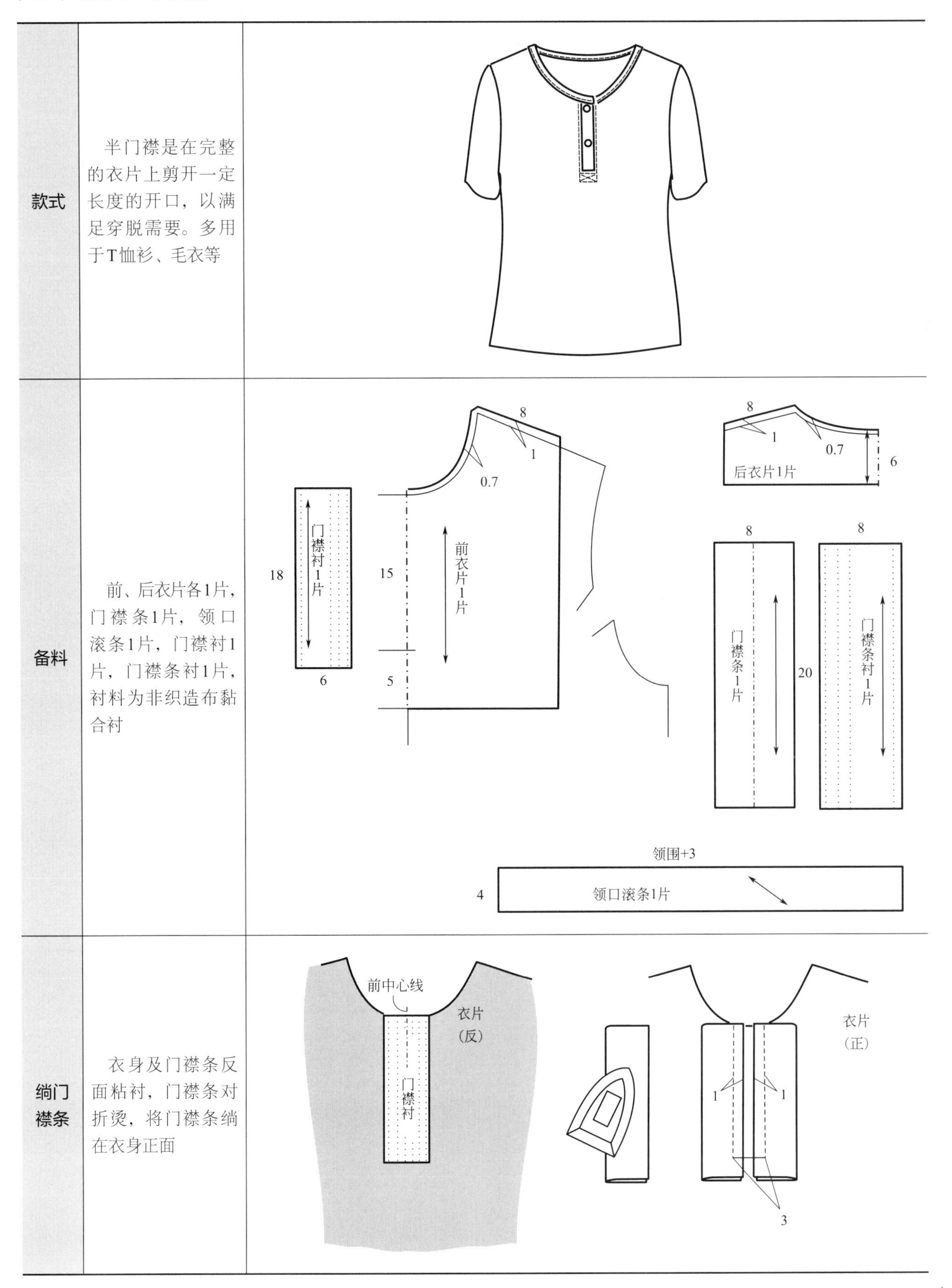

续表

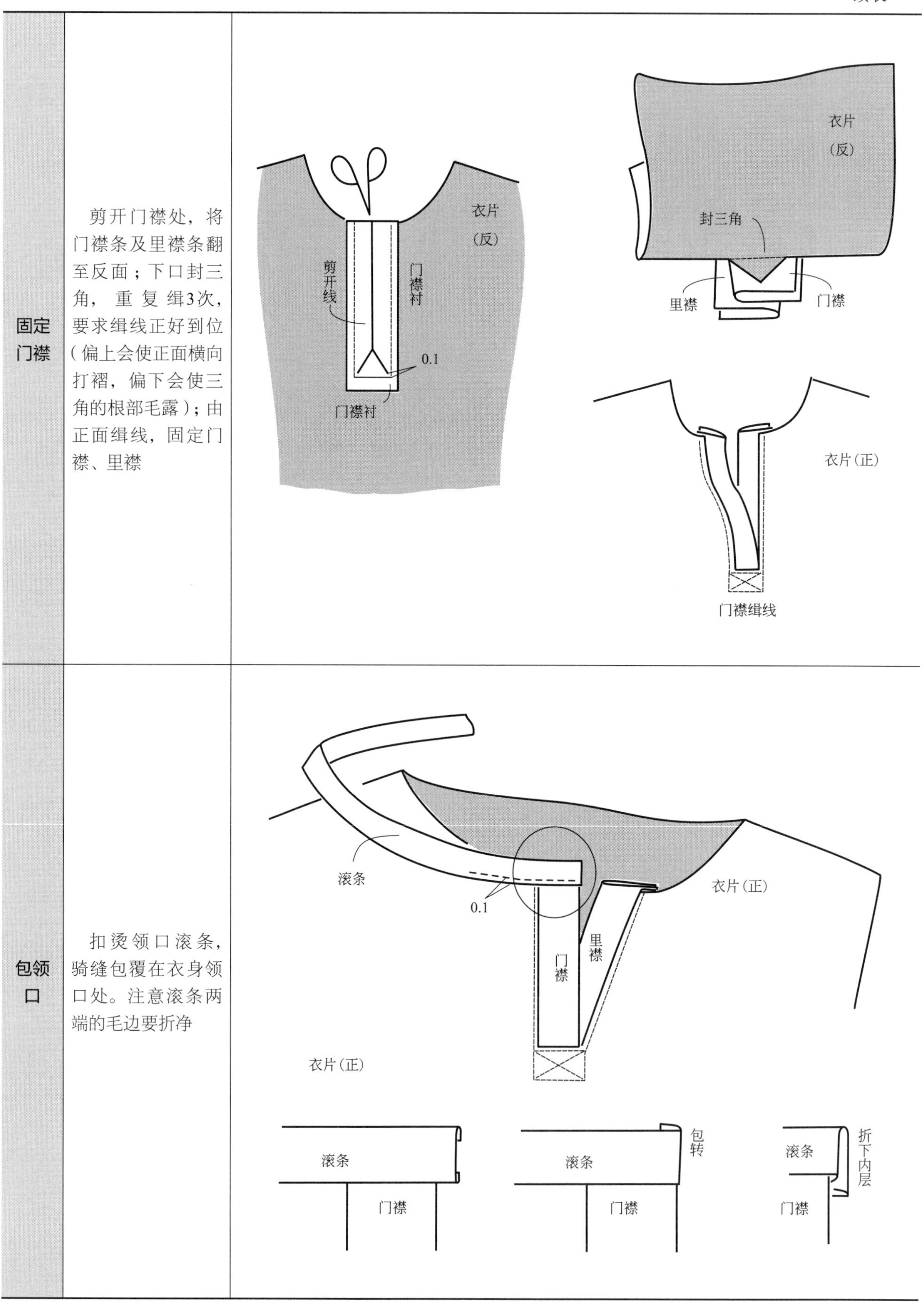

固定门襟	剪开门襟处，将门襟条及里襟条翻至反面；下口封三角，重复缉3次，要求缉线正好到位(偏上会使正面横向打褶，偏下会使三角的根部毛露)；由正面缉线，固定门襟、里襟	
包领口	扣烫领口滚条，骑缝包覆在衣身领口处。注意滚条两端的毛边要折净	

2. 裙装门襟

（1）单层无里襟普通拉链式门襟

款式	单层无里襟普通拉链式门襟，开口处两侧对称有明线，多用于表面有装饰线迹的裙子	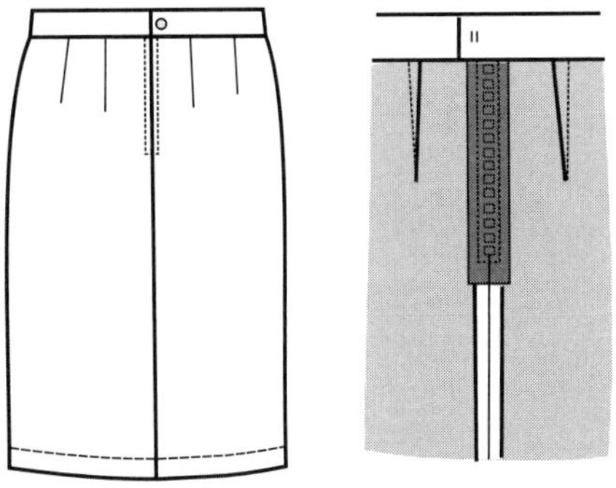
备料	裙片2片，腰口以外的部分锁边	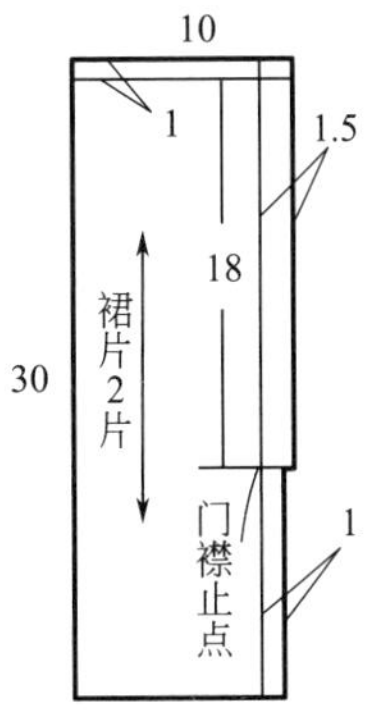 10 1 1.5 18 裙片2片 30 门襟止点 1
缝合后中缝	缝合两裙片门襟止点以下的中缝，止点处重合回针；劈开缝份，顺势压烫门襟止口	 门襟止点 重合回针
绱拉链	将拉头拉至最下端，手针绷缝（或者用珠针别合）拉链；使用单边压脚，分别缉线固定两侧的拉链，拉链下端需要横向重合缉缝3次封下口，注意避开拉链尾端的金属齿扣	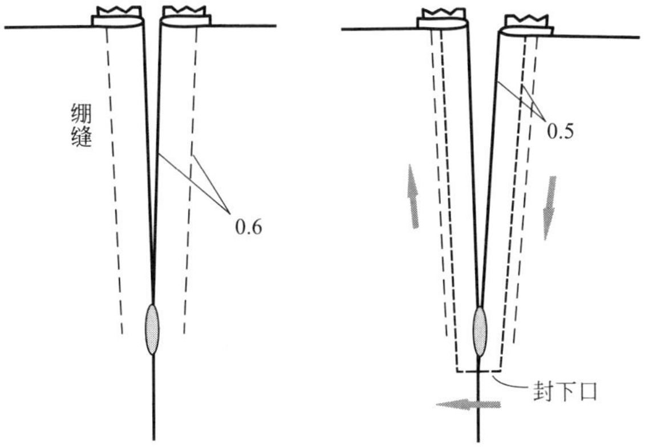 绷缝 0.6 0.5 封下口

（2）单层有里襟普通拉链式门襟

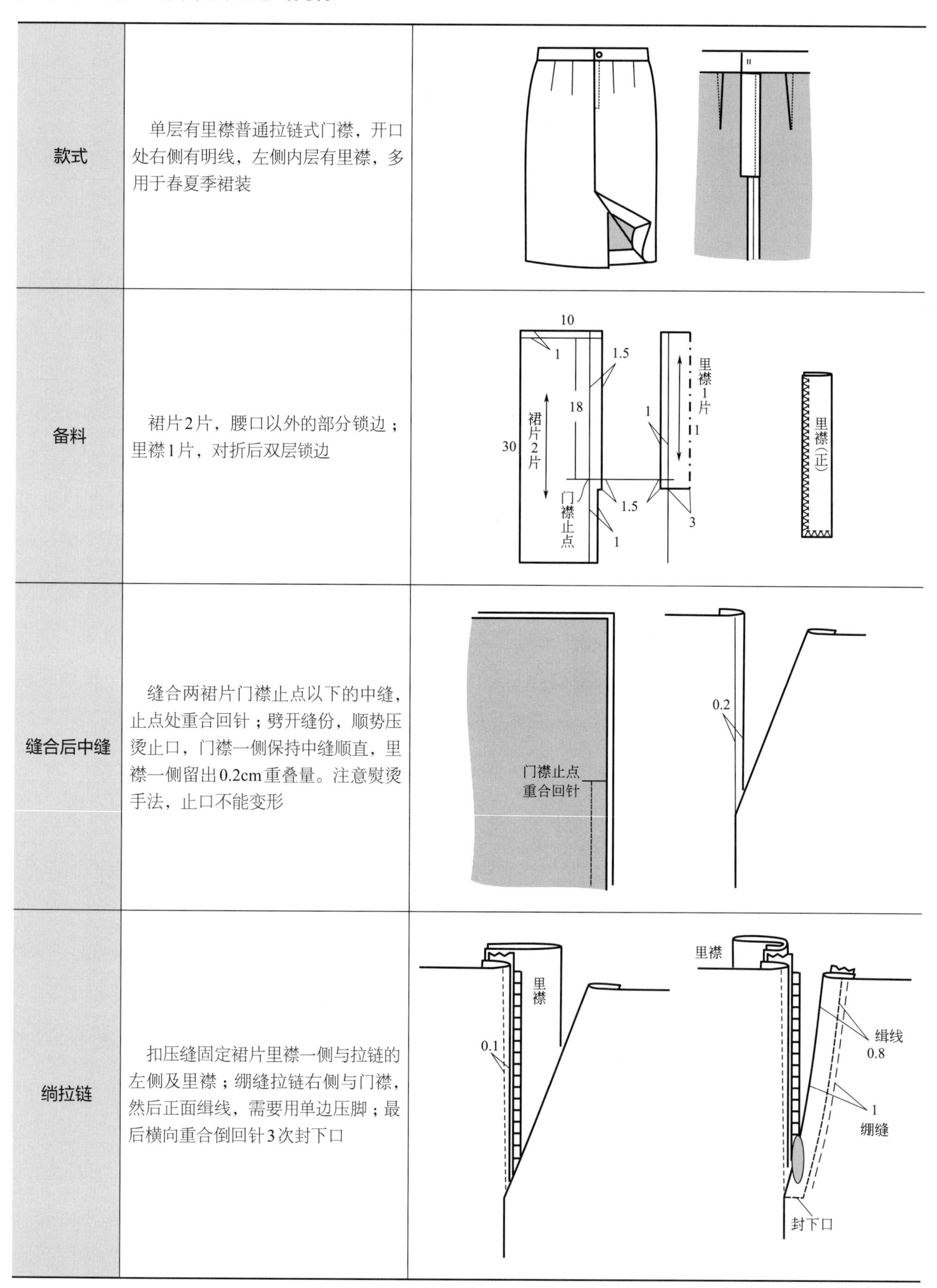

款式	单层有里襟普通拉链式门襟，开口处右侧有明线，左侧内层有里襟，多用于春夏季裙装	
备料	裙片2片，腰口以外的部分锁边；里襟1片，对折后双层锁边	
缝合后中缝	缝合两裙片门襟止点以下的中缝，止点处重合回针；劈开缝份，顺势压烫止口，门襟一侧保持中缝顺直，里襟一侧留出0.2cm重叠量。注意熨烫手法，止口不能变形	
绱拉链	扣压缝固定裙片里襟一侧与拉链的左侧及里襟；绷缝拉链右侧与门襟，然后正面缉线，需要用单边压脚；最后横向重合倒回针3次封下口	

（3）有里子无里襟普通拉链式门襟

款式	有里子无里襟普通拉链式门襟，开口处右侧有明线，内层全挂里，多用于春秋季裙装	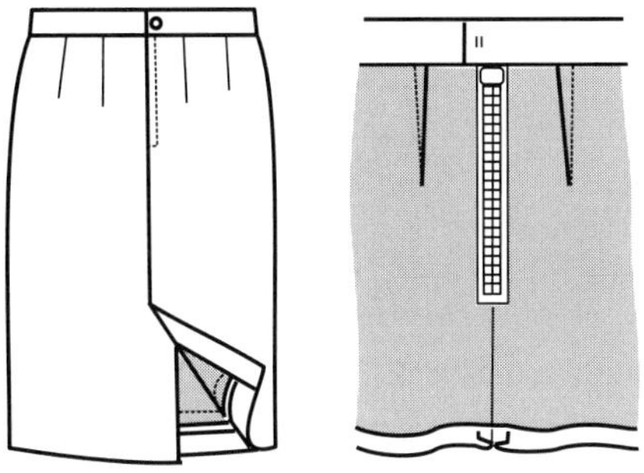
备料	裙片2片，裙片里2片，门襟衬2片 在裙片拉链开口部位反面粘衬	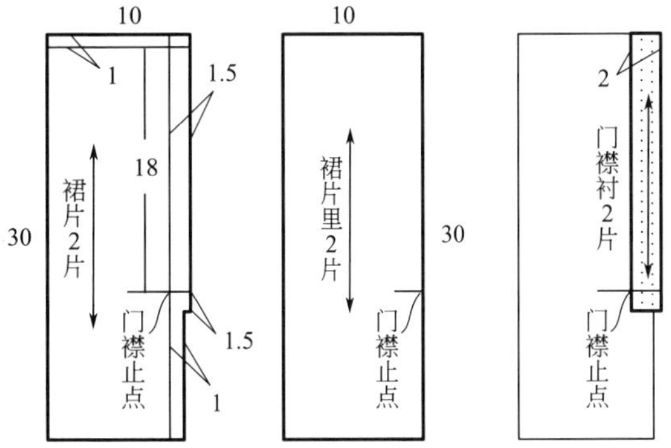
缝合后中缝	将左右裙片中缝对齐，缉合门襟止点以下部分。注意起落针时重合倒回针	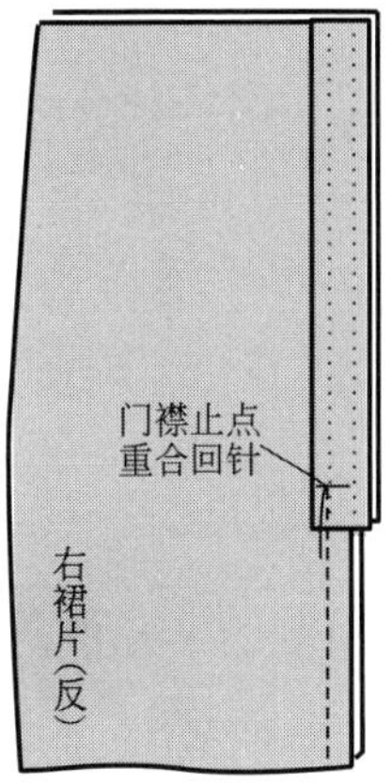
装底襟侧拉链	将裙片缝份沿净线以外0.2cm扣折；搭合拉链左侧基布，正面缉明线固定，需要单边压脚	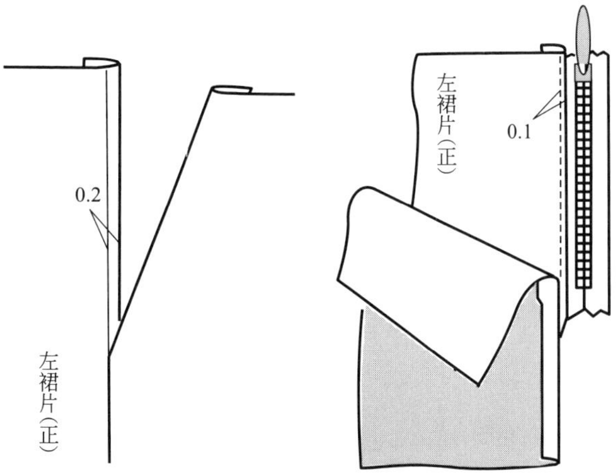

续表

装门襟侧拉链	将左、右裙片放平，右边缝份全部扣折，并与拉链右侧缉合固定，需要单边压脚，可以先绷缝后缉线	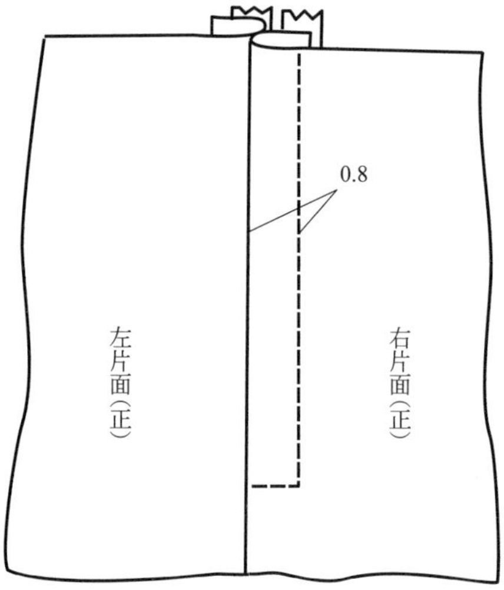
做裙里	将左、右片裙里开口对齐，缝合开口以下区域；开口止点处剪三角，宽度约1.5cm；将剪开的三角及开口两边缝份扣烫平整	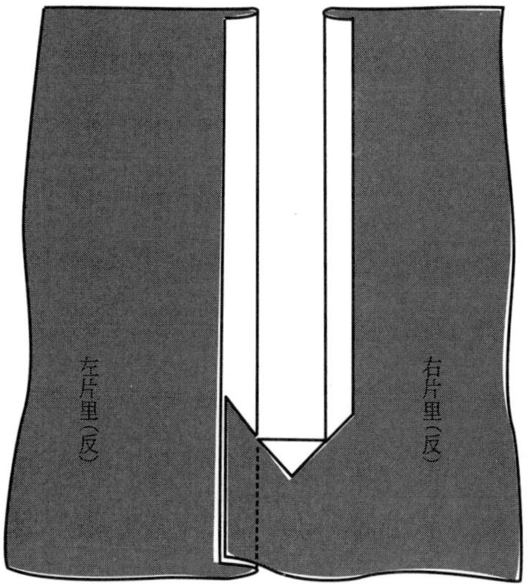
固定裙里	将裙里反面和裙面反面开口处对齐，用手针沿裙里开口折边缭缝固定，或者从反面机缝固定	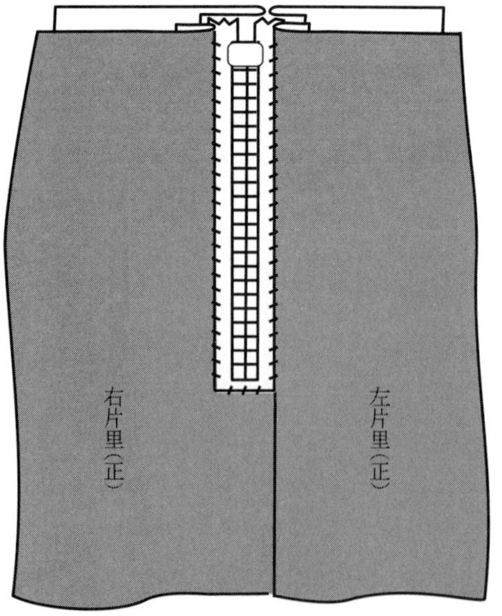

（4）隐形拉链式门襟

款式	隐形拉链式门襟，外观看不到开口，也没有明线线迹。广泛用于裙装	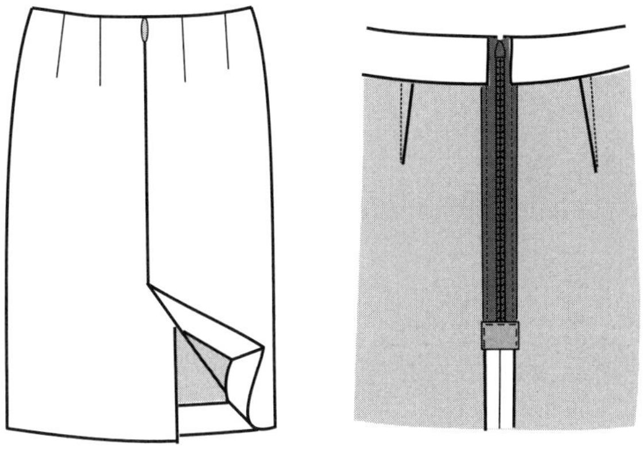
备料	裙片2片	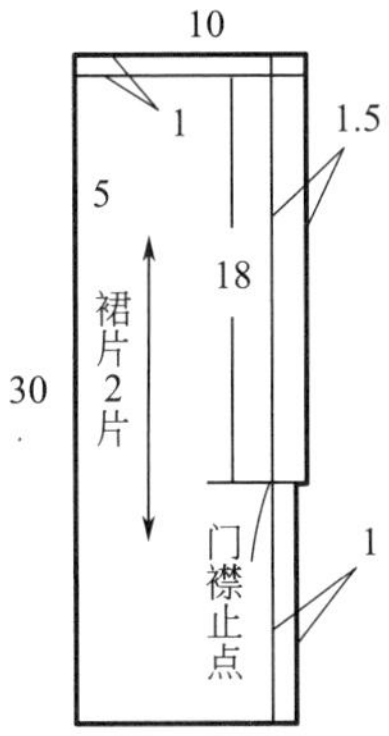 10 1 1.5 5 18 裙片2片 30 门襟止点 1
缝合后中缝	先缝合后中缝开口以下区域，起落针倒回针；然后大针脚绷缝开口区域（熟练者可以不缝）	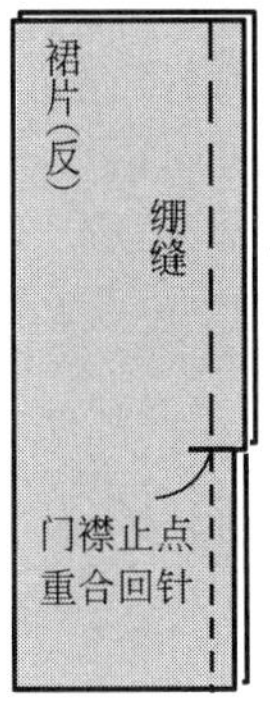 裙片(反) 绷缝 门襟止点重合回针
拉链定位	劈开缝份，拉链摆在缝份上，左右居中，拉头距离腰口1cm；在两侧的拉链基布及裙片缝份上做定位记号	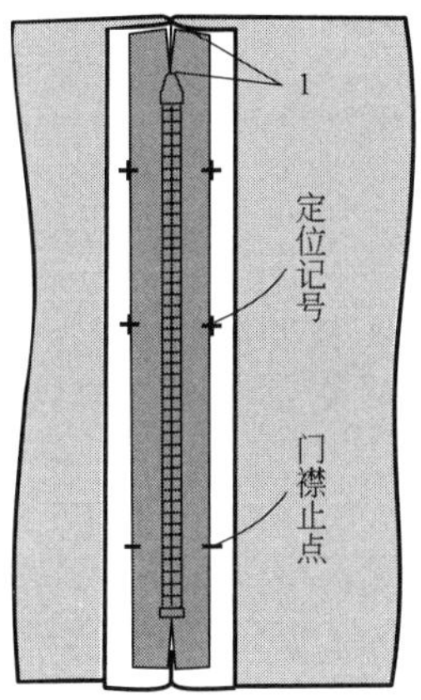 1 定位记号 门襟止点

续表

绱拉链	拆开绷缝线迹；将拉头拉至尾端，比齐记号，用隐形拉链压脚分别绱拉链，注意缝止点位置，止点处回针；拉出拉头，确认拉合、开启顺畅；拉链在门襟止点以下留出2cm，修剪多余部分，用裙面料包覆并和缝份固定	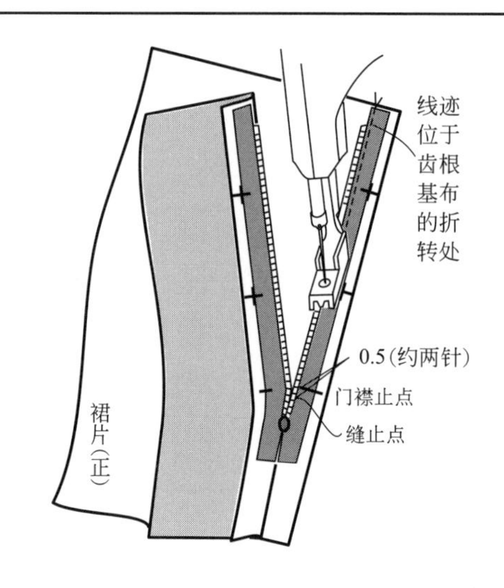 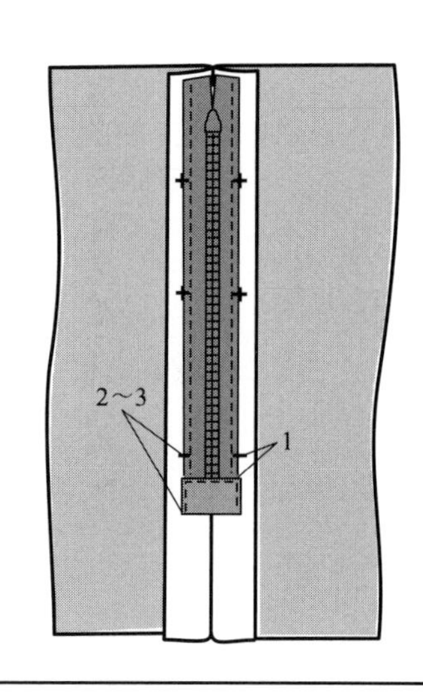

3. 裤门襟

（1）单做明缝式裤门襟

款式	单做明缝式裤门襟，前中开口，左裤片缉双明线，反面可见用面料做的双层连裁里襟，广泛用于休闲类裤装	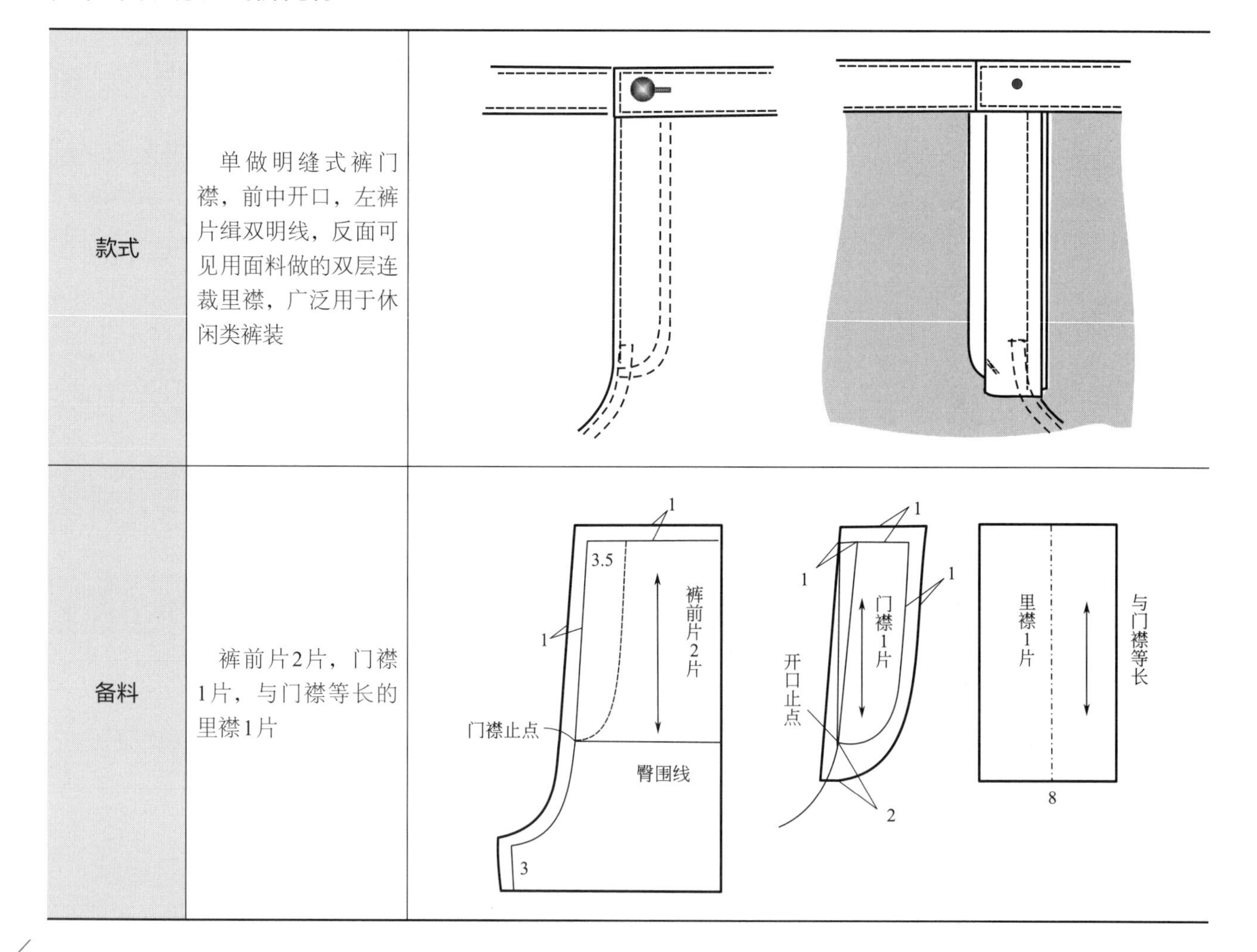
备料	裤前片2片，门襟1片，与门襟等长的里襟1片	

续表

绱门襟	拉链与门襟正面相对，缝线固定拉链左侧基布；钩缝门襟止口至拉链止点（不能缝住右侧拉链基布）；将门襟翻折压烫，裤片止口缉明线	0.5 0.5 门襟(正) 拉链(反) 拉链 0.9 门襟（反） 左前片(正) 左前片(正) 左前片(正)
绱里襟	扣烫右前裤片缝份后，搭合左右前裤片，使前中心线对齐；将拉链拉合，确定右侧基布与右裤片的位置关系，并做好对位记号；拉开拉链，根据记号扣压缝固定里襟	0.7 0.5 右前片(反) 3 右前片(正) 左前片(正)
缉前裆缝	反面钩缝前裆弯，缝份倒向左侧；翻至正面，沿左侧前裆弯缉明线，在门襟止点处横向重合缉缝三次，从正面封下口；掀开左前片，在门襟圆头区域反面封下口	右前片(正) 封下口 左前片(正) 左前片(反) 右前片(正) 封下口

（2）单做暗缝式裤门襟（方法一）

款式	单做暗缝式裤门襟，前中开口，左裤片缉明线，反面可见用面料做的双层连裁里襟，广泛用于裤装	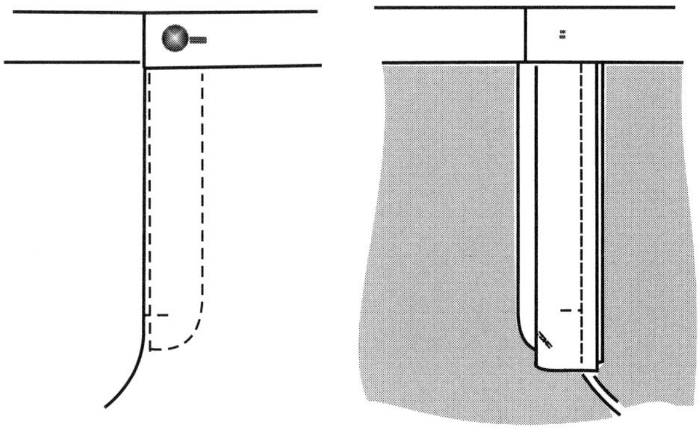
备料	裤前片2片，门襟1片，与门襟等长的里襟1片	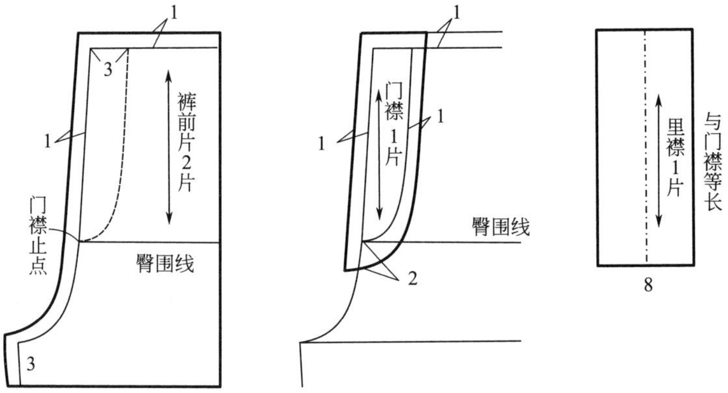 裤前片2片；门襟止点；臀围线；1；3；门襟1片；2；里襟1片；与门襟等长；8
绱门襟	先合小裆弯，从门襟止点起针缝合（注意重合回针），劈开缝份；拉链置于门襟正面，右侧基布边缘距离门襟止口0.5cm，缉线固定左侧基布；门襟与左前裤片正面相对，钩缝止口；压烫缝份，翻正后缉线	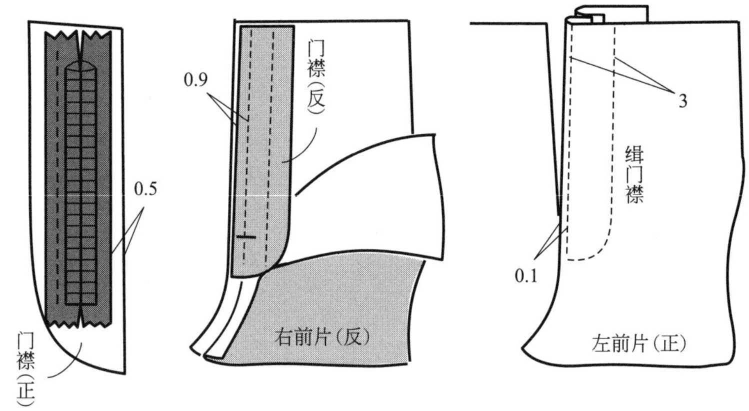 门襟(正)；0.5；0.9；门襟(反)；右前片(反)；3；缉门襟；0.1；左前片(正)
绱里襟	右前裤片的里襟处缝份扣折0.8cm，和里襟夹住拉链右侧基布，缉线0.1cm（可以提前将拉链与里襟绷缝固定） 建议使用单边压脚	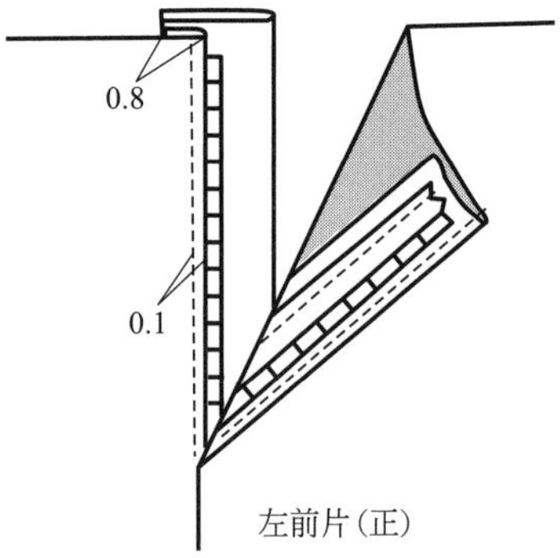 0.8；0.1；左前片(正)

续表

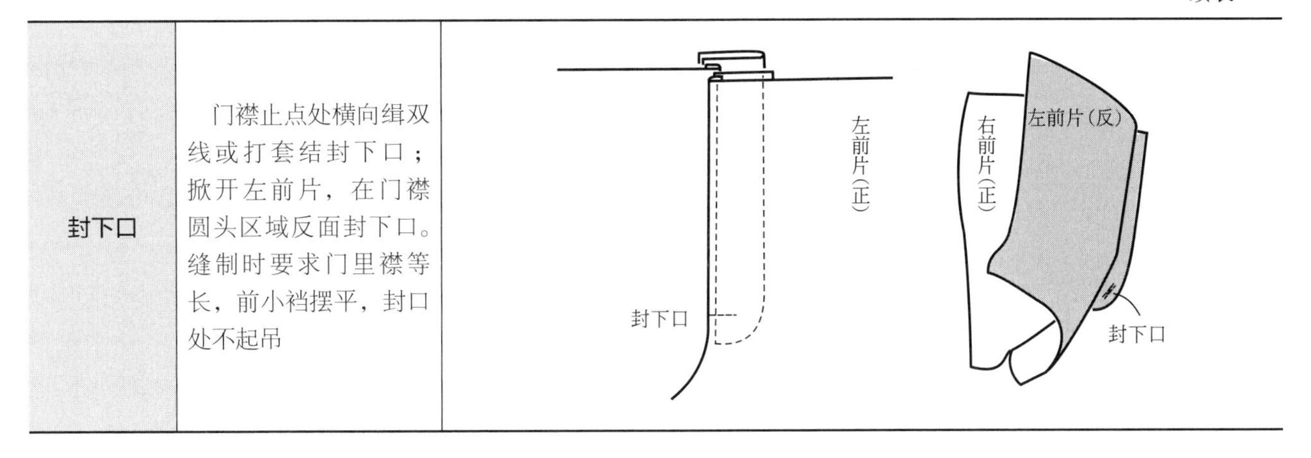

封下口	门襟止点处横向缉双线或打套结封下口；掀开左前片，在门襟圆头区域反面封下口。缝制时要求门里襟等长，前小裆摆平，封口处不起吊	

（3）单做暗缝式裤门襟（方法二）

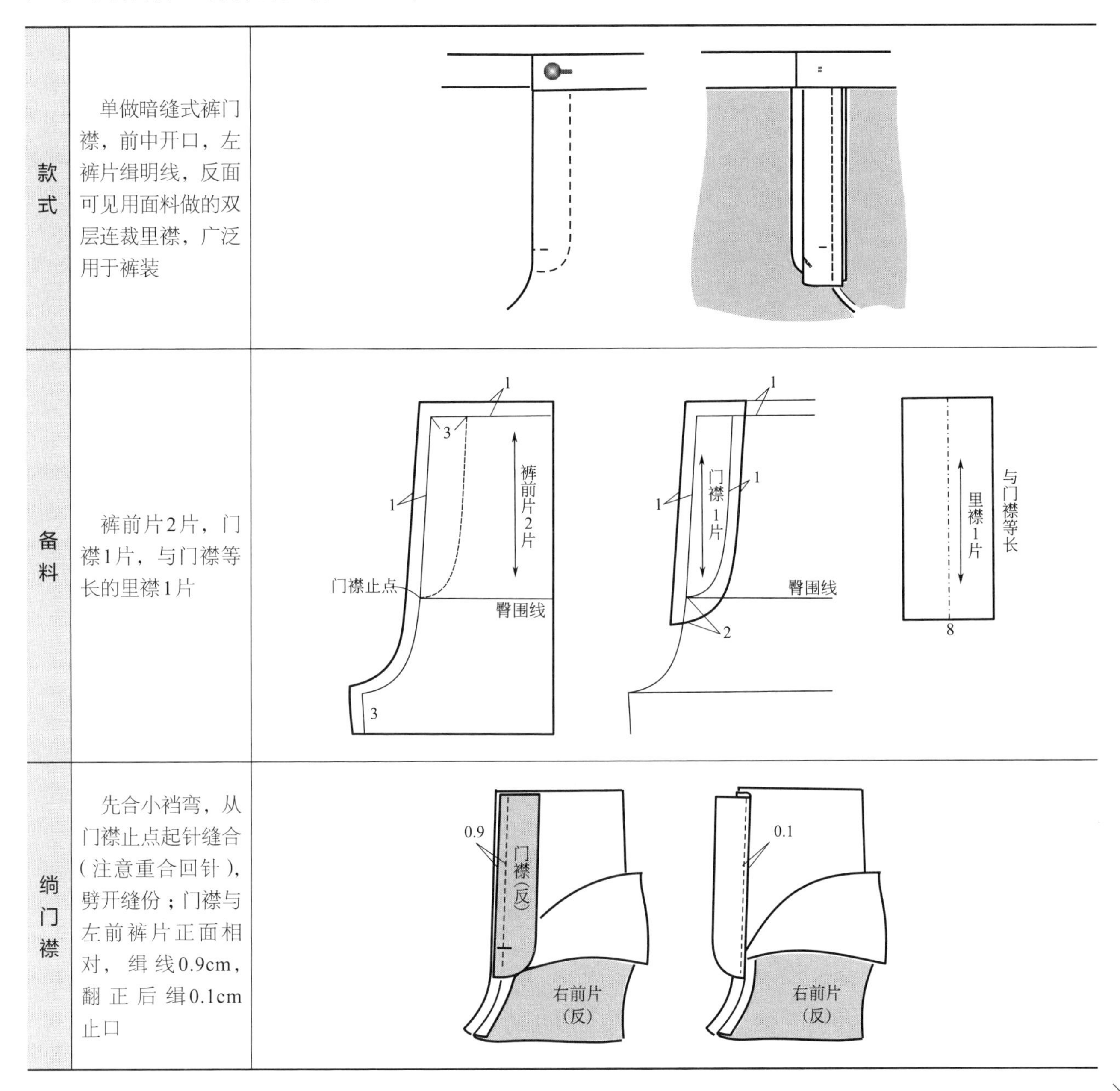

款式	单做暗缝式裤门襟，前中开口，左裤片缉明线，反面可见用面料做的双层连裁里襟，广泛用于裤装	
备料	裤前片2片，门襟1片，与门襟等长的里襟1片	
绱门襟	先合小裆弯，从门襟止点起针缝合（注意重合回针），劈开缝份；门襟与左前裤片正面相对，缉线0.9cm，翻正后缉0.1cm止口	

续表

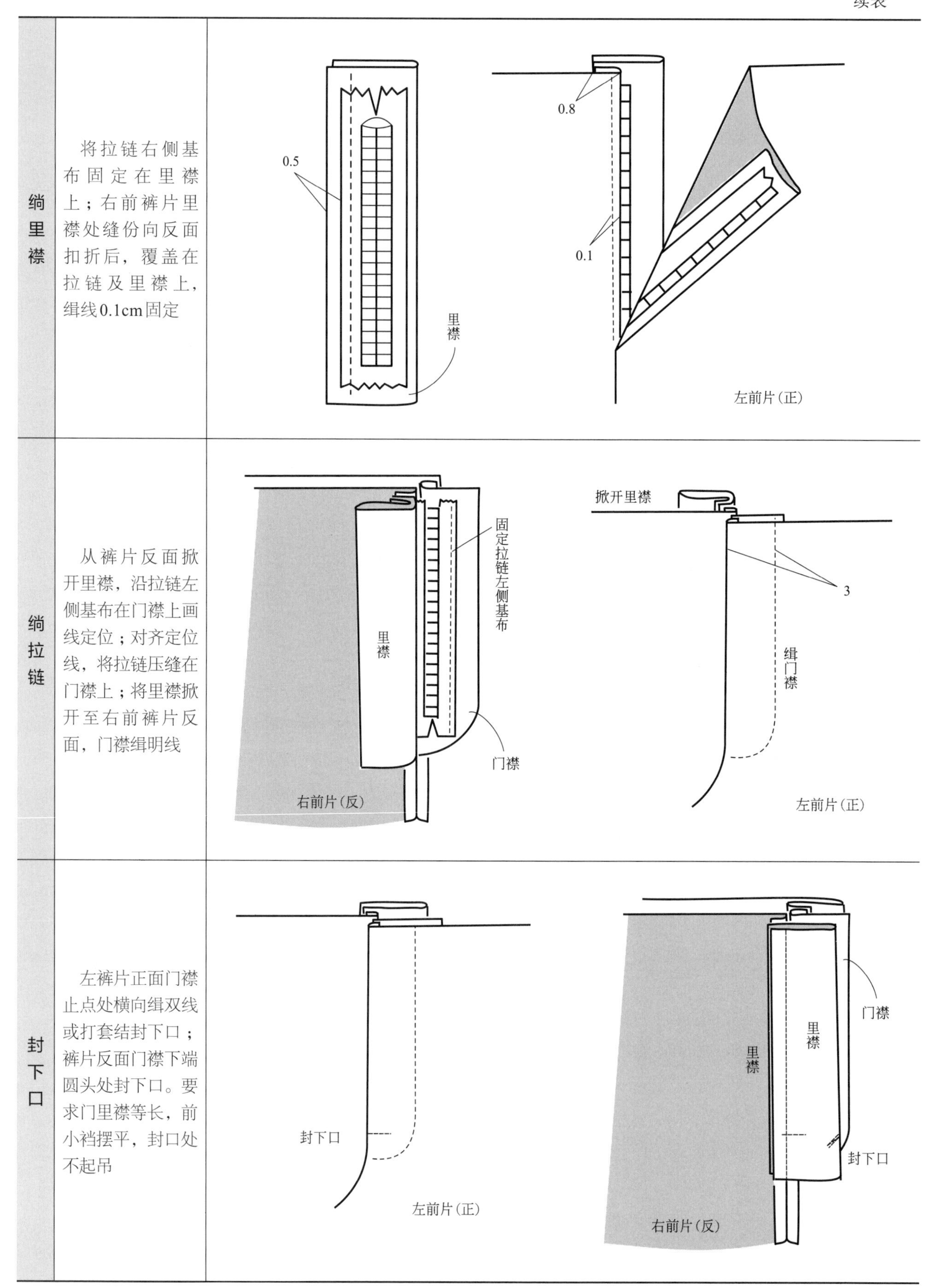

绱里襟	将拉链右侧基布固定在里襟上；右前裤片里襟处缝份向反面扣折后，覆盖在拉链及里襟上，缉线0.1cm固定	
绱拉链	从裤片反面掀开里襟，沿拉链左侧基布在门襟上画线定位；对齐定位线，将拉链压缝在门襟上；将里襟掀开至右前裤片反面，门襟缉明线	
封下口	左裤片正面门襟止点处横向缉双线或打套结封下口；裤片反面门襟下端圆头处封下口。要求门里襟等长，前小裆摆平，封口处不起吊	

（4）夹做暗缝式裤门襟（宝剑头里襟）

款式	夹做暗缝式裤门襟，前中开口，左裤片缉明线，反面可见用里料做的里襟里，尾端为宝剑头形状，用于工艺要求较高的男裤	
备料	按图示备料。门襟、里襟的面和里分别粘衬	
做里襟	两层里襟钩缝外口，翻至正面，压烫平实后缉线；扣烫里襟里的前中心线，使里襟里宽出0.1cm；扣烫里襟里的下端，烫出宝剑头，小裆弯处稍拔开	
绱门襟	先缝合小裆弯，从门襟止点起针、重合回针，劈开缝份；钩缝门襟与左前裤片前中心线，翻正门襟，缉线固定缝份；折进门襟，压烫止口，保证门襟不反吐、不反翘	

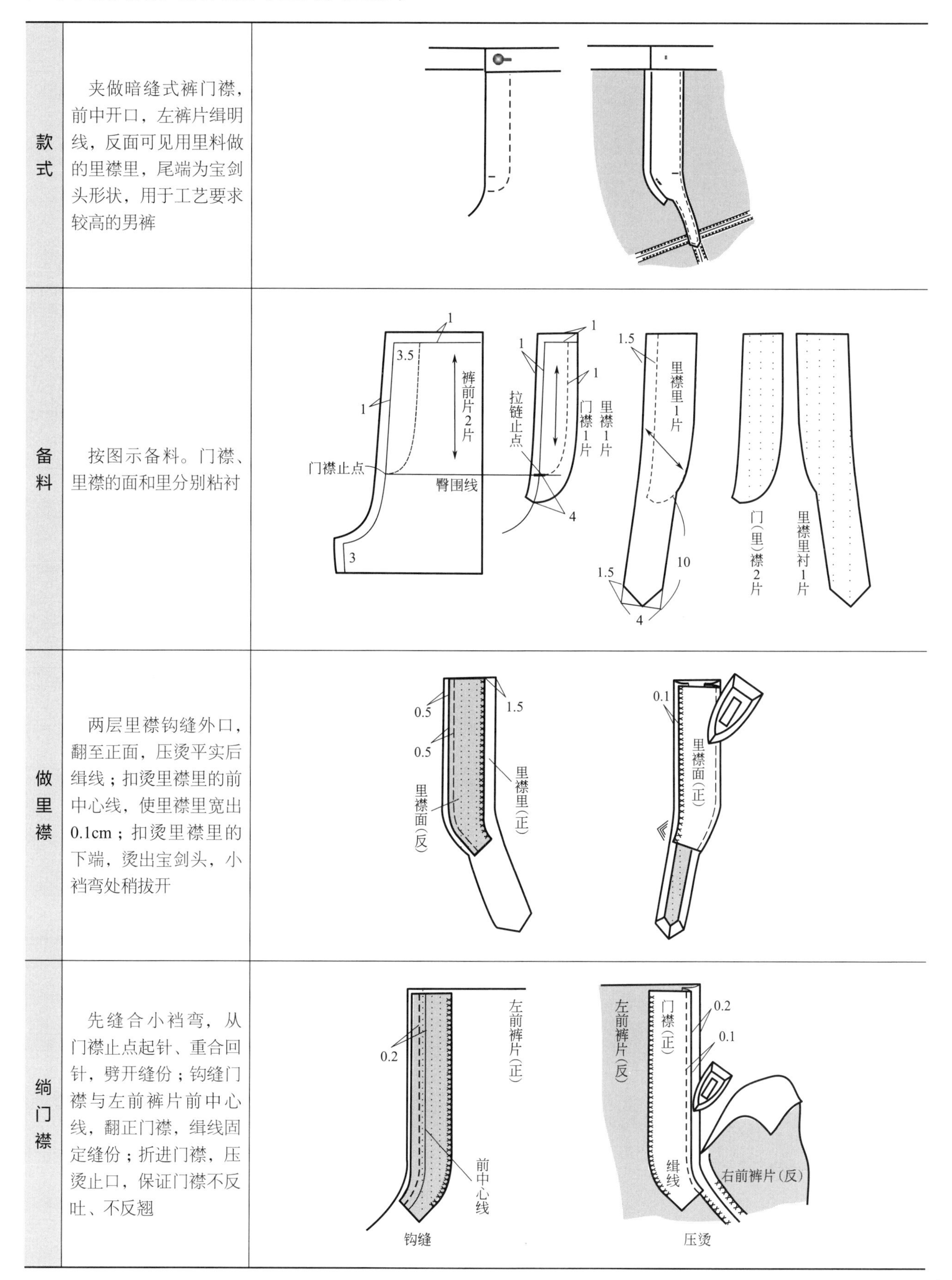

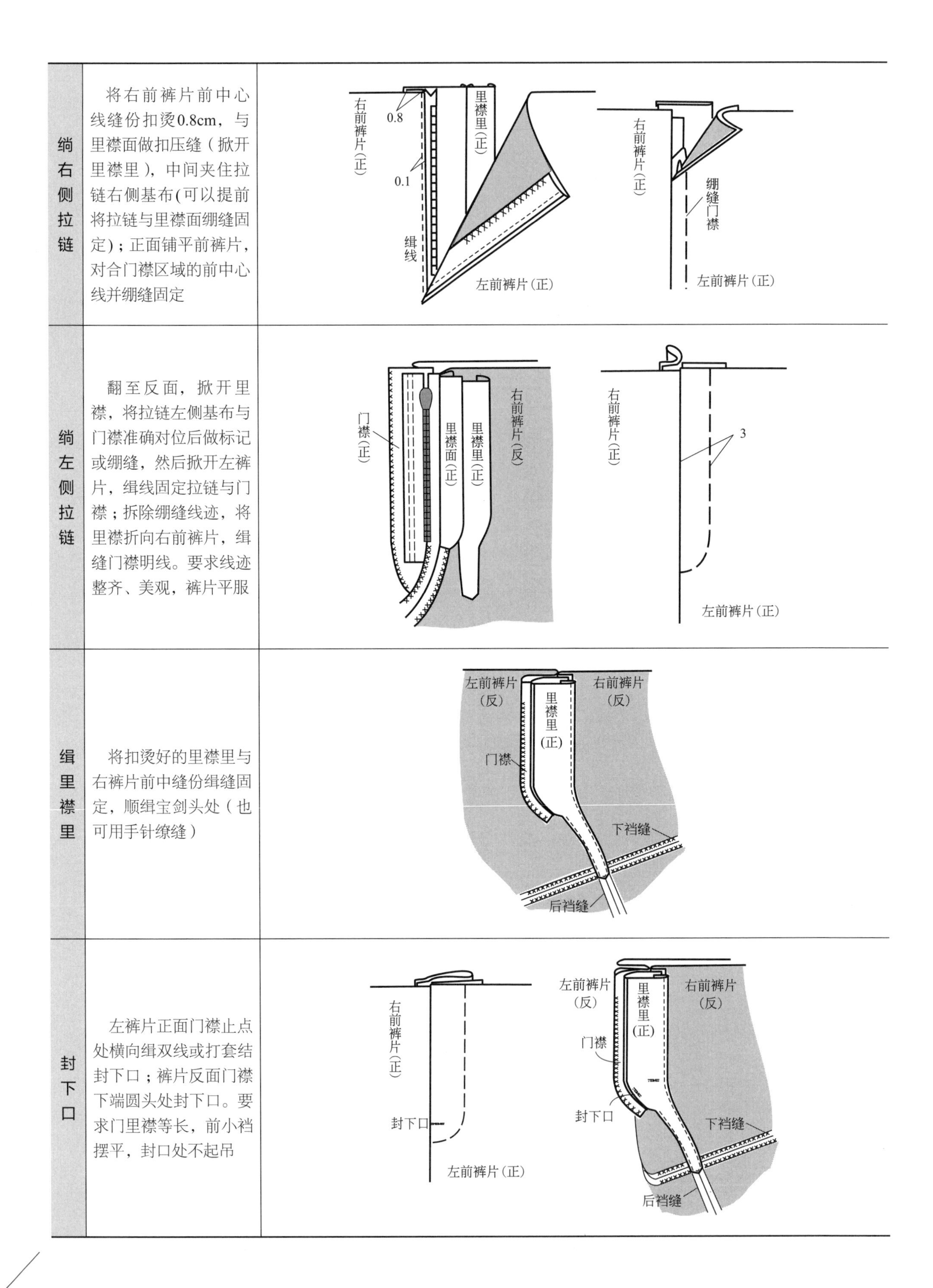

绱右侧拉链	将右前裤片前中心线缝份扣烫0.8cm，与里襟面做扣压缝（掀开里襟里），中间夹住拉链右侧基布(可以提前将拉链与里襟面绷缝固定)；正面铺平前裤片，对合门襟区域的前中心线并绷缝固定	
绱左侧拉链	翻至反面，掀开里襟，将拉链左侧基布与门襟准确对位后做标记或绷缝，然后掀开左裤片，缉线固定拉链与门襟；拆除绷缝线迹，将里襟折向右前裤片，缉缝门襟明线。要求线迹整齐、美观，裤片平服	
缉里襟里	将扣烫好的里襟里与右裤片前中缝份缉缝固定，顺缉宝剑头处（也可用手针缭缝）	
封下口	左裤片正面门襟止点处横向缉双线或打套结封下口；裤片反面门襟下端圆头处封下口。要求门里襟等长，前小裆摆平，封口处不起吊	

（5）夹做暗缝式裤门襟（连腰里襟）

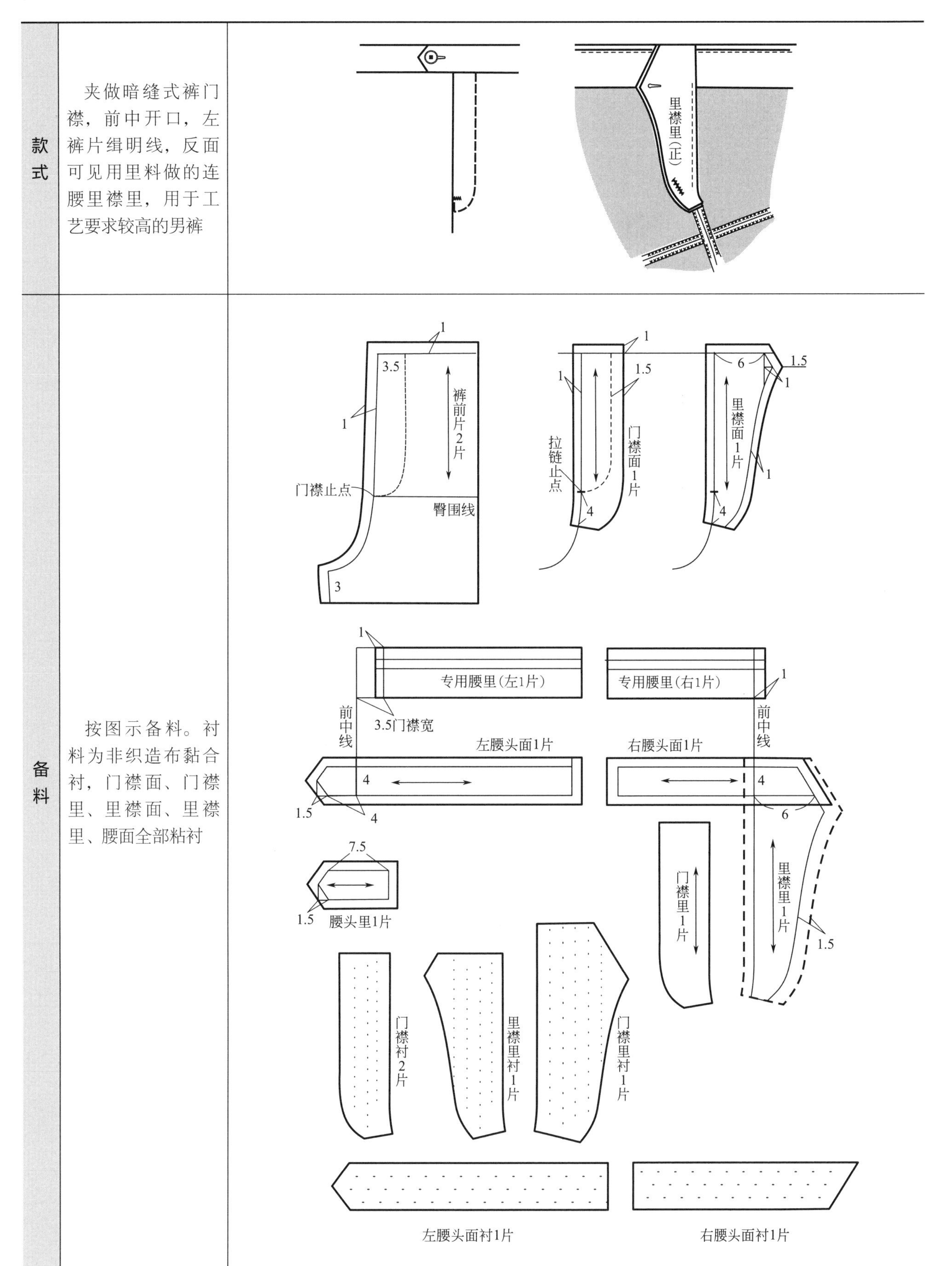

款式	夹做暗缝式裤门襟，前中开口，左裤片缉明线，反面可见用里料做的连腰里襟里，用于工艺要求较高的男裤	
备料	按图示备料。衬料为非织造布黏合衬，门襟面、门襟里、里襟面、里襟里、腰面全部粘衬	

续表

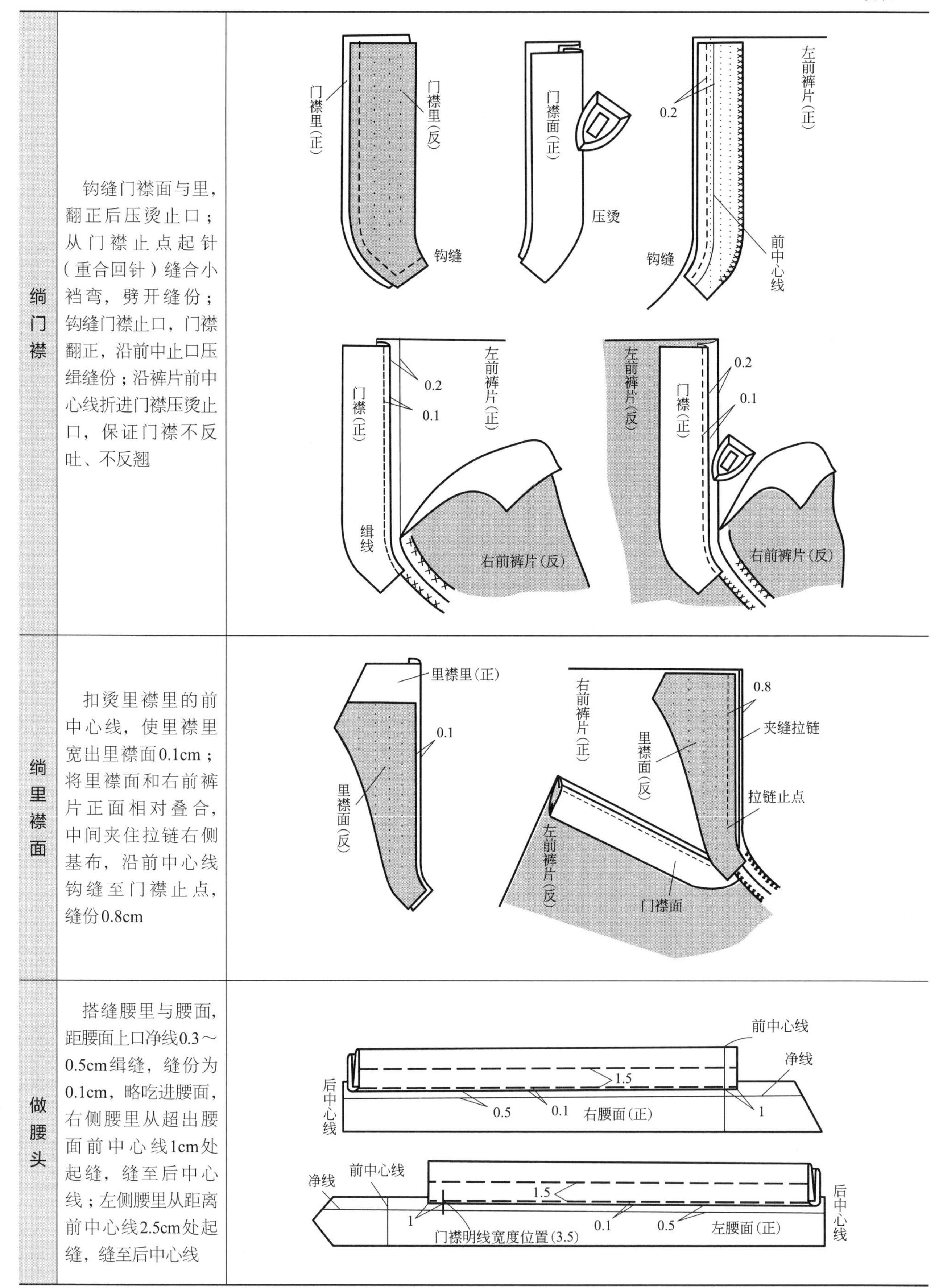

绱门襟	钩缝门襟面与里，翻正后压烫止口；从门襟止点起针（重合回针）缝合小裆弯，劈开缝份；钩缝门襟止口，门襟翻正，沿前中止口压缉缝份；沿裤片前中心线折进门襟压烫止口，保证门襟不反吐、不反翘	
绱里襟面	扣烫里襟里的前中心线，使里襟里宽出里襟面0.1cm；将里襟面和右前裤片正面相对叠合，中间夹住拉链右侧基布，沿前中心线钩缝至门襟止点，缝份0.8cm	
做腰头	搭缝腰里与腰面，距腰面上口净线0.3～0.5cm缉缝，缝份为0.1cm，略吃进腰面，右侧腰里从超出腰面前中心线1cm处起缝，缝至后中心线；左侧腰里从距离前中心线2.5cm处起缝，缝至后中心线	

续表

做里襟	① 绱右侧腰面：腰面与右裤片腰口正面相对钩缝，缝份0.9cm，注意里襟切角平齐 ② 钩里襟：腰面和里襟里正面相对钩缝上口，缝线刚好盖没腰里上止口；理顺腰面与里襟里，沿腰面上口净线折转腰头缝份，里襟面和里正面相对钩缝切角止口，缝份0.9cm；翻正里襟，压烫止口，要求止口圆顺、平薄、无坐势 ③ 固定里襟里：从正面沿右裤片前中灌缝或缉0.1cm明线固定里襟里，缝至门襟止点	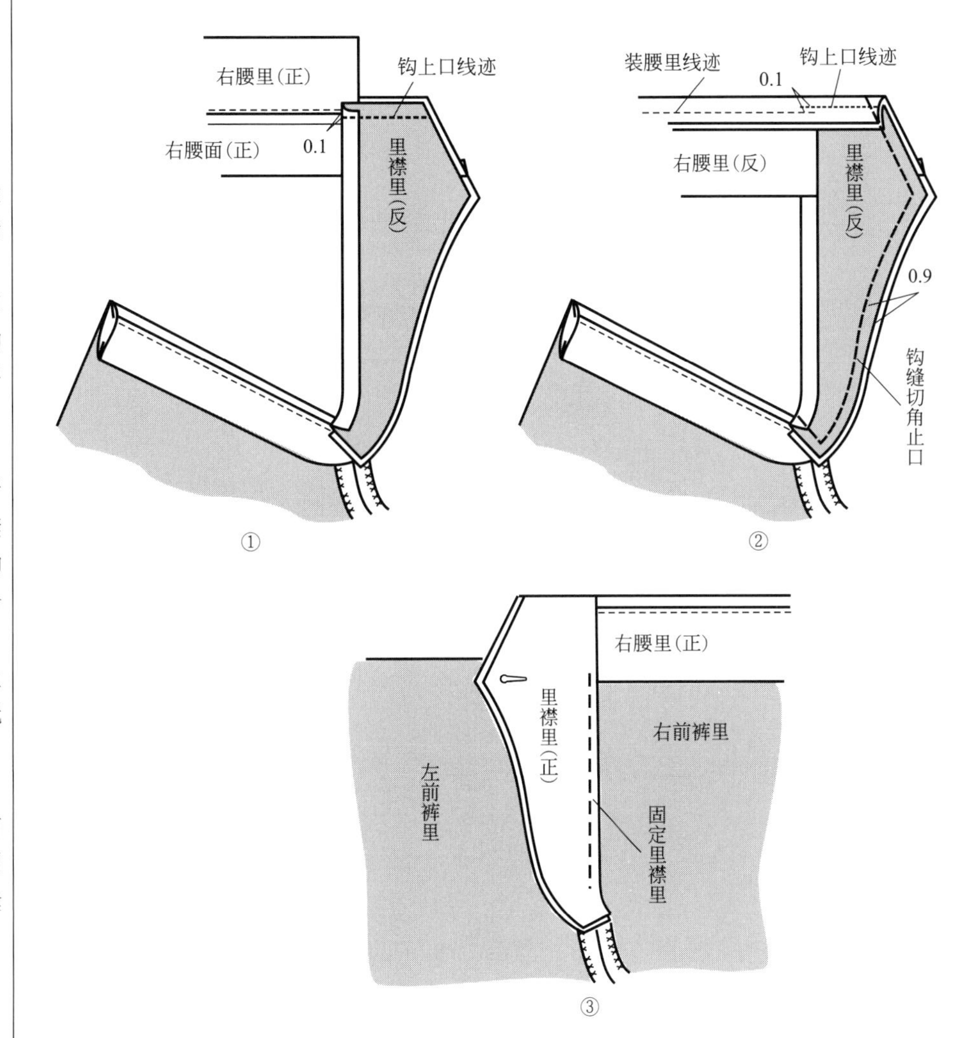
绱左侧拉链	正面铺平前裤片，对合左、右裤片中线并绷缝固定；翻至反面，掀开里襟，将拉链左侧基布与门襟准确对位后做标记或绷缝固定；掀开左裤片，固定拉链左侧基布与门襟，拆除绷缝线迹	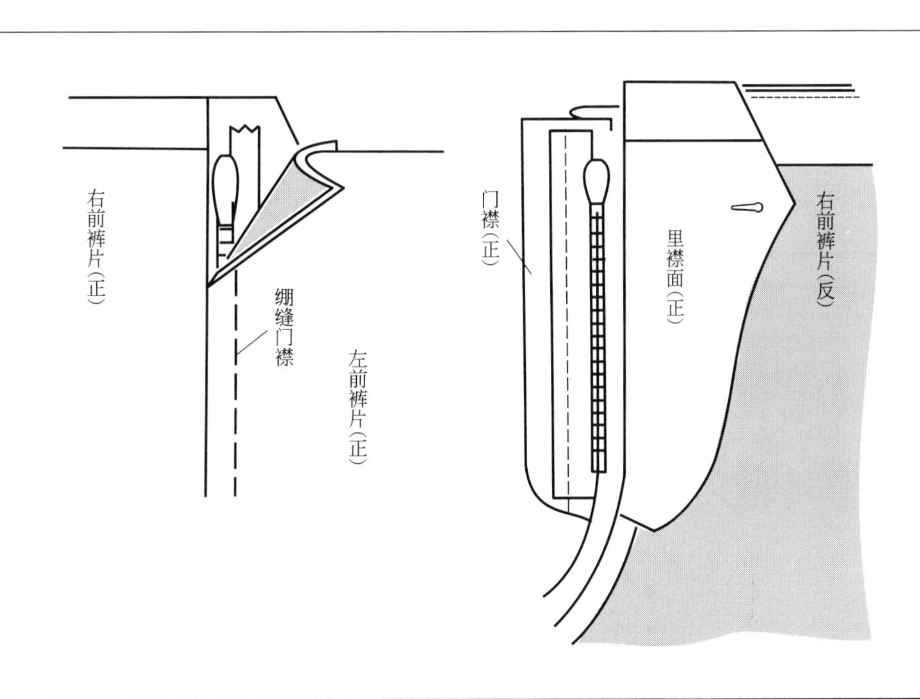

续表

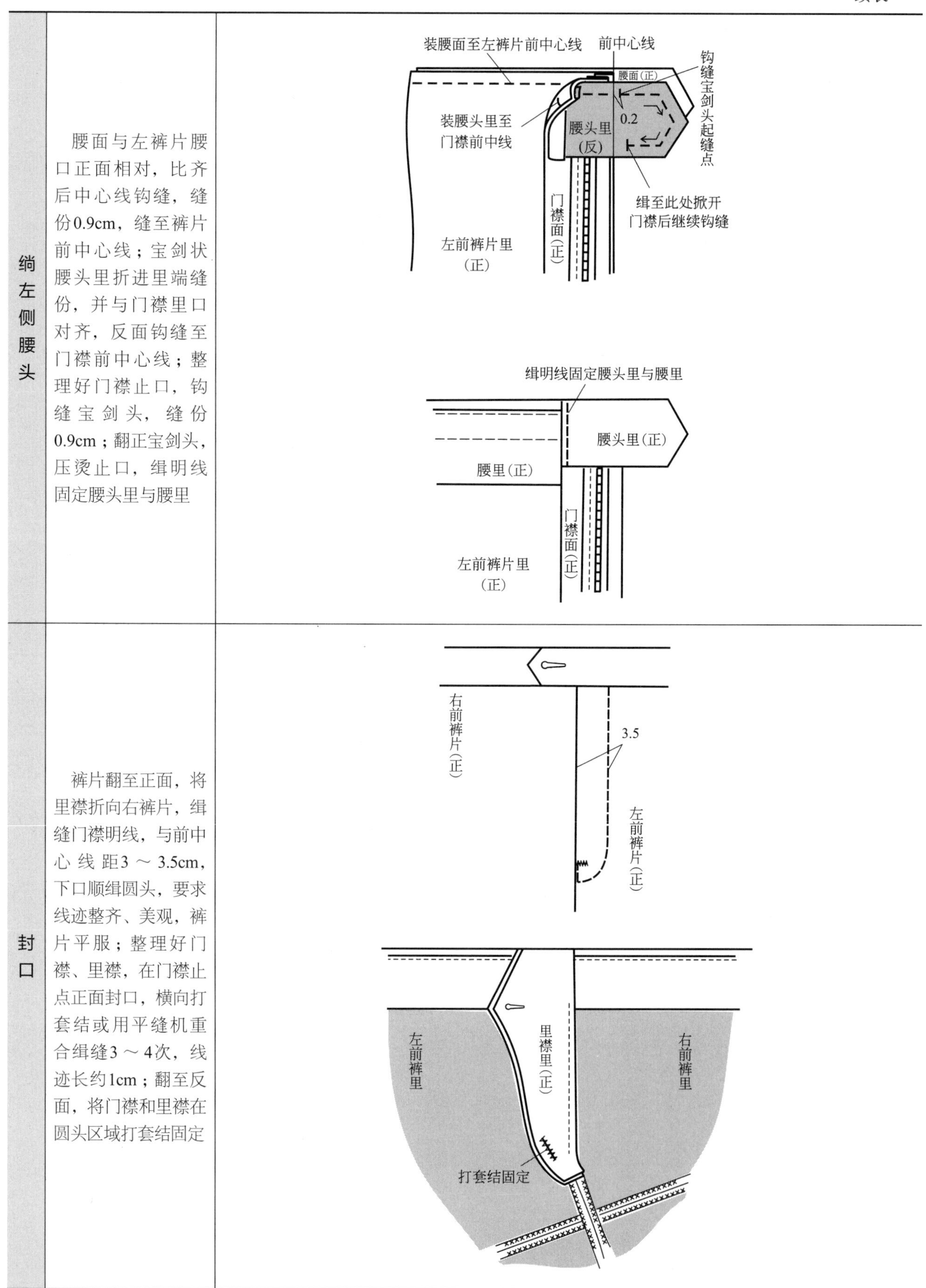

绱左侧腰头	腰面与左裤片腰口正面相对，比齐后中心线钩缝，缝份0.9cm，缝至裤片前中心线；宝剑状腰头里折进里端缝份，并与门襟里口对齐，反面钩缝至门襟前中心线；整理好门襟止口，钩缝宝剑头，缝份0.9cm；翻正宝剑头，压烫止口，缉明线固定腰头里与腰里	
封口	裤片翻至正面，将里襟折向右裤片，缉缝门襟明线，与前中心线距3～3.5cm，下口顺缉圆头，要求线迹整齐、美观，裤片平服；整理好门襟、里襟，在门襟止点正面封口，横向打套结或用平缝机重合缉缝3～4次，线迹长约1cm；翻至反面，将门襟和里襟在圆头区域打套结固定	

八、口袋工艺

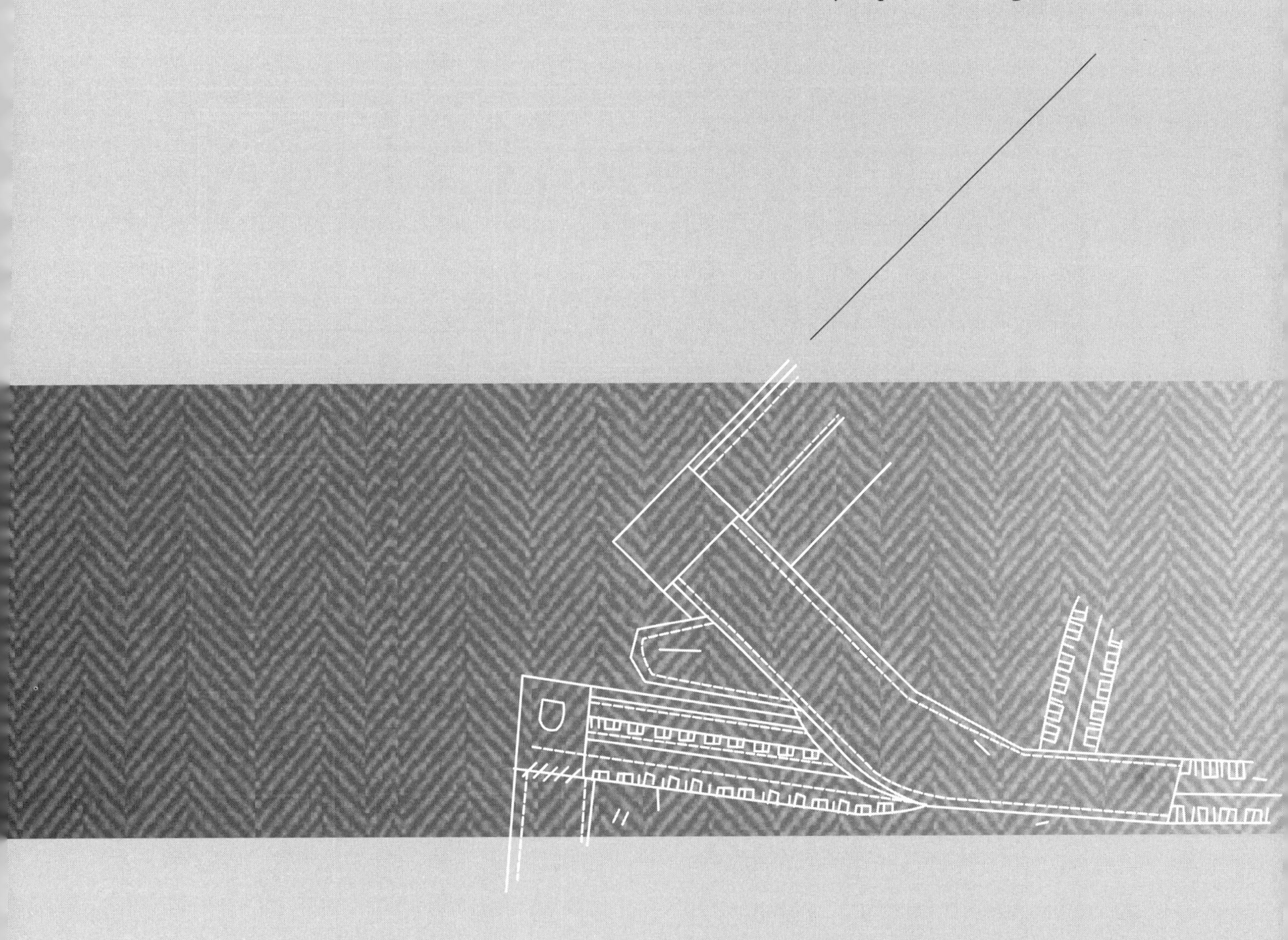

1. 衬衫贴袋

（1）直线袋口平贴袋

款式	直线袋口的贴袋，袋口贴边一般都连裁，向内折为暗贴边，向外折为明贴边，口袋形状可以设计。多用于男衬衫	
备料	衣片1片，贴袋1片，贴袋扣烫样板1片	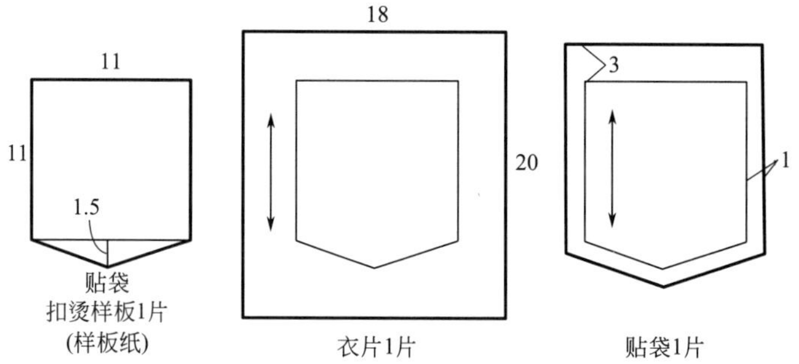 11 11 1.5 贴袋 扣烫样板1片 (样板纸) 18 20 衣片1片 3 1 贴袋1片
做记号	做袋位记号，比实际钉袋位置双向向内偏进0.2cm，以便钉袋后能完全盖住记号	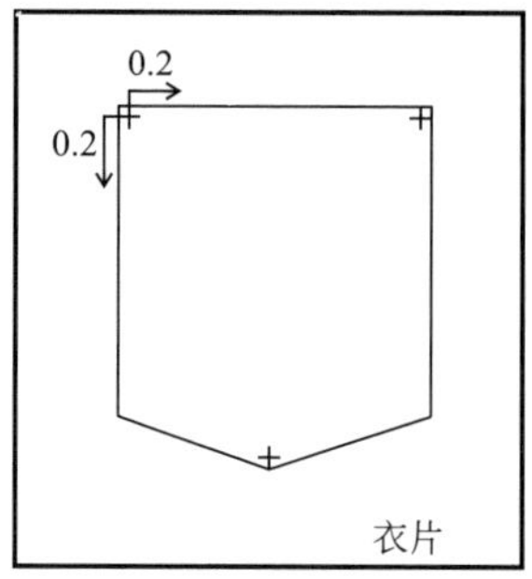 0.2 0.2 衣片
扣烫	先扣烫袋口贴边，再烫其余袋边	 扣烫样板
钉袋	沿贴袋止口压缝钉袋，两端封袋口。钉袋完成后，在衣片反面压烫，使口袋定型。缝制要求口袋位置准确、端正，袋口牢固，左右封口对称，缉线整齐顺直，布面平整	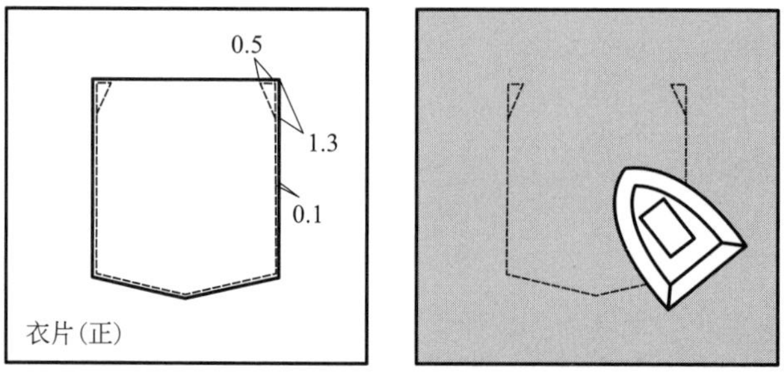 0.5 1.3 0.1 衣片(正)

（2）曲折线袋口平贴袋

款式	曲折线袋口的贴袋，袋口处需要另绱贴边或者用滚条包裹，口袋形状可以设计。多用于童装
备料	衣片1片，贴袋1片，袋口滚条1片，贴袋扣烫样板1片，滚条扣烫样板1片
做记号	做袋位记号，比实际钉袋位置双向向内偏进0.2cm，以便钉袋后能完全盖住记号
扣烫	扣净贴袋四周毛边，圆角区域采用缩扣烫；扣烫滚条
做袋口及钉袋	滚条包裹弧形袋口，骑缝固定；按要求位置钉袋，两端重合回针。完成后，在衣片反面压烫定型。缝制要求位置准确，袋口平服，钉袋牢固，缉线整齐顺直，布面平整

2. 夹克外袋

（1）立体贴袋

款式	立体贴袋的袋底角部采用收省、叠裥或抽褶等方式，增加袋内空间，实用性强，多用于工装和休闲装	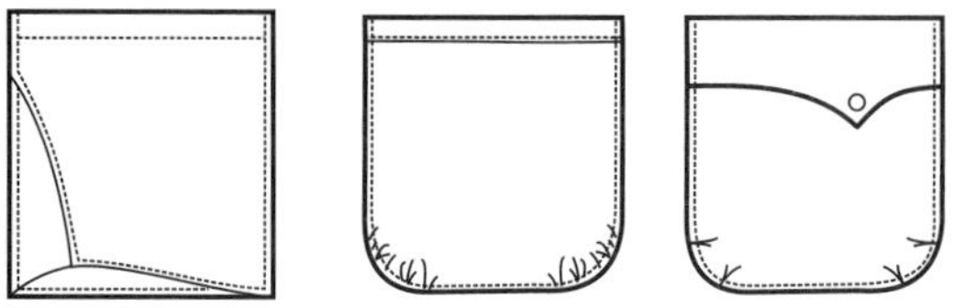
备料	衣片1片，贴袋1片，贴袋扣烫样板1片	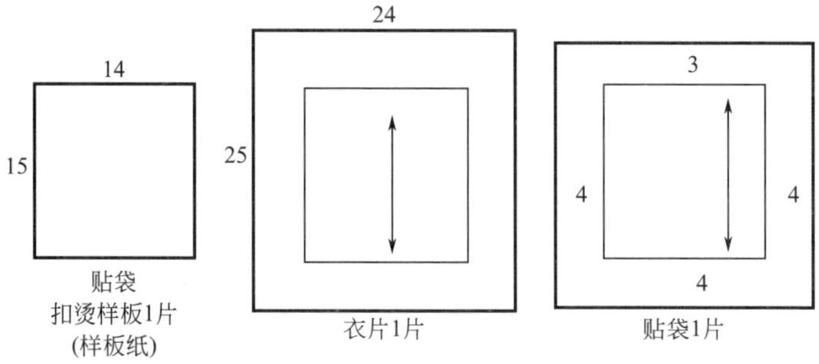 14 15 贴袋 扣烫样板1片 （样板纸） 24 25 衣片1片 3 4 4 4 贴袋1片
做记号	做袋位记号，比实际钉袋位置双向向内偏进0.2cm，以便钉袋后能完全盖住记号	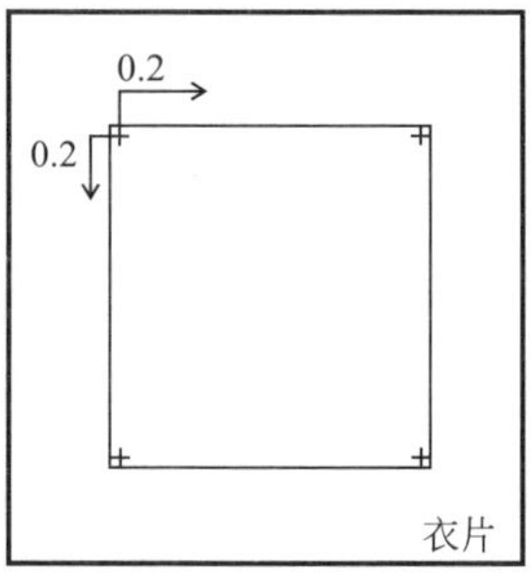 0.2 0.2 衣片
做贴袋	扣烫贴袋四周毛边；卷边缝袋口（从正面缉线）；缉缝袋角，留出1cm不缝（钉袋缝份）；沿烫好的贴袋边缘缉线	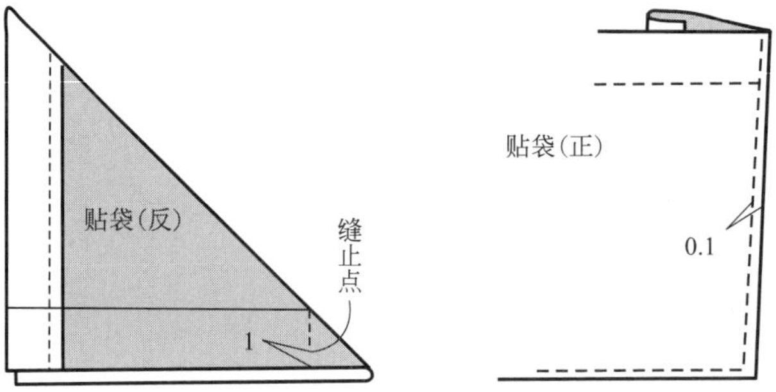 贴袋（反） 缝止点 1 贴袋（正） 0.1
钉袋	摆正袋位，缉明线固定贴袋；袋口两端双层缉缝，封袋口，为了增强袋口牢度，可在衣片反面加装支力布。缝制要求口袋位置准确，钉袋牢固，缉线整齐顺直，布面平整	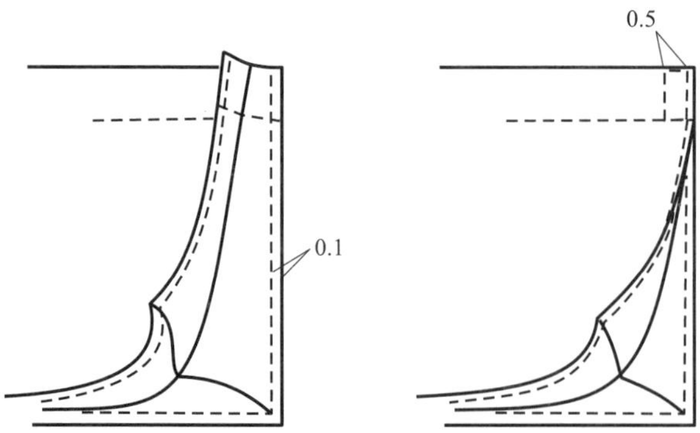 0.1 0.5

（2）单嵌线挖袋

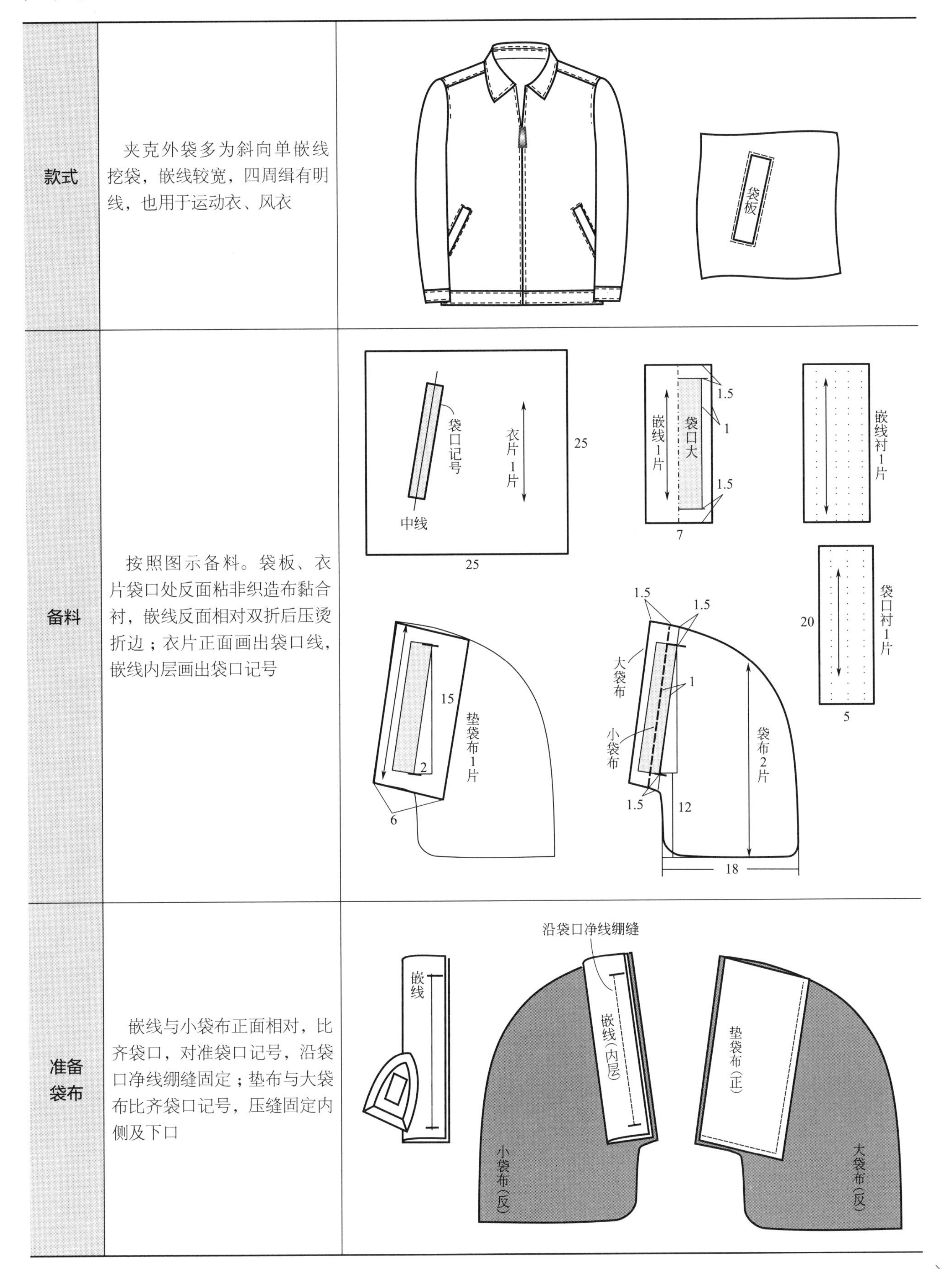

款式	夹克外袋多为斜向单嵌线挖袋，嵌线较宽，四周缉有明线，也用于运动衣、风衣	
备料	按照图示备料。袋板、衣片袋口处反面粘非织造布黏合衬，嵌线反面相对双折后压烫折边；衣片正面画出袋口线，嵌线内层画出袋口记号	
准备袋布	嵌线与小袋布正面相对，比齐袋口，对准袋口记号，沿袋口净线绷缝固定；垫布与大袋布比齐袋口记号，压缝固定内侧及下口	

续表

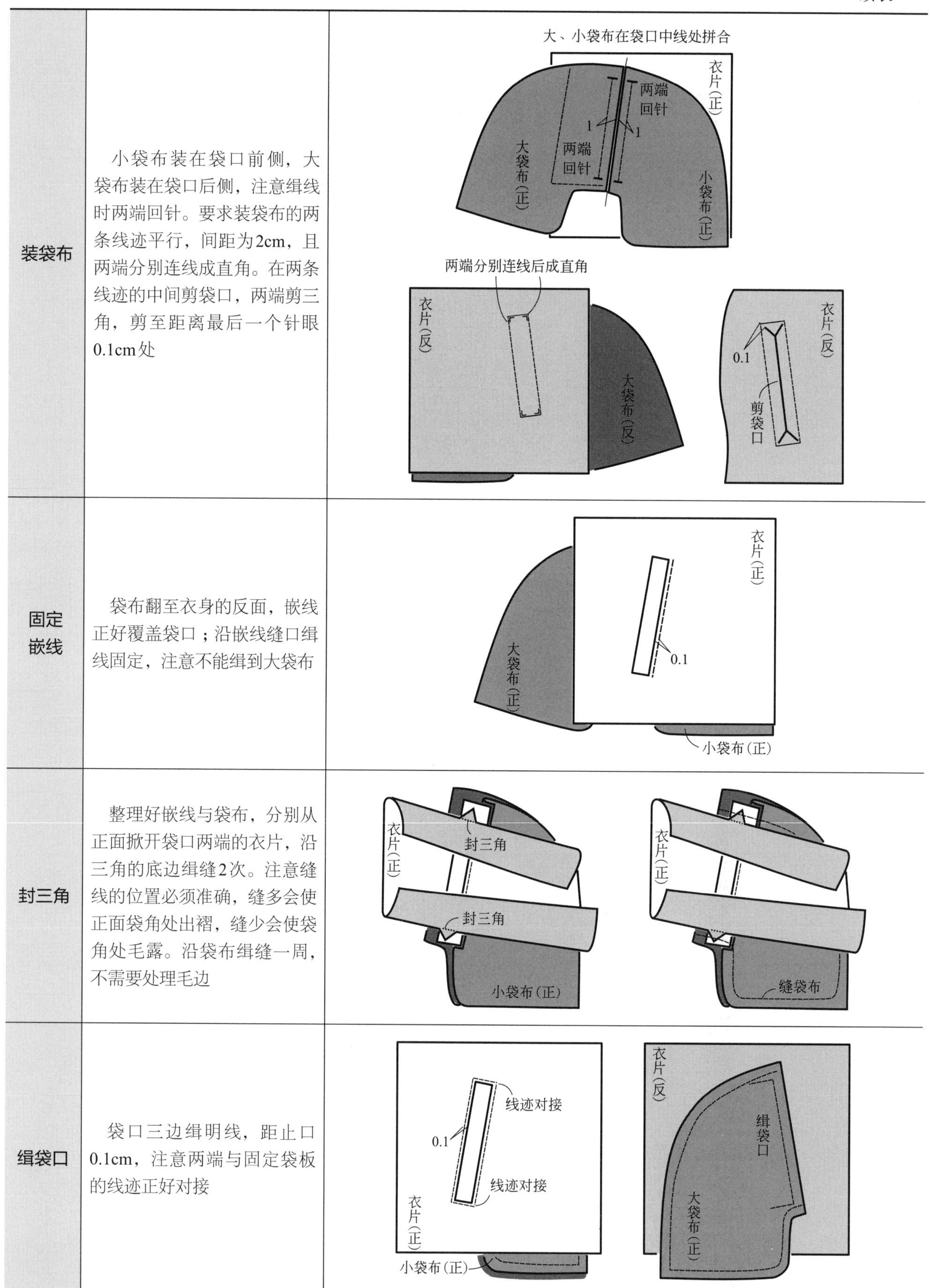

装袋布	小袋布装在袋口前侧，大袋布装在袋口后侧，注意缉线时两端回针。要求装袋布的两条线迹平行，间距为2cm，且两端分别连线成直角。在两条线迹的中间剪袋口，两端剪三角，剪至距离最后一个针眼0.1cm处	
固定嵌线	袋布翻至衣身的反面，嵌线正好覆盖袋口；沿嵌线缝口缉线固定，注意不能缉到大袋布	
封三角	整理好嵌线与袋布，分别从正面掀开袋口两端的衣片，沿三角的底边缉缝2次。注意缝线的位置必须准确，缝多会使正面袋角处出褶，缝少会使袋角处毛露。沿袋布缉缝一周，不需要处理毛边	
缉袋口	袋口三边缉明线，距止口0.1cm，注意两端与固定袋板的线迹正好对接	

（3）拉链式挖袋

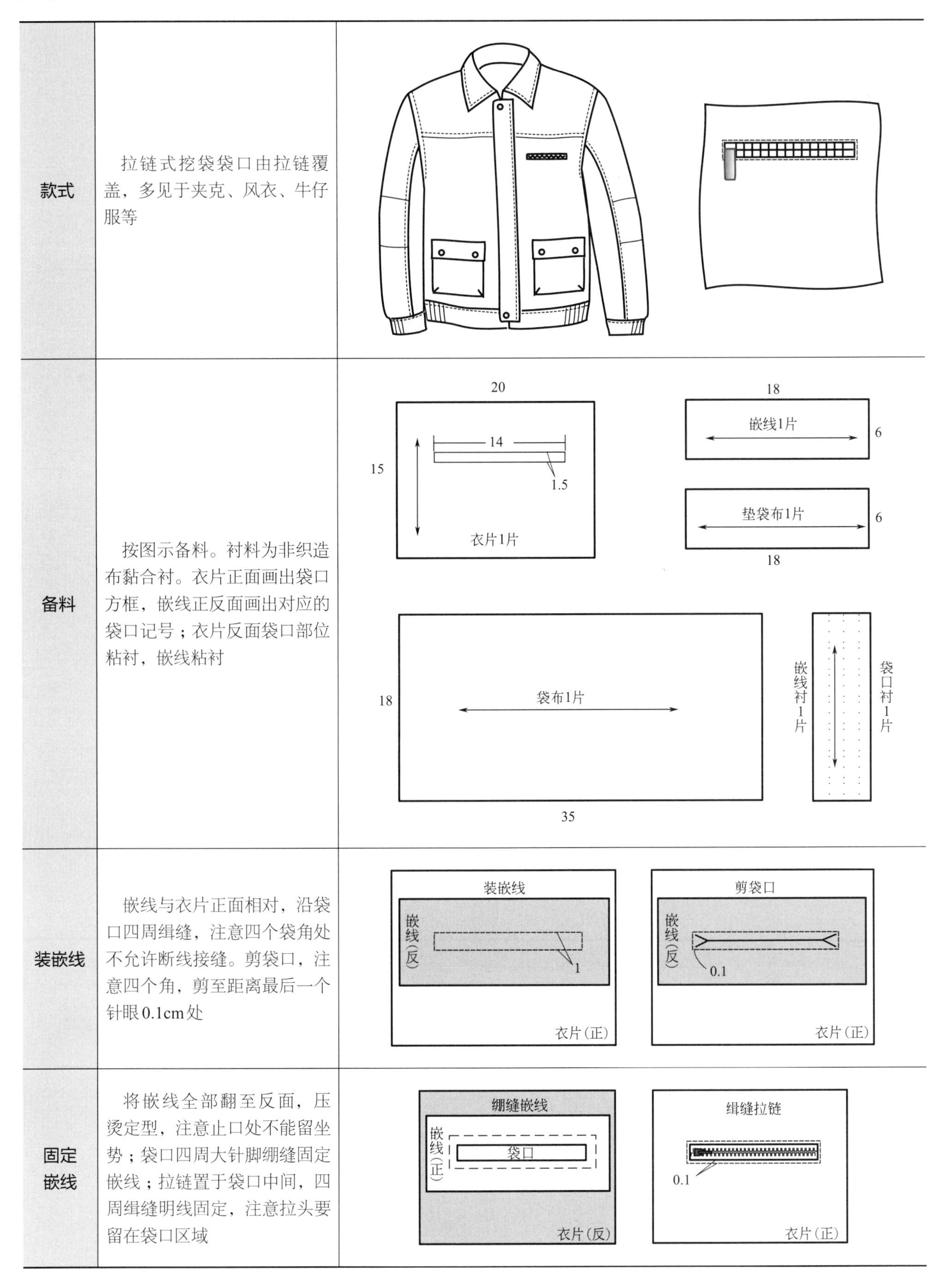

款式	拉链式挖袋袋口由拉链覆盖，多见于夹克、风衣、牛仔服等	
备料	按图示备料。衬料为非织造布黏合衬。衣片正面画出袋口方框，嵌线正反面画出对应的袋口记号；衣片反面袋口部位粘衬，嵌线粘衬	
装嵌线	嵌线与衣片正面相对，沿袋口四周缉缝，注意四个袋角处不允许断线接缝。剪袋口，注意四个角，剪至距离最后一个针眼0.1cm处	
固定嵌线	将嵌线全部翻至反面，压烫定型，注意止口处不能留坐势；袋口四周大针脚绷缝固定嵌线；拉链置于袋口中间，四周缉缝明线固定，注意拉头要留在袋口区域	

续表

装袋布	垫布与袋布一端比齐，沿垫布下口缉线固定；袋布另一端与嵌线下口正面相对接缝	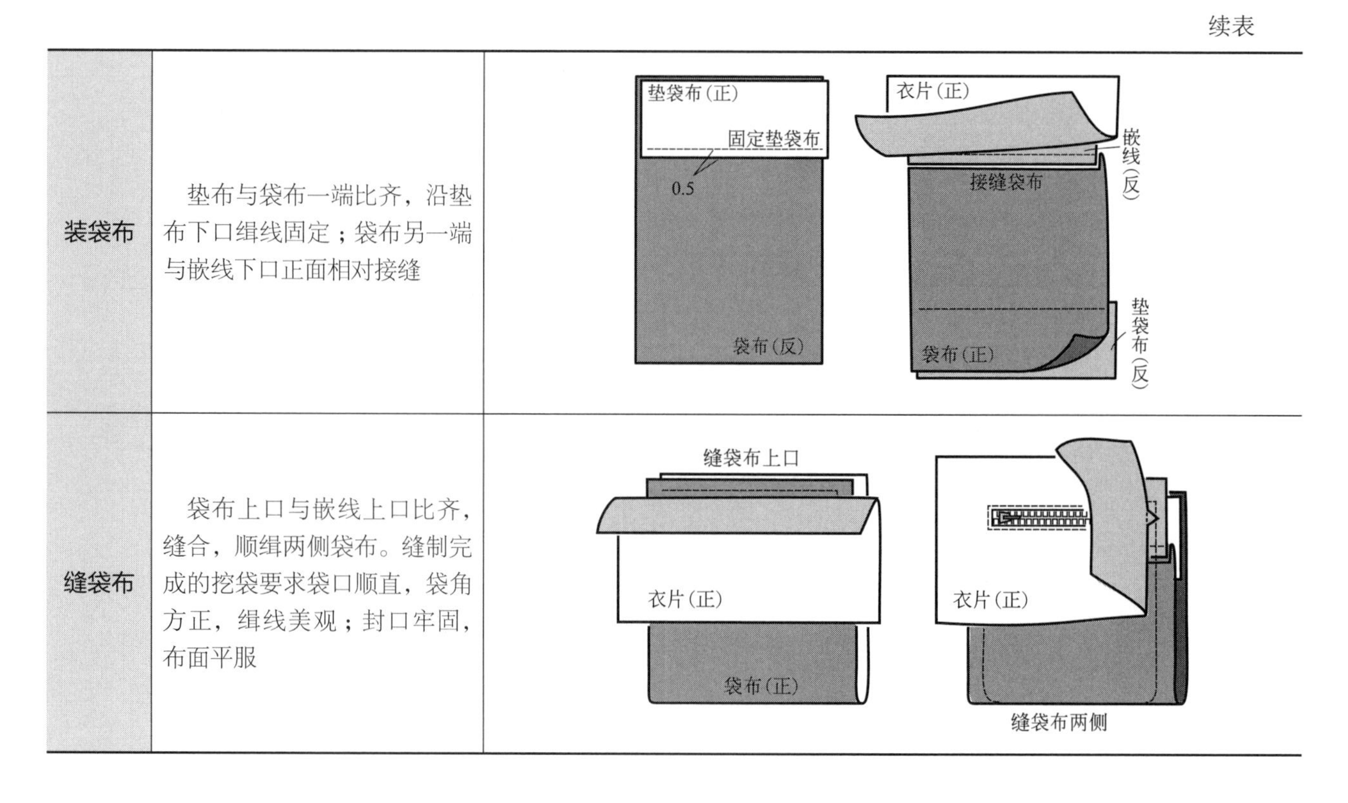
缝袋布	袋布上口与嵌线上口比齐，缝合，顺缉两侧袋布。缝制完成的挖袋要求袋口顺直，袋角方正，缉线美观；封口牢固，布面平服	

3. 夹克里袋——单嵌线挖袋

款式	夹克里袋一般为横向袋口，单嵌线挖袋，嵌线宽度适中，也用于带夹里的其他品类的男上衣	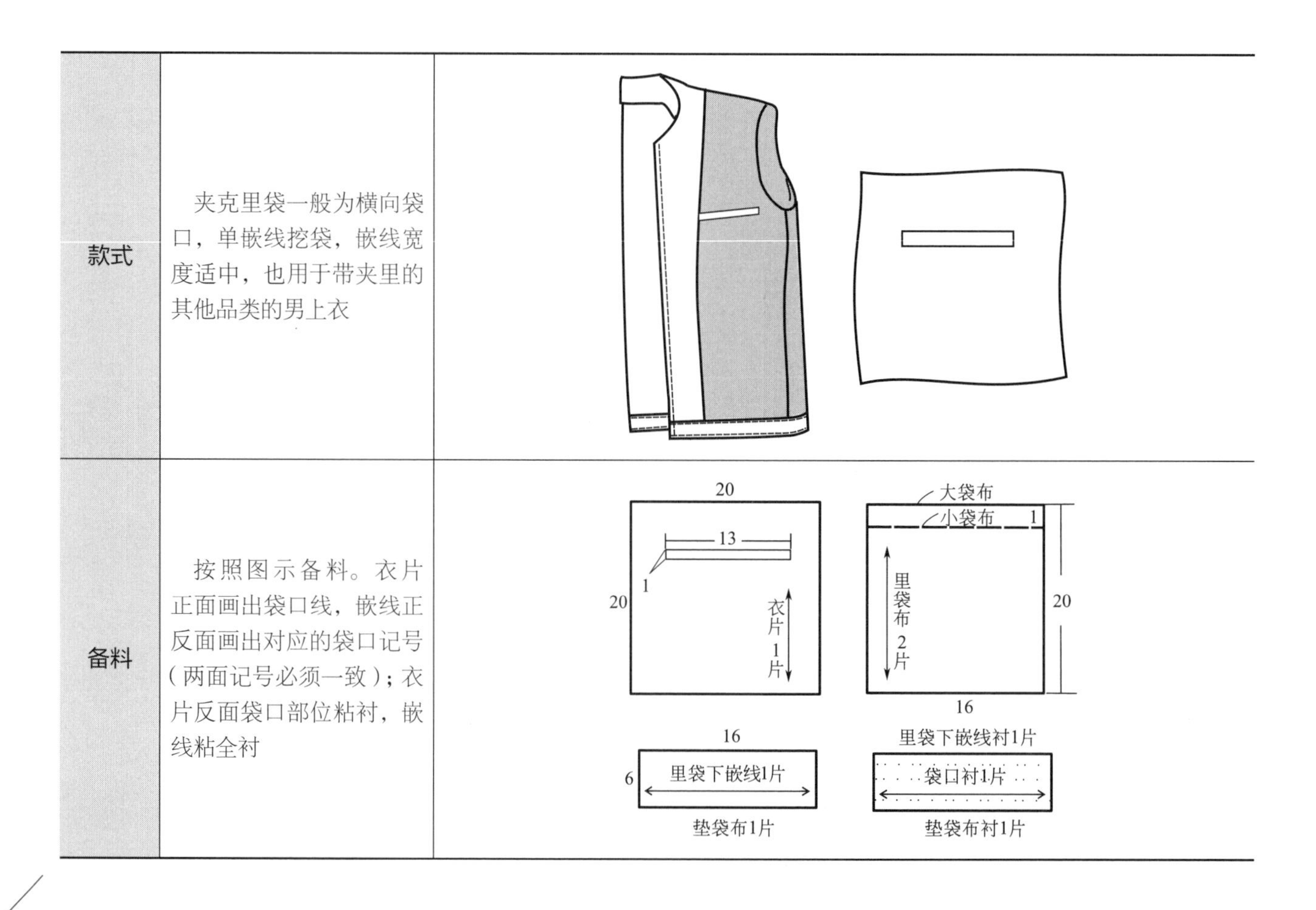
备料	按照图示备料。衣片正面画出袋口线，嵌线正反面画出对应的袋口记号（两面记号必须一致）；衣片反面袋口部位粘衬，嵌线粘全衬	

续表

装嵌线、装垫袋布	嵌线双折压烫后，装在袋口下侧，注意两端回针；垫袋布装在袋口上侧，注意两端回针	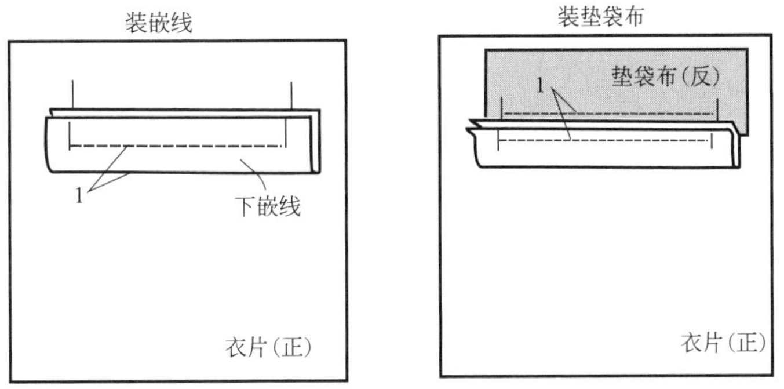
剪袋口	反面检查，要求两条线迹平行，间距1cm，两端连线成直角；确认无误后，剪袋口，四个角点均剪至距离最后一个针眼0.1cm处。将嵌线及垫袋布由袋口处翻至反面，理顺所有部位，压烫袋口	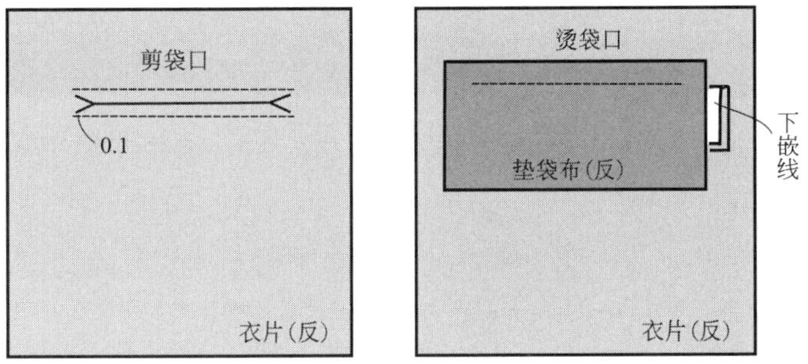
装袋布	小袋布与嵌线下口正面相对接缝；垫袋布与大袋布上口比齐，缉线固定垫袋布上口。理顺垫袋布及大袋布，沿垫袋布下口缉线固定；理顺所有部位，由袋口一端掀开衣片，露出三角，沿三角底部重合缉缝3次，封住袋口两端	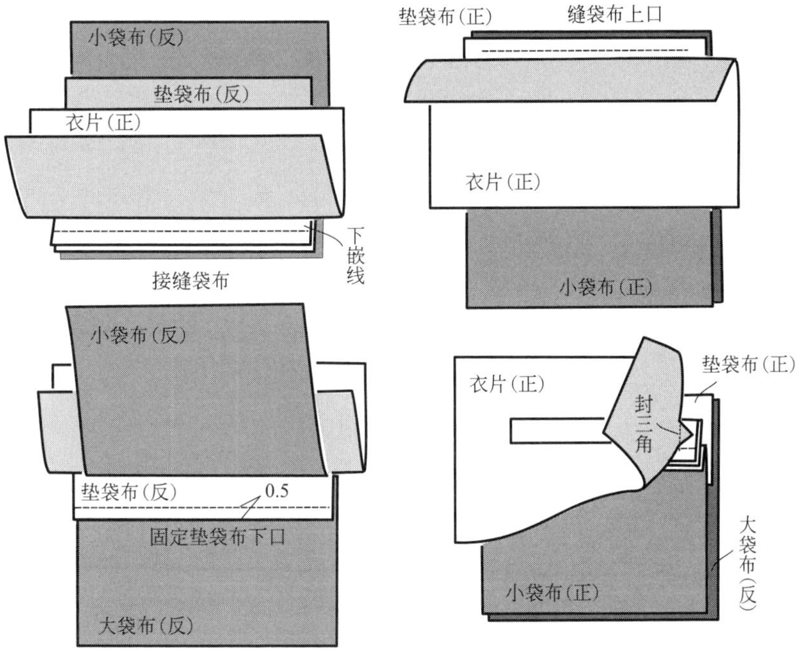
缝袋底	兜缝袋底，完成里袋的缝制。要求嵌线顺直，宽度一致，袋角方正，封口牢固，布面平服	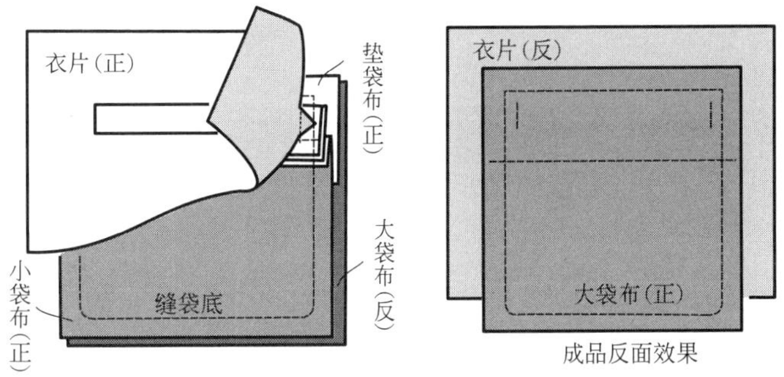

4. 风衣外袋——贴板式挖袋

款式	贴板式挖袋的袋口多为斜向，装有较宽的袋板，缉有明线，常用于风衣、大衣	
备料	按照图示备料。袋板、衣片袋口处反面粘非织造布黏合衬，衣片正面画出袋口线，袋板反面画出袋口记号	
装袋板、装垫袋布	板袋布正面相对双折，缝合两端，翻正后压烫。袋板与小袋布正面相对，比齐袋口，沿袋板净线绷缝固定；垫袋布与大袋布比齐袋口记号，压缝固定内侧及下口	

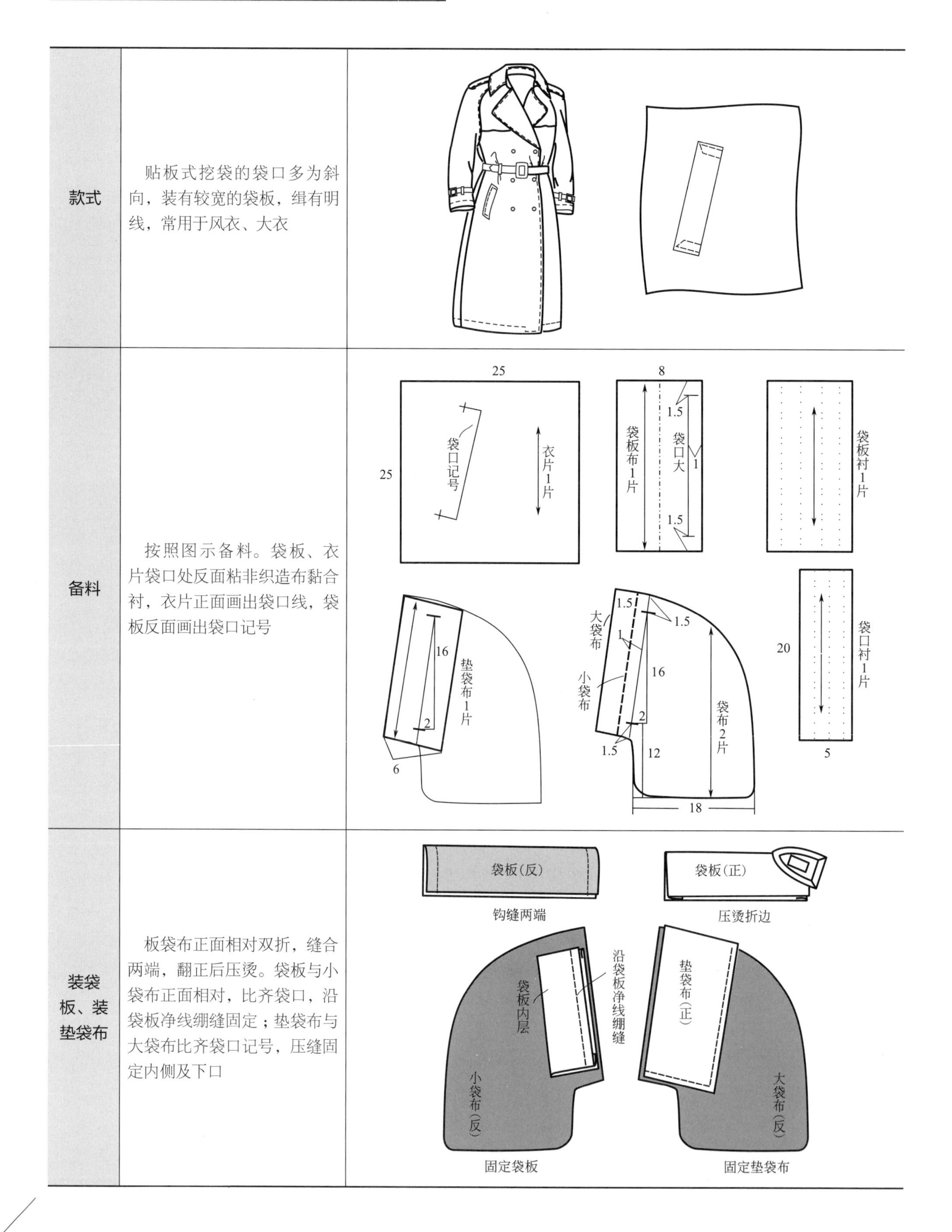

续表

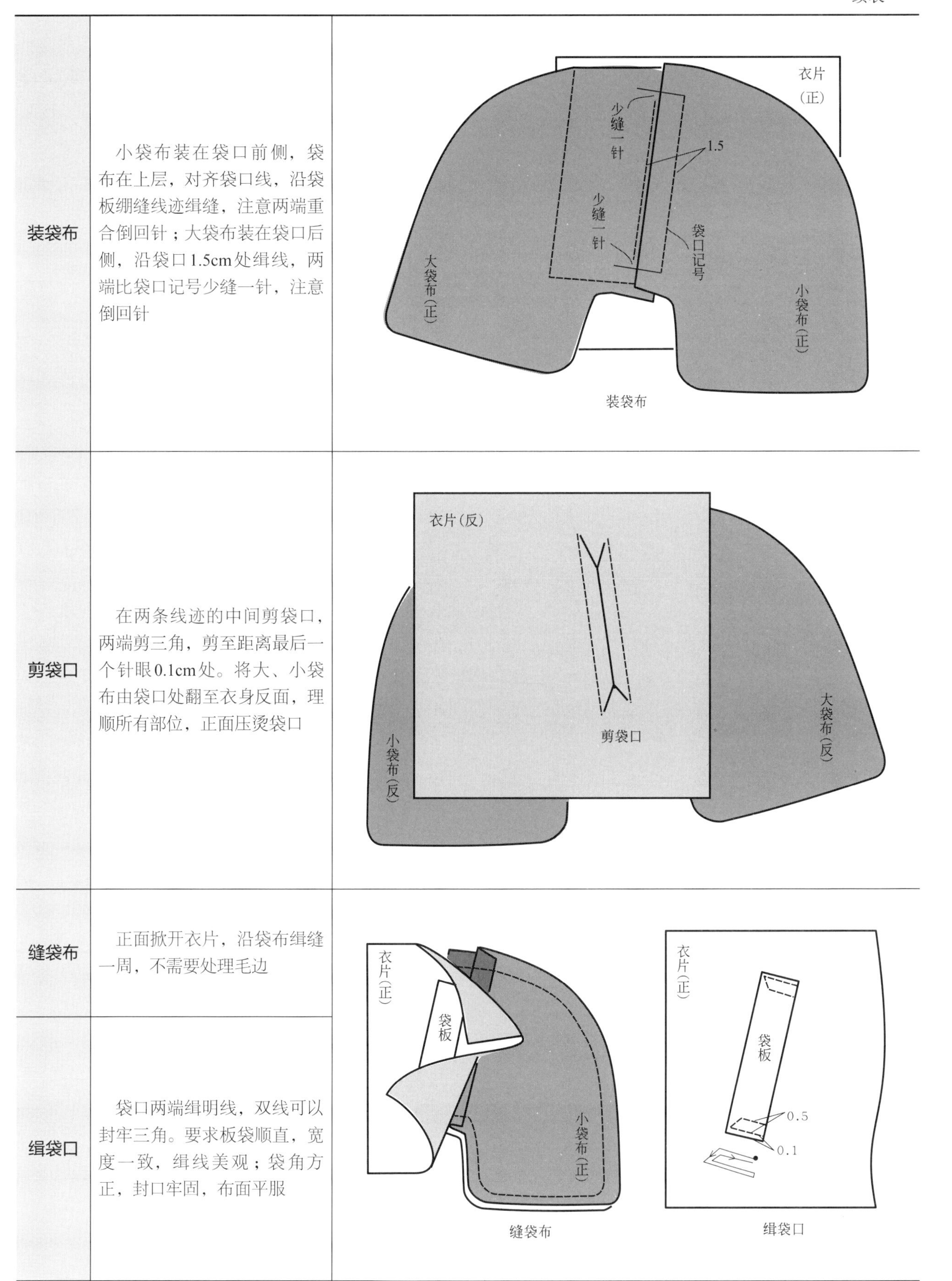

装袋布	小袋布装在袋口前侧，袋布在上层，对齐袋口线，沿袋板绷缝线迹缉缝，注意两端重合倒回针；大袋布装在袋口后侧，沿袋口1.5cm处缉线，两端比袋口记号少缝一针，注意倒回针	装袋布
剪袋口	在两条线迹的中间剪袋口，两端剪三角，剪至距离最后一个针眼0.1cm处。将大、小袋布由袋口处翻至衣身反面，理顺所有部位，正面压烫袋口	剪袋口
缝袋布	正面掀开衣片，沿袋布缉缝一周，不需要处理毛边	缝袋布
缉袋口	袋口两端缉明线，双线可以封牢三角。要求板袋顺直，宽度一致，缉线美观；袋角方正，封口牢固，布面平服	缉袋口

5. 女西服里袋——合缝式插袋

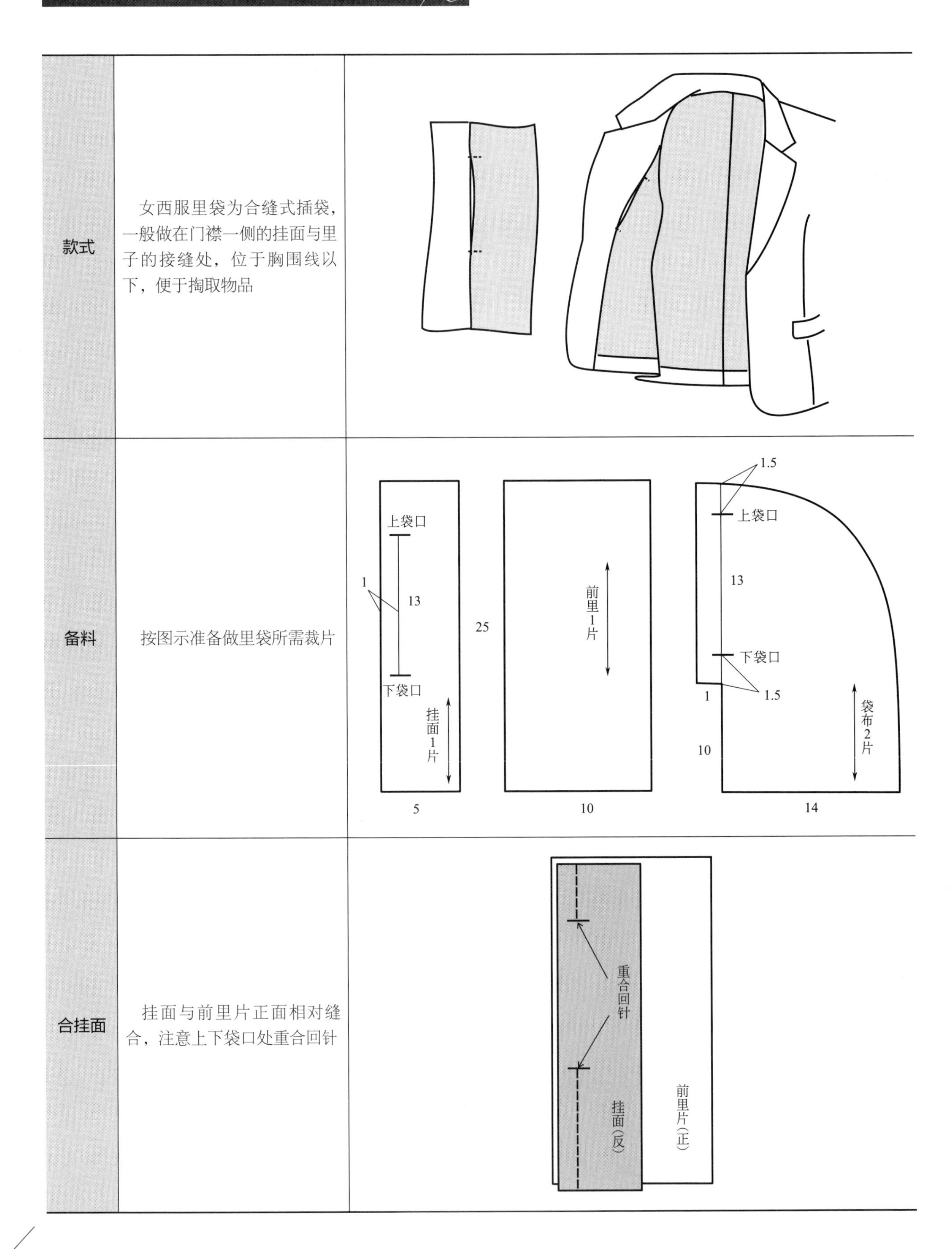

款式	女西服里袋为合缝式插袋，一般做在门襟一侧的挂面与里子的接缝处，位于胸围线以下，便于掏取物品
备料	按图示准备做里袋所需裁片
合挂面	挂面与前里片正面相对缝合，注意上下袋口处重合回针

续表

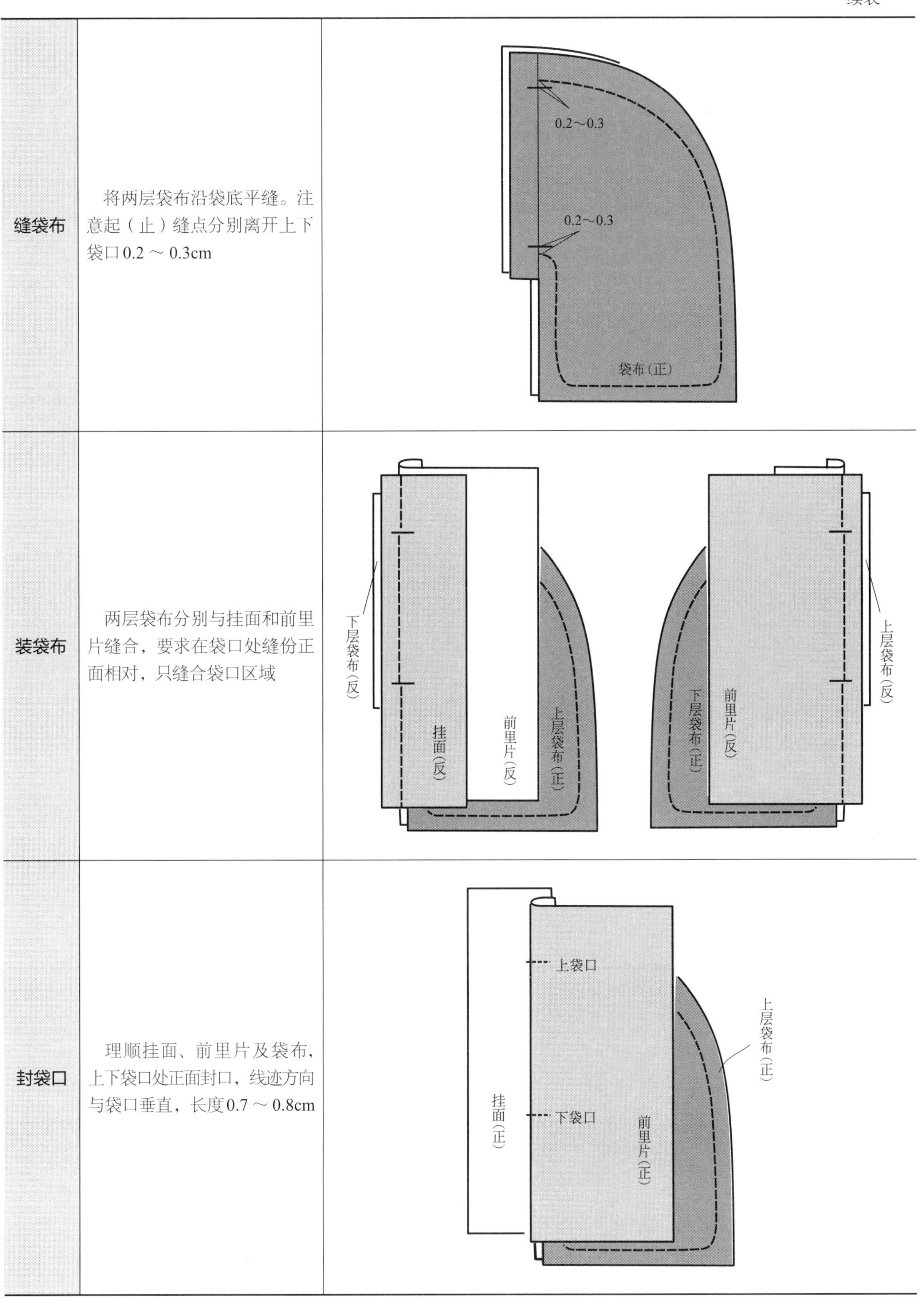

缝袋布	将两层袋布沿袋底平缝。注意起（止）缝点分别离开上下袋口0.2 ～ 0.3cm	
装袋布	两层袋布分别与挂面和前里片缝合，要求在袋口处缝份正面相对，只缝合袋口区域	
封袋口	理顺挂面、前里片及袋布，上下袋口处正面封口，线迹方向与袋口垂直，长度0.7 ～ 0.8cm	

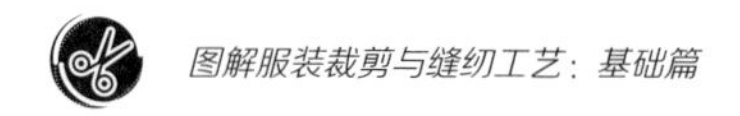

6. 女西服外袋——单嵌线插袋

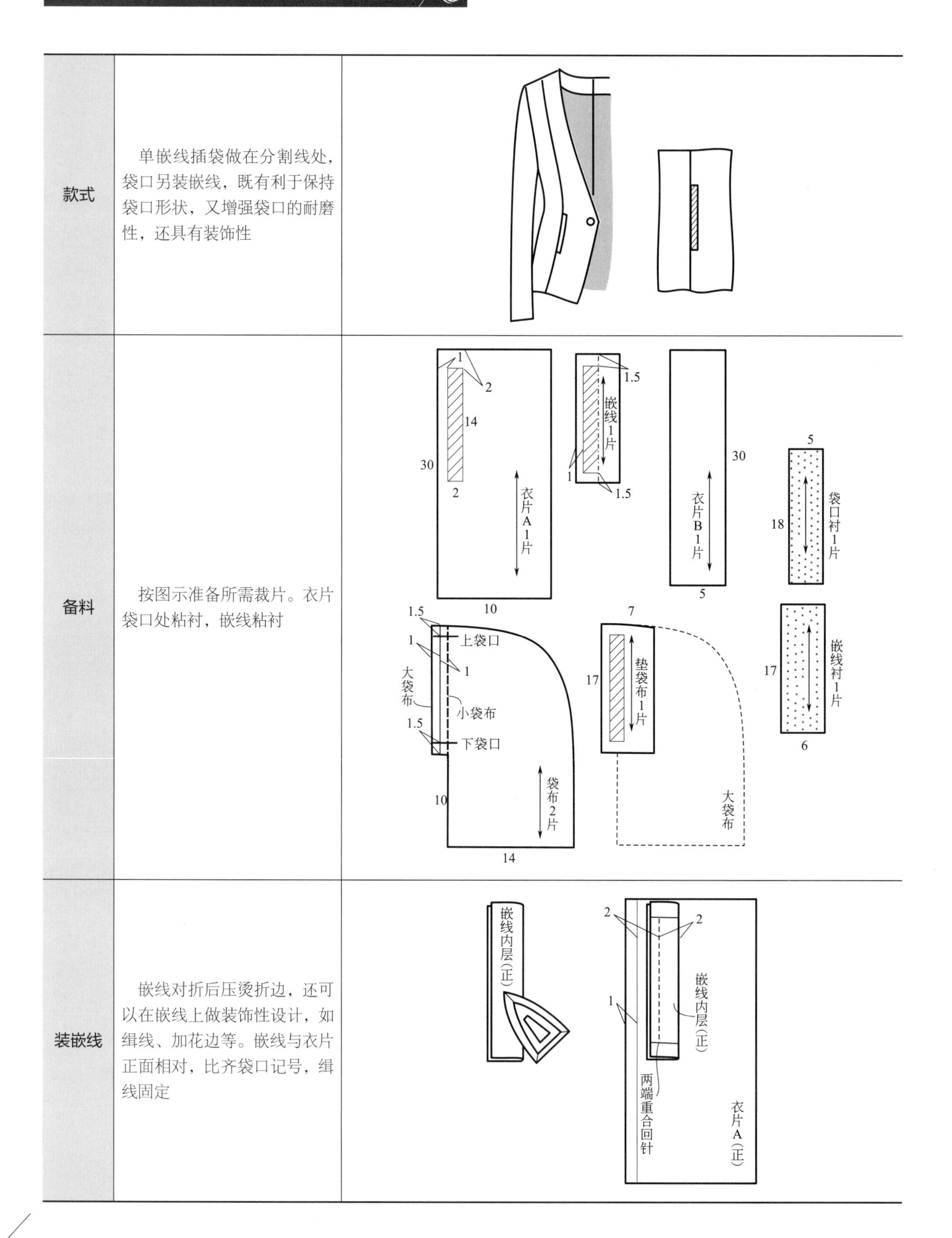

款式	单嵌线插袋做在分割线处，袋口另装嵌线，既有利于保持袋口形状，又增强袋口的耐磨性，还具有装饰性	
备料	按图示准备所需裁片。衣片袋口处粘衬，嵌线粘衬	
装嵌线	嵌线对折后压烫折边，还可以在嵌线上做装饰性设计，如缉线、加花边等。嵌线与衣片正面相对，比齐袋口记号，缉线固定	

续表

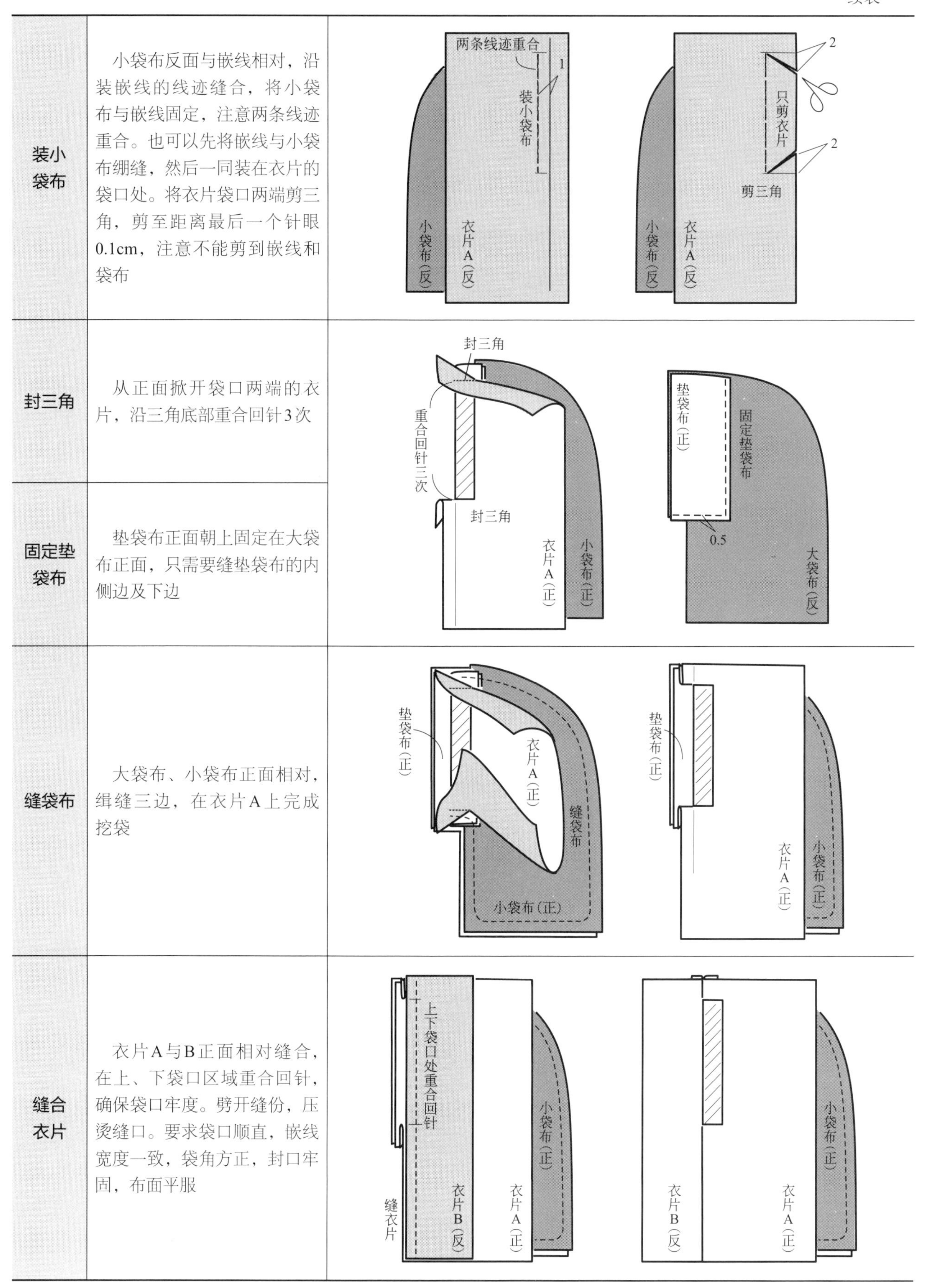

装小袋布	小袋布反面与嵌线相对，沿装嵌线的线迹缝合，将小袋布与嵌线固定，注意两条线迹重合。也可以先将嵌线与小袋布绷缝，然后一同装在衣片的袋口处。将衣片袋口两端剪三角，剪至距离最后一个针眼0.1cm，注意不能剪到嵌线和袋布	
封三角	从正面掀开袋口两端的衣片，沿三角底部重合回针3次	
固定垫袋布	垫袋布正面朝上固定在大袋布正面，只需要缝垫袋布的内侧边及下边	
缝袋布	大袋布、小袋布正面相对，缉缝三边，在衣片A上完成挖袋	
缝合衣片	衣片A与B正面相对缝合，在上、下袋口区域重合回针，确保袋口牢度。劈开缝份，压烫缝口。要求袋口顺直，嵌线宽度一致，袋角方正，封口牢固，布面平服	

7. 男西服外袋

（1）带夹里暗缝贴袋

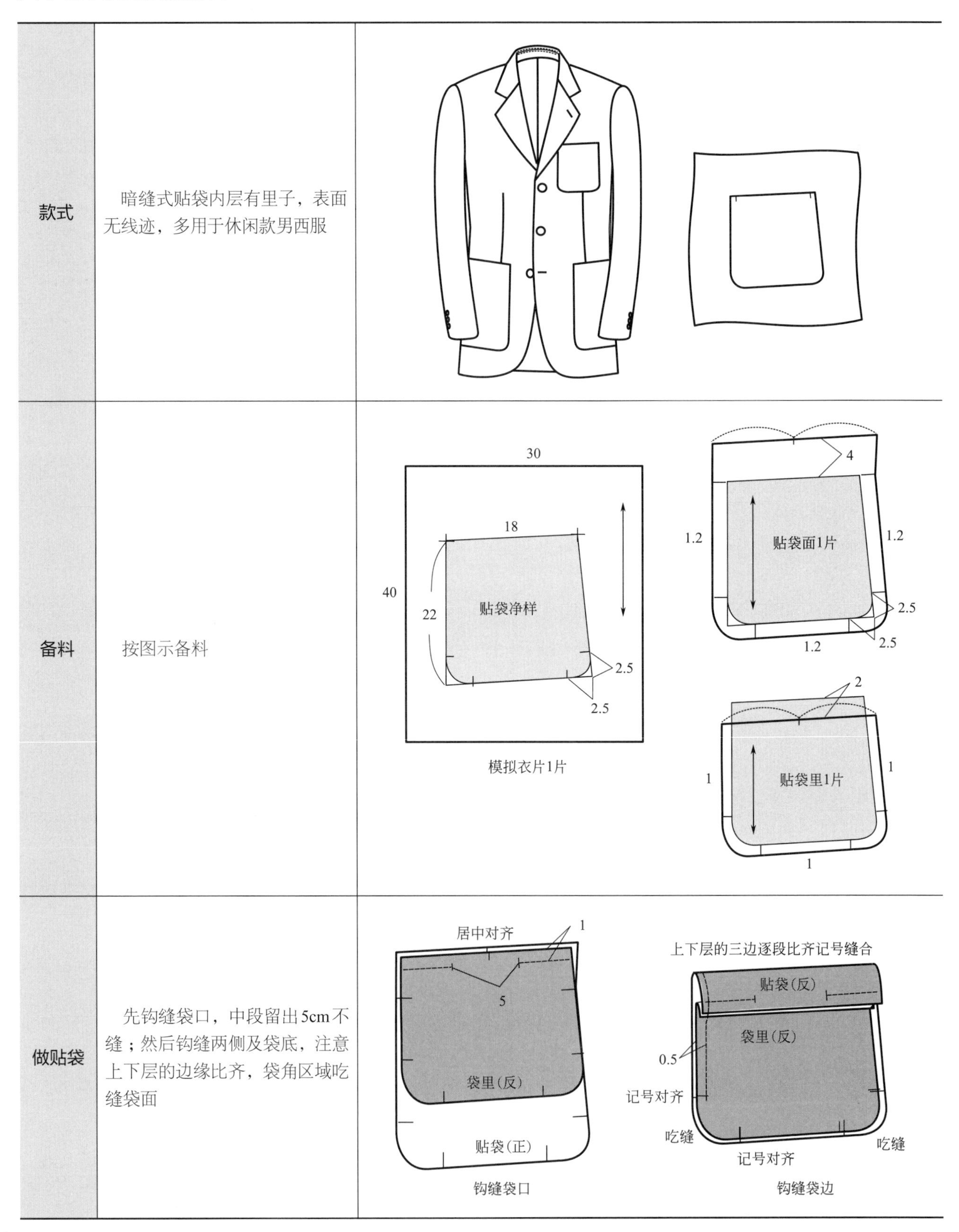

款式
暗缝式贴袋内层有里子，表面无线迹，多用于休闲款男西服
备料
按图示备料
30
18
40
22
贴袋净样
2.5
2.5
模拟衣片1片
4
1.2
1.2
贴袋面1片
2.5
1.2
2.5
2
1
1
贴袋里1片
1
做贴袋
先钩缝袋口，中段留出5cm不缝；然后钩缝两侧及袋底，注意上下层的边缘比齐，袋角区域吃缝袋面
居中对齐
1
5
袋里(反)
贴袋(正)
钩缝袋口
上下层的三边逐段比齐记号缝合
贴袋(反)
袋里(反)
0.5
记号对齐
吃缝
记号对齐
吃缝
钩缝袋边

续表

烫贴袋	翻正贴袋，袋面吐出0.2cm压烫止口；手针缝合袋口处预留部分，然后扣烫缝份	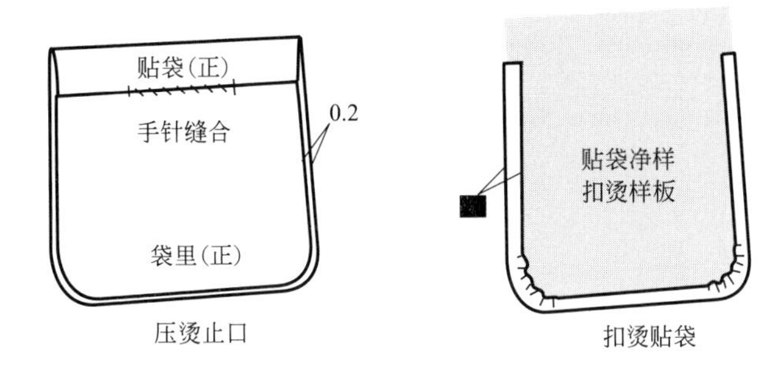
钉贴袋	在衣片上标明袋位，根据贴袋扣烫后的缝份宽度，等量向内缩进后画出钉袋位置记号。 将贴袋边缘与钉袋记号比齐，依次缉缝。 最后封袋口，要求两端对称，重合缉缝	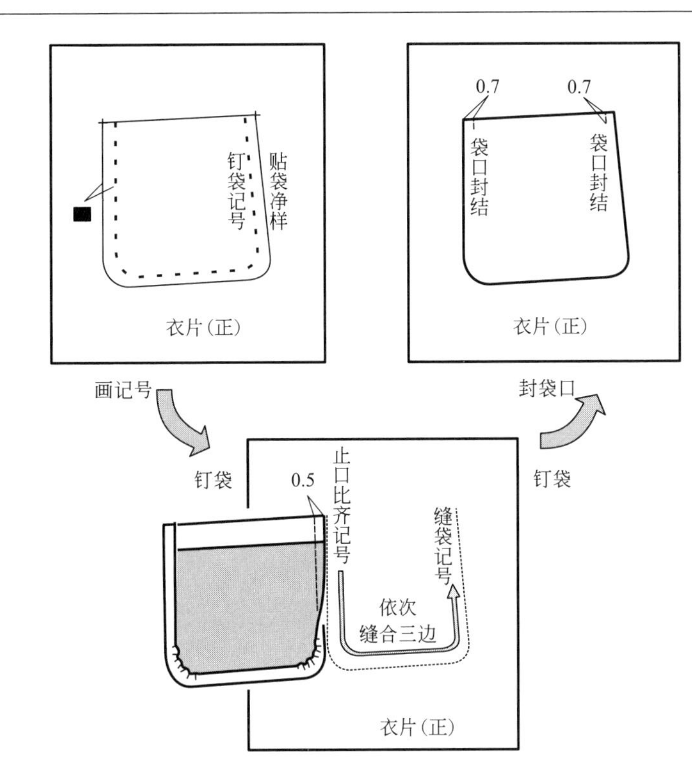

（2）内袋式暗缝贴袋

款式	内袋式暗缝贴袋，表面无线迹，内层为里料制作的口袋，内袋可以完全翻出，便于清理袋底，多用于休闲款男西服	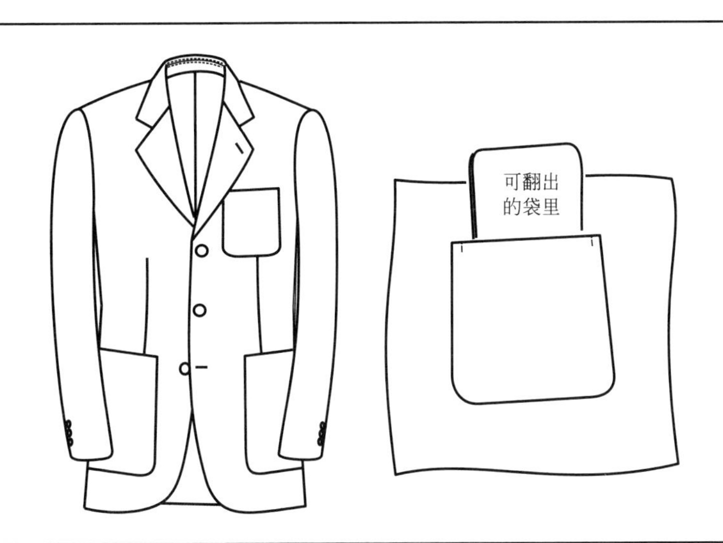

续表

备料	按图示备料	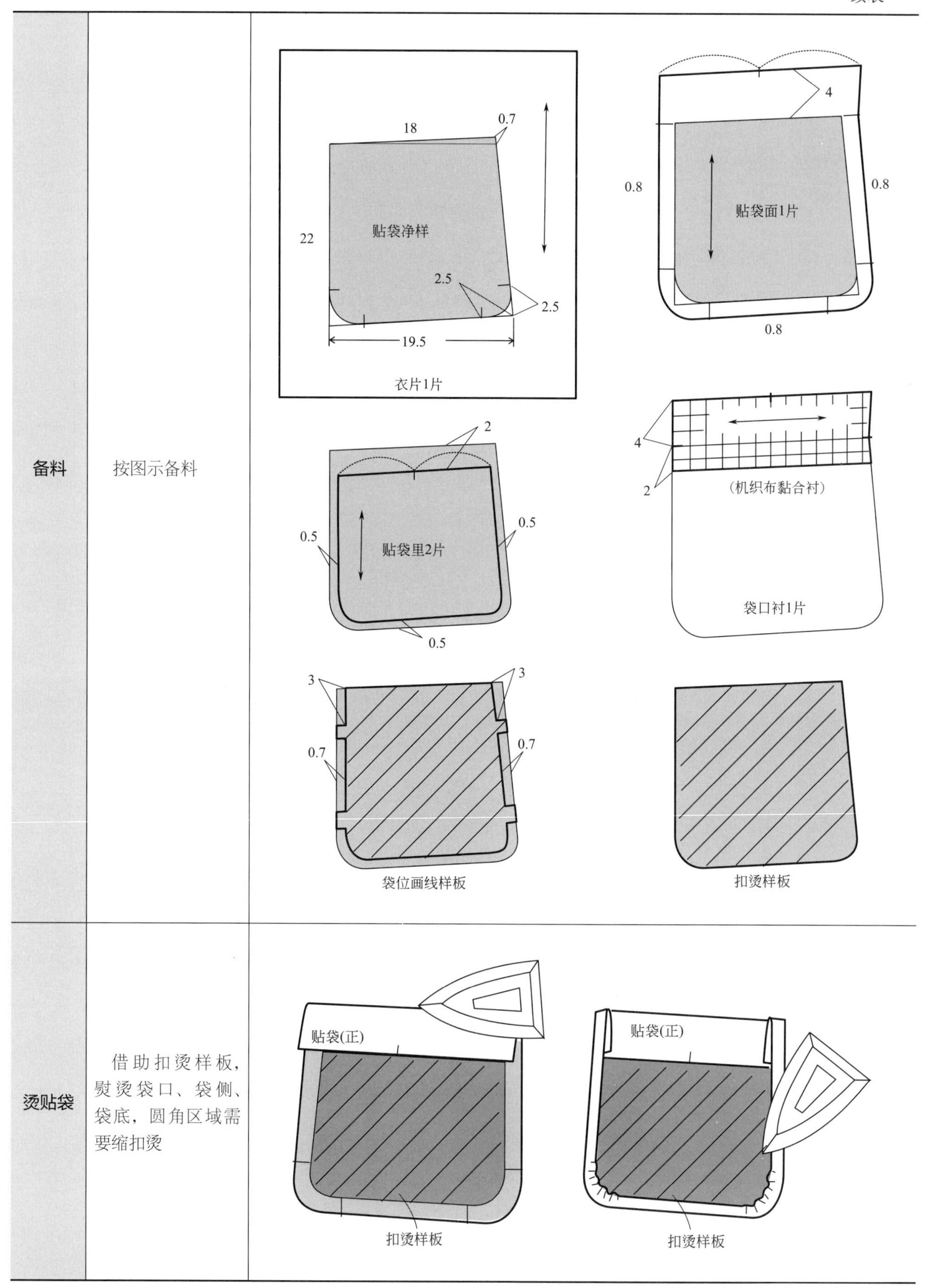
烫贴袋	借助扣烫样板，熨烫袋口、袋侧、袋底，圆角区域需要缩扣烫	

续表

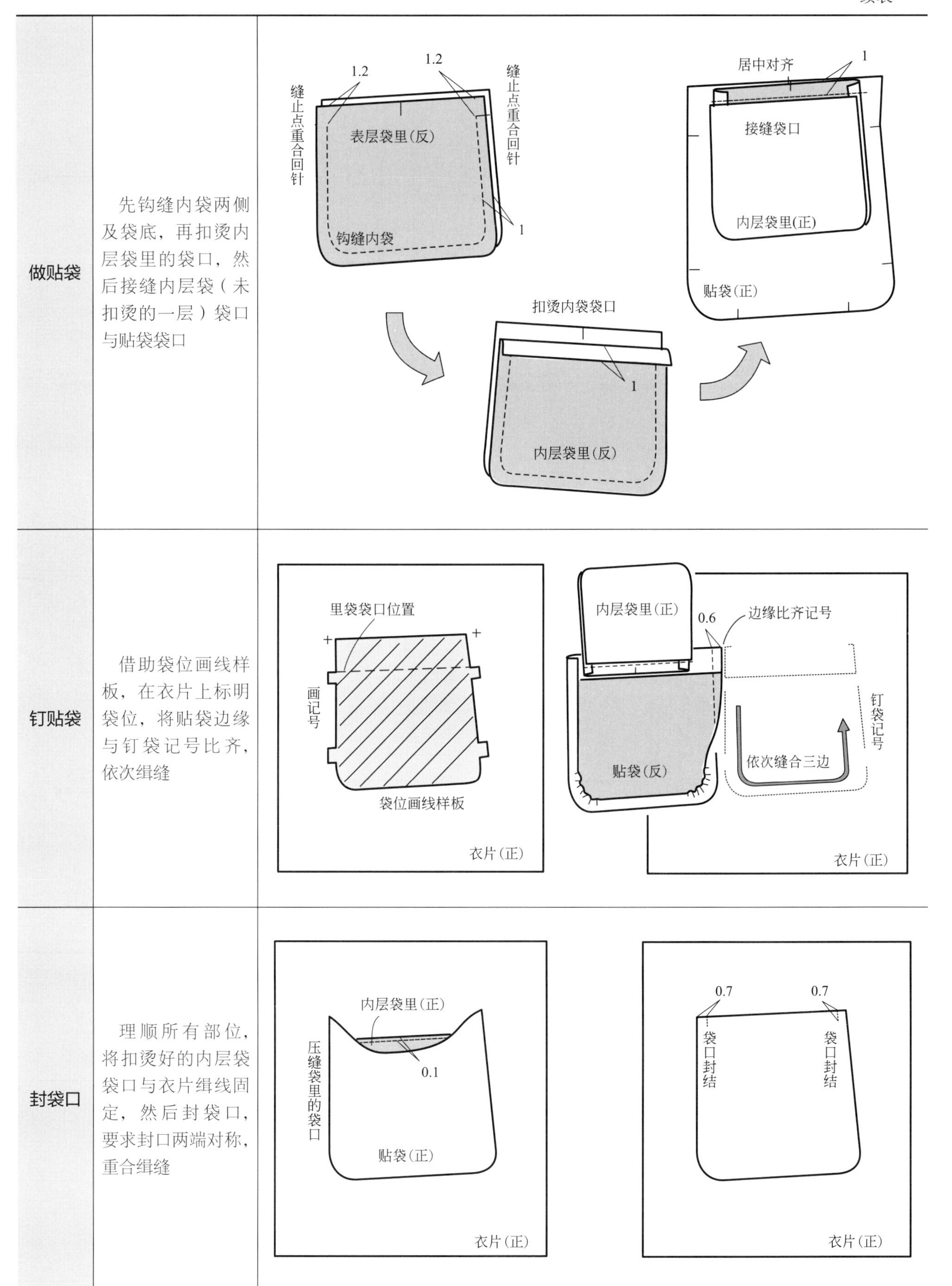

做贴袋	先钩缝内袋两侧及袋底，再扣烫内层袋里的袋口，然后接缝内层袋（未扣烫的一层）袋口与贴袋袋口	
钉贴袋	借助袋位画线样板，在衣片上标明袋位，将贴袋边缘与钉袋记号比齐，依次缉缝	
封袋口	理顺所有部位，将扣烫好的内层袋袋口与衣片缉线固定，然后封袋口，要求封口两端对称，重合缉缝	

（3）带盖挖袋

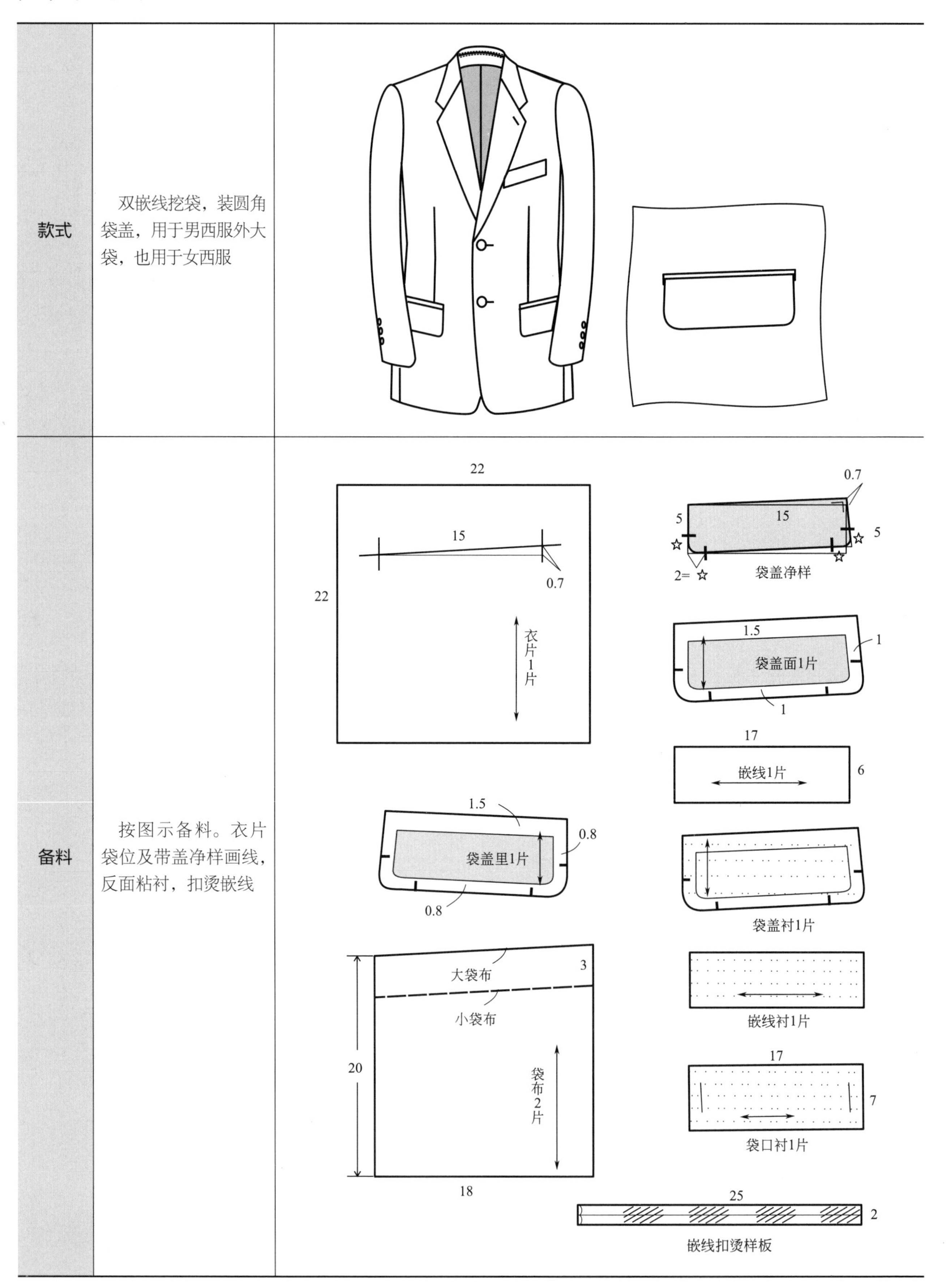
款式
双嵌线挖袋，装圆角袋盖，用于男西服外大袋，也用于女西服
备料
按图示备料。衣片袋位及带盖净样画线，反面粘衬，扣烫嵌线
22
15
0.7
衣片1片
0.7
15
5
5
2=☆
袋盖净样
1.5
1
袋盖面1片
1
17
嵌线1片
6
1.5
0.8
袋盖里1片
0.8
袋盖衬1片
大袋布
3
小袋布
20
袋布2片
18
嵌线衬1片
17
7
袋口衬1片
25
2
嵌线扣烫样板

续表

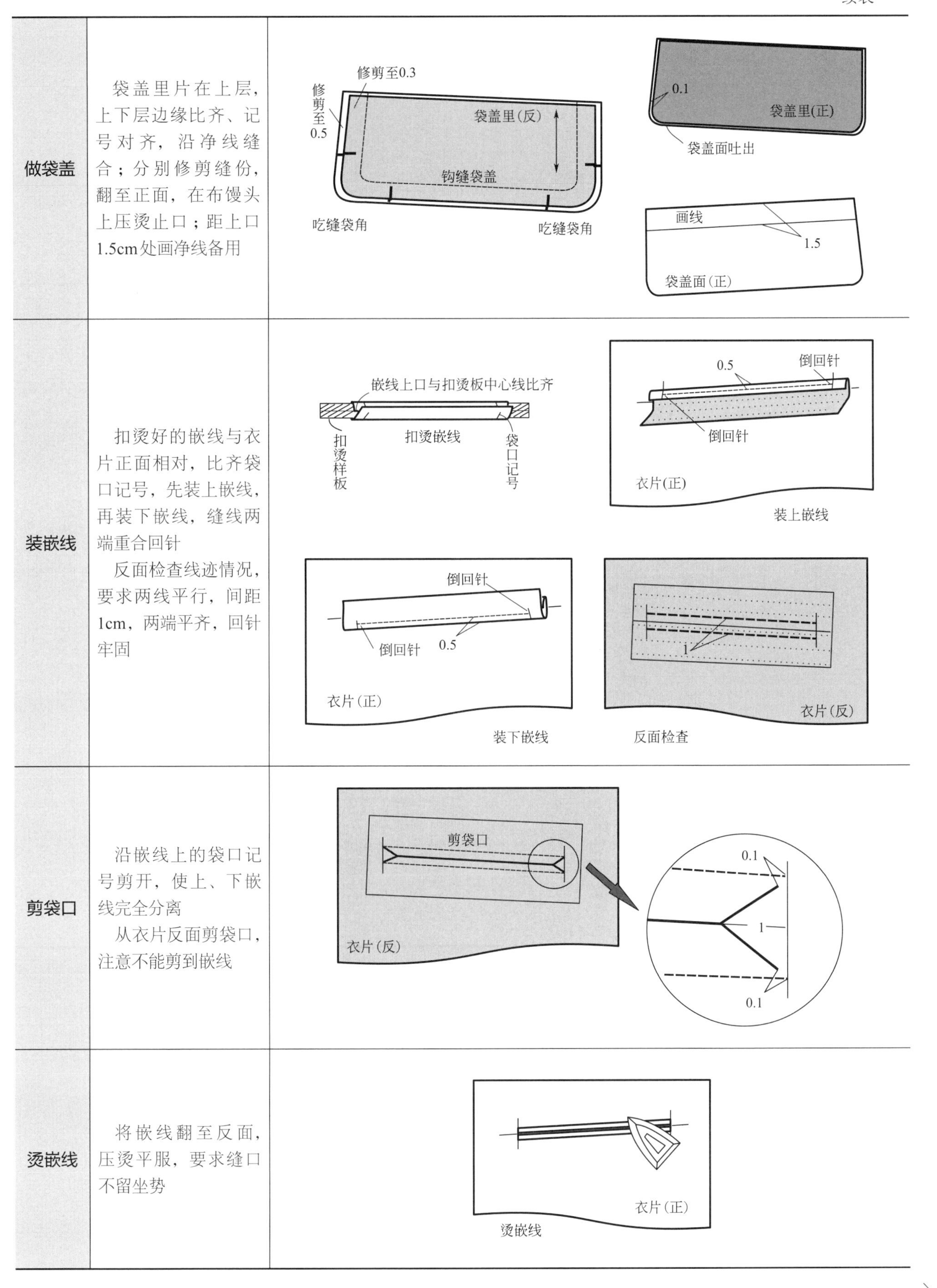

做袋盖	袋盖里片在上层，上下层边缘比齐、记号对齐，沿净线缝合；分别修剪缝份，翻至正面，在布馒头上压烫止口；距上口1.5cm处画净线备用	
装嵌线	扣烫好的嵌线与衣片正面相对，比齐袋口记号，先装上嵌线，再装下嵌线，缝线两端重合回针 反面检查线迹情况，要求两线平行，间距1cm，两端平齐，回针牢固	
剪袋口	沿嵌线上的袋口记号剪开，使上、下嵌线完全分离 从衣片反面剪袋口，注意不能剪到嵌线	
烫嵌线	将嵌线翻至反面，压烫平服，要求缝口不留坐势	

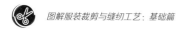

续表

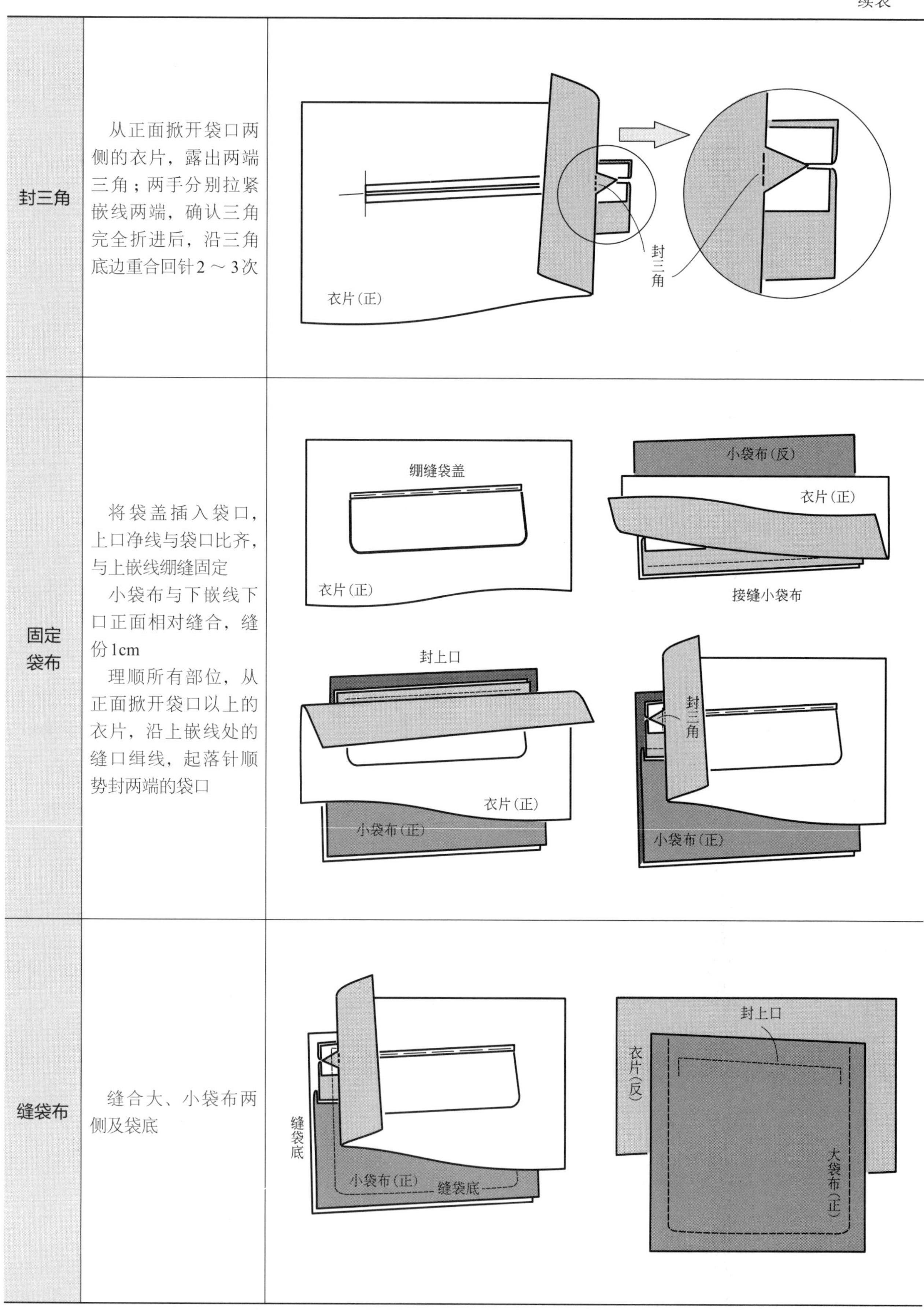

封三角	从正面掀开袋口两侧的衣片，露出两端三角；两手分别拉紧嵌线两端，确认三角完全折进后，沿三角底边重合回针2～3次	
固定袋布	将袋盖插入袋口，上口净线与袋口比齐，与上嵌线绷缝固定 小袋布与下嵌线下口正面相对缝合，缝份1cm 理顺所有部位，从正面掀开袋口以上的衣片，沿上嵌线处的缝口缉线，起落针顺势封两端的袋口	
缝袋布	缝合大、小袋布两侧及袋底	

（4）手巾袋

款式	手巾袋位于男式正装的左胸部，袋板为平行四边形，主要用来装手巾（装饰用）或者插花（装饰用），有时也用于女西服	
备料	按图示备料。衣身、袋板反面粘非织造布黏合衬，并画出袋位、袋板净线	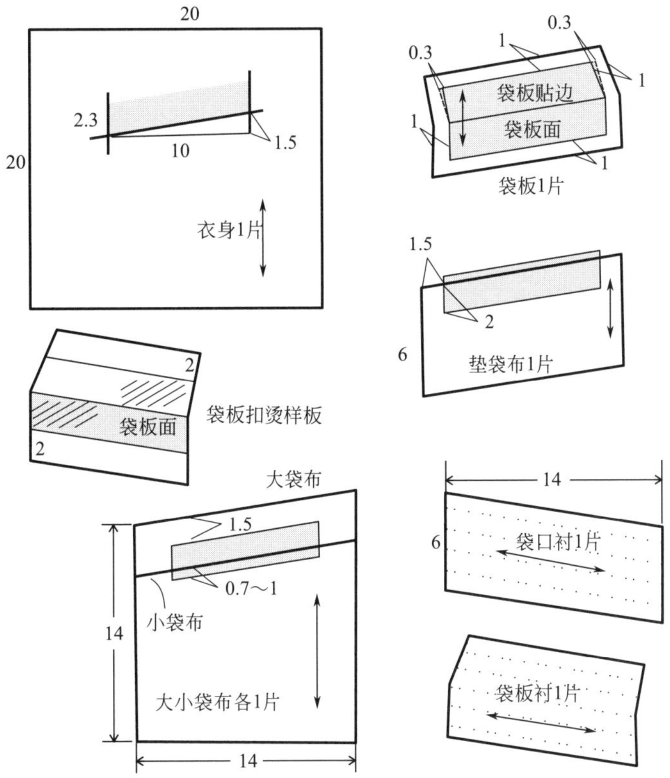
做袋板	袋板的袋口两端缝份打剪口，借助袋板扣烫样板，扣净袋板两端的缝份，然后对折袋板压烫袋口	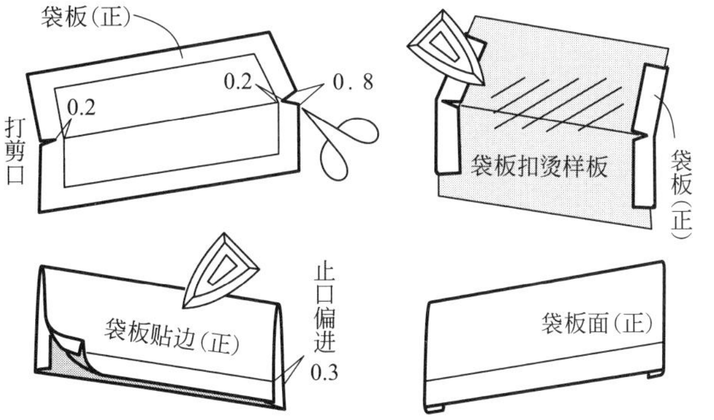

续表

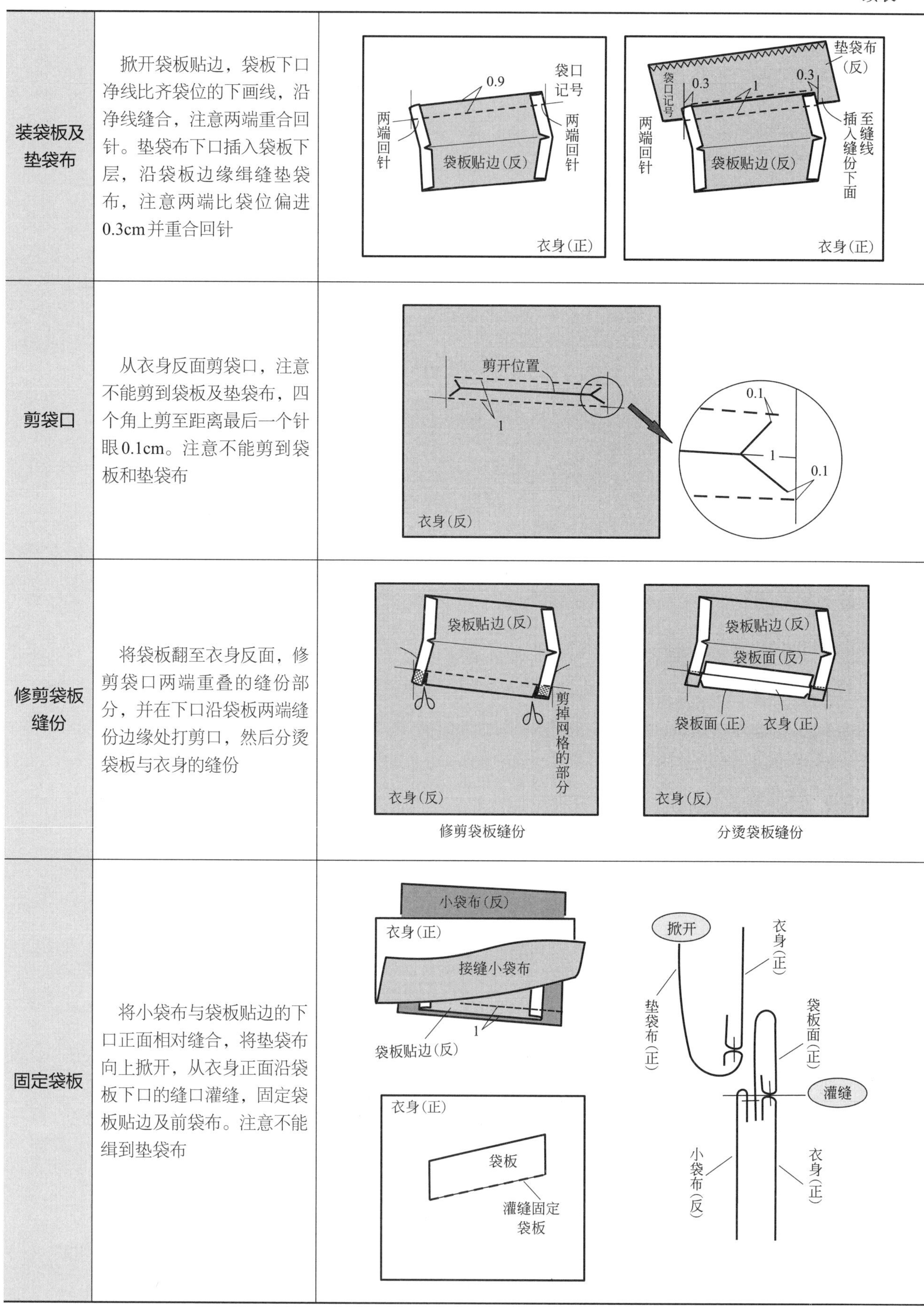

装袋板及垫袋布	掀开袋板贴边，袋板下口净线比齐袋位的下画线，沿净线缝合，注意两端重合回针。垫袋布下口插入袋板下层，沿袋板边缘缉缝垫袋布，注意两端比袋位偏进0.3cm并重合回针	
剪袋口	从衣身反面剪袋口，注意不能剪到袋板及垫袋布，四个角上剪至距离最后一个针眼0.1cm。注意不能剪到袋板和垫袋布	
修剪袋板缝份	将袋板翻至衣身反面，修剪袋口两端重叠的缝份部分，并在下口沿袋板两端缝份边缘处打剪口，然后分烫袋板与衣身的缝份	
固定袋板	将小袋布与袋板贴边的下口正面相对缝合，将垫袋布向上掀开，从衣身正面沿袋板下口的缝口灌缝，固定袋板贴边及前袋布。注意不能缉到垫袋布	

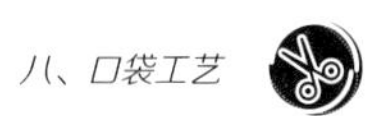

续表

固定大袋布	从反面将大袋布平铺于小袋布表面（两层袋布反面相对），上口与垫袋布上口平齐；翻至正面，沿缉缝垫袋布的缝口灌缝，固定大袋布上口。将垫袋布下口与大袋布缉线固定，缝份0.5cm	 固定垫袋布下口
固定袋板	理顺所有部位，正面固定袋板两端，可以平缝缉线，也可以手针缲缝或星点缝	
缝合袋布	从正面掀开衣身，沿四周缝合大、小袋布	

8. 男西服里袋——三角袋盖双嵌线挖袋

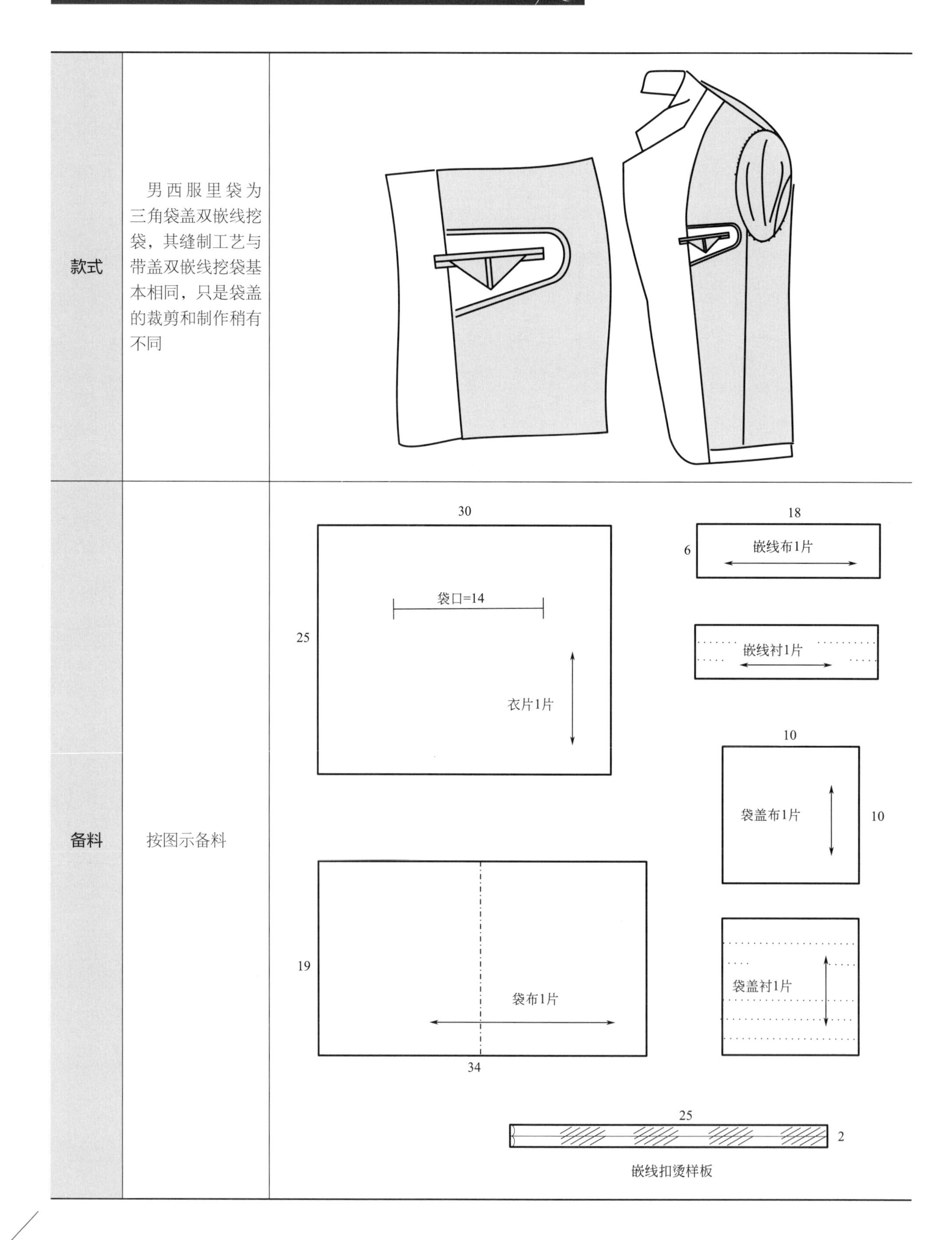

款式	男西服里袋为三角袋盖双嵌线挖袋，其缝制工艺与带盖双嵌线挖袋基本相同，只是袋盖的裁剪和制作稍有不同	
备料	按图示备料	

续表

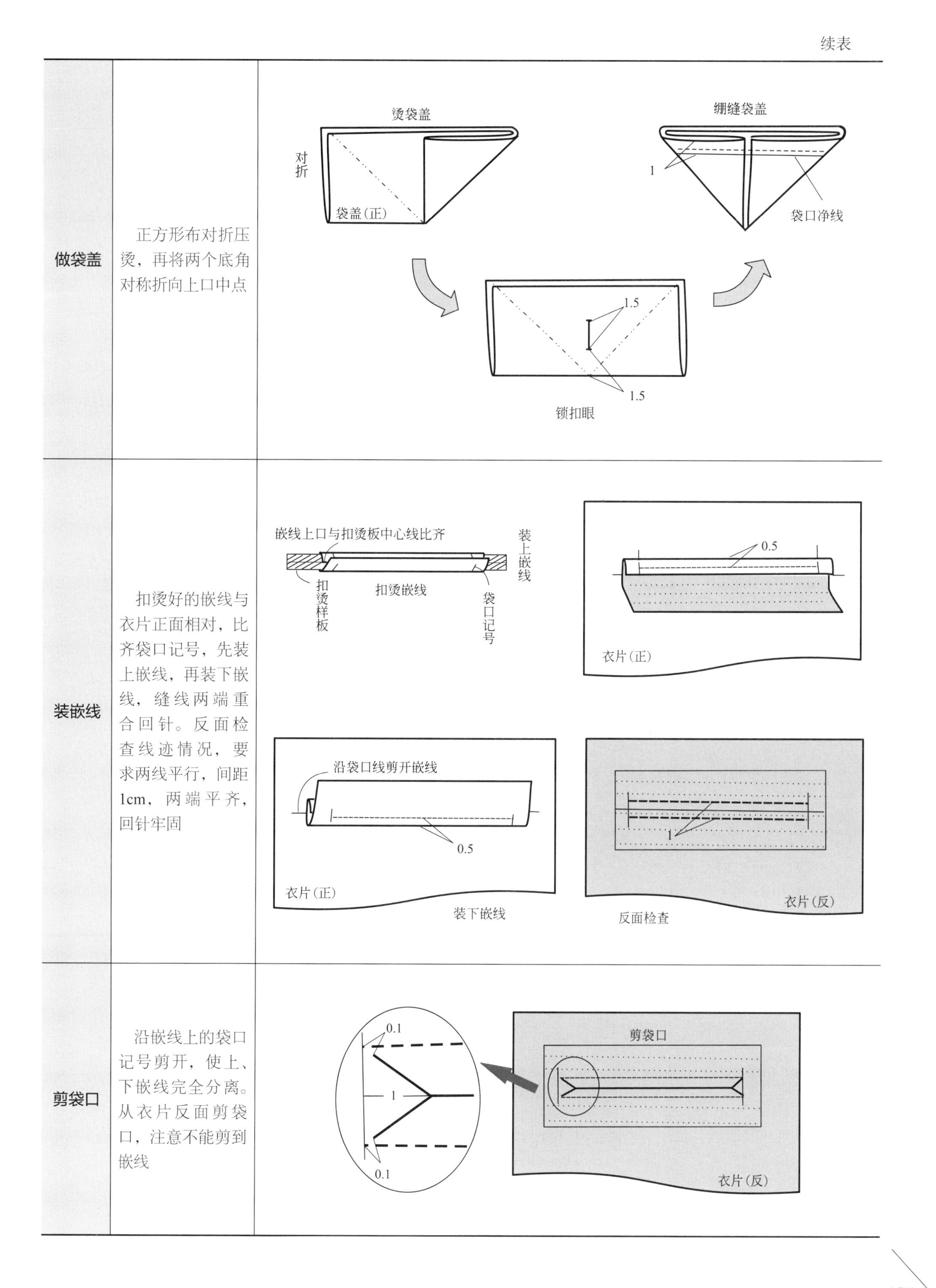

做袋盖	正方形布对折压烫，再将两个底角对称折向上口中点	
装嵌线	扣烫好的嵌线与衣片正面相对，比齐袋口记号，先装上嵌线，再装下嵌线，缝线两端重合回针。反面检查线迹情况，要求两线平行，间距1cm，两端平齐，回针牢固	
剪袋口	沿嵌线上的袋口记号剪开，使上、下嵌线完全分离。从衣片反面剪袋口，注意不能剪到嵌线	

续表

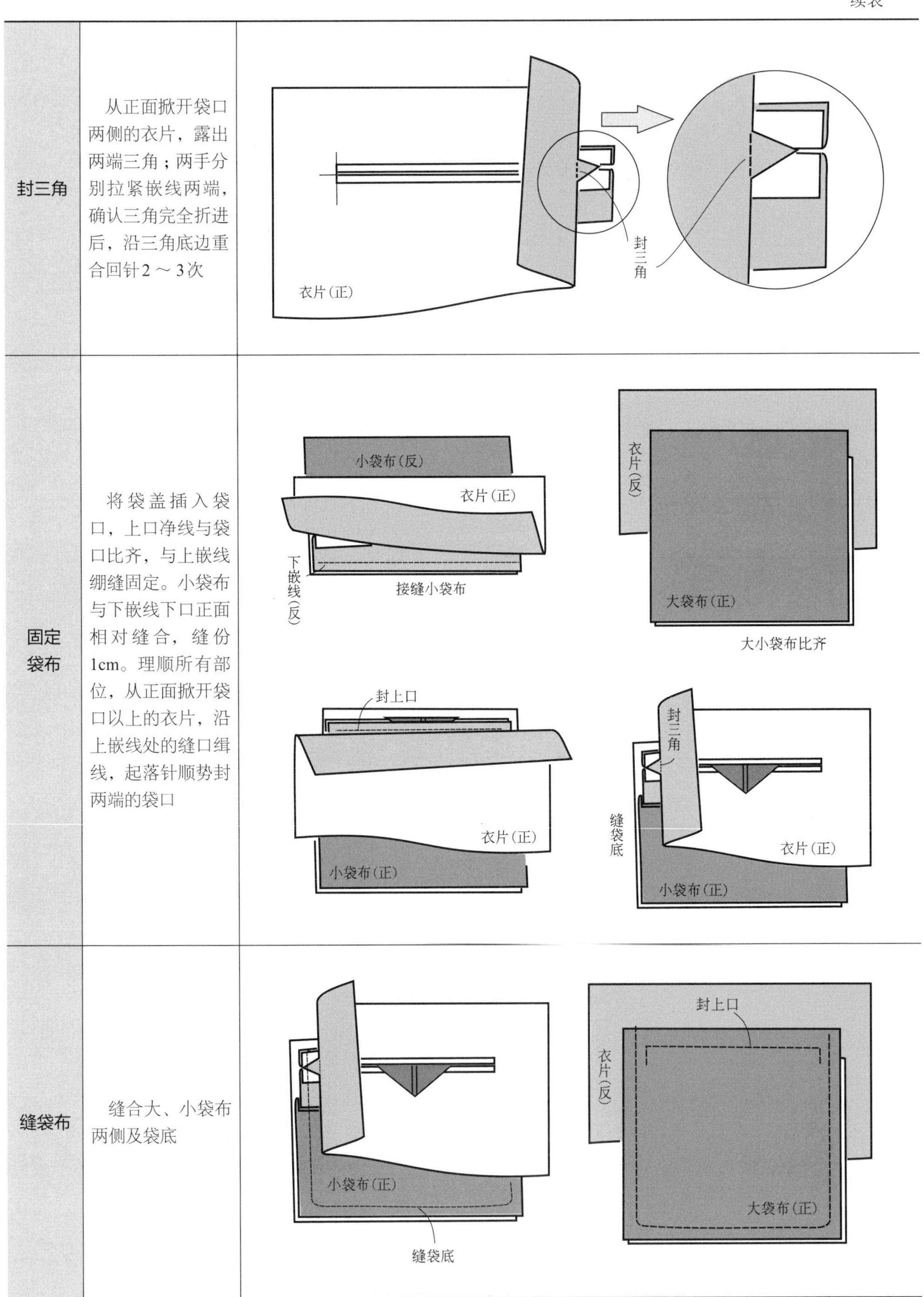

封三角	从正面掀开袋口两侧的衣片，露出两端三角；两手分别拉紧嵌线两端，确认三角完全折进后，沿三角底边重合回针2～3次
固定袋布	将袋盖插入袋口，上口净线与袋口比齐，与上嵌线绷缝固定。小袋布与下嵌线下口正面相对缝合，缝份1cm。理顺所有部位，从正面掀开袋口以上的衣片，沿上嵌线处的缝口缉线，起落针顺势封两端的袋口
缝袋布	缝合大、小袋布两侧及袋底

9. 裤装插袋

（1）表袋

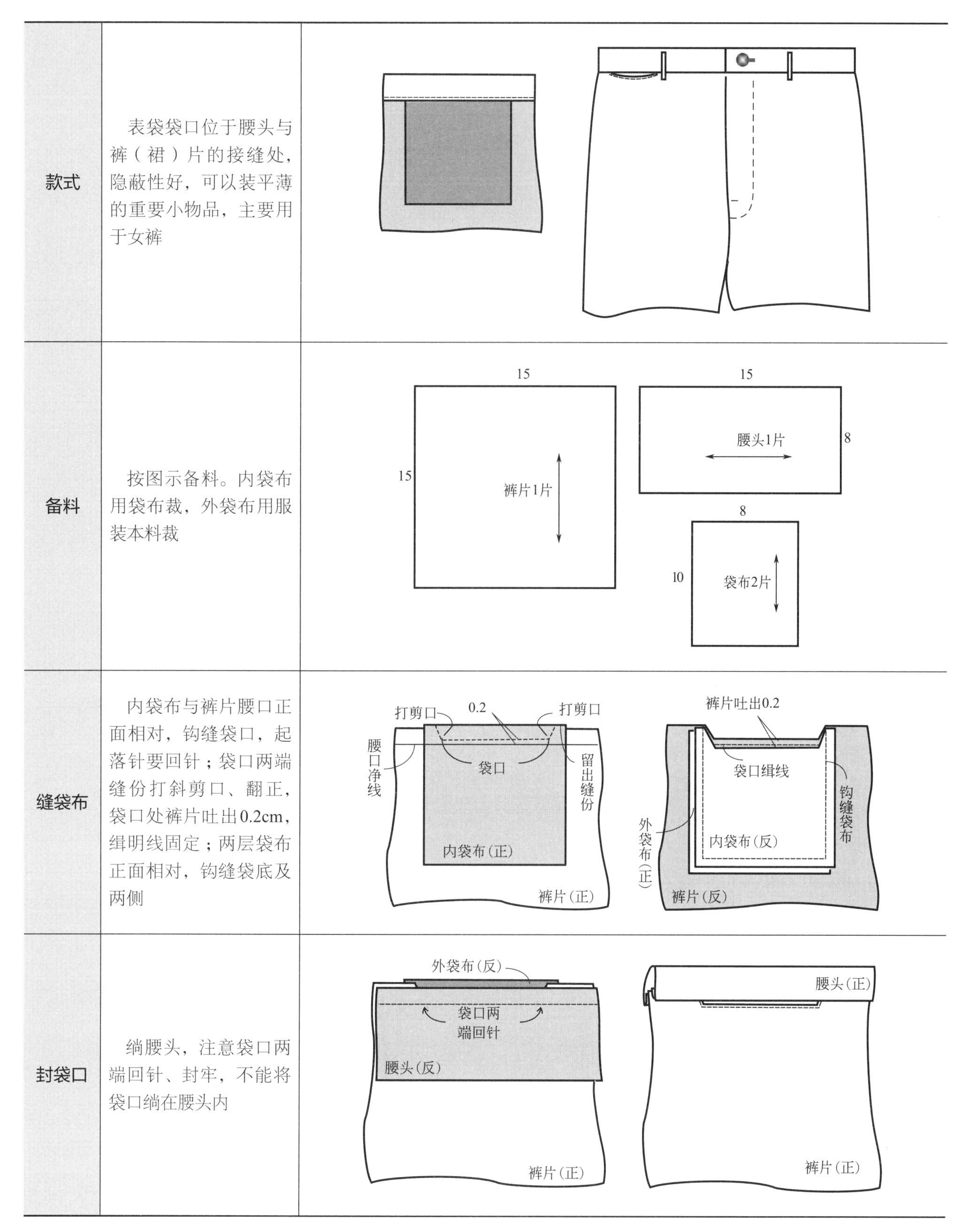

款式	表袋袋口位于腰头与裤（裙）片的接缝处，隐蔽性好，可以装平薄的重要小物品，主要用于女裤	
备料	按图示备料。内袋布用袋布裁，外袋布用服装本料裁	
缝袋布	内袋布与裤片腰口正面相对，钩缝袋口，起落针要回针；袋口两端缝份打斜剪口、翻正，袋口处裤片吐出0.2cm，缉明线固定；两层袋布正面相对，钩缝袋底及两侧	
封袋口	绱腰头，注意袋口两端回针、封牢，不能将袋口绱在腰头内	

（2）侧缝横插袋（月亮袋）

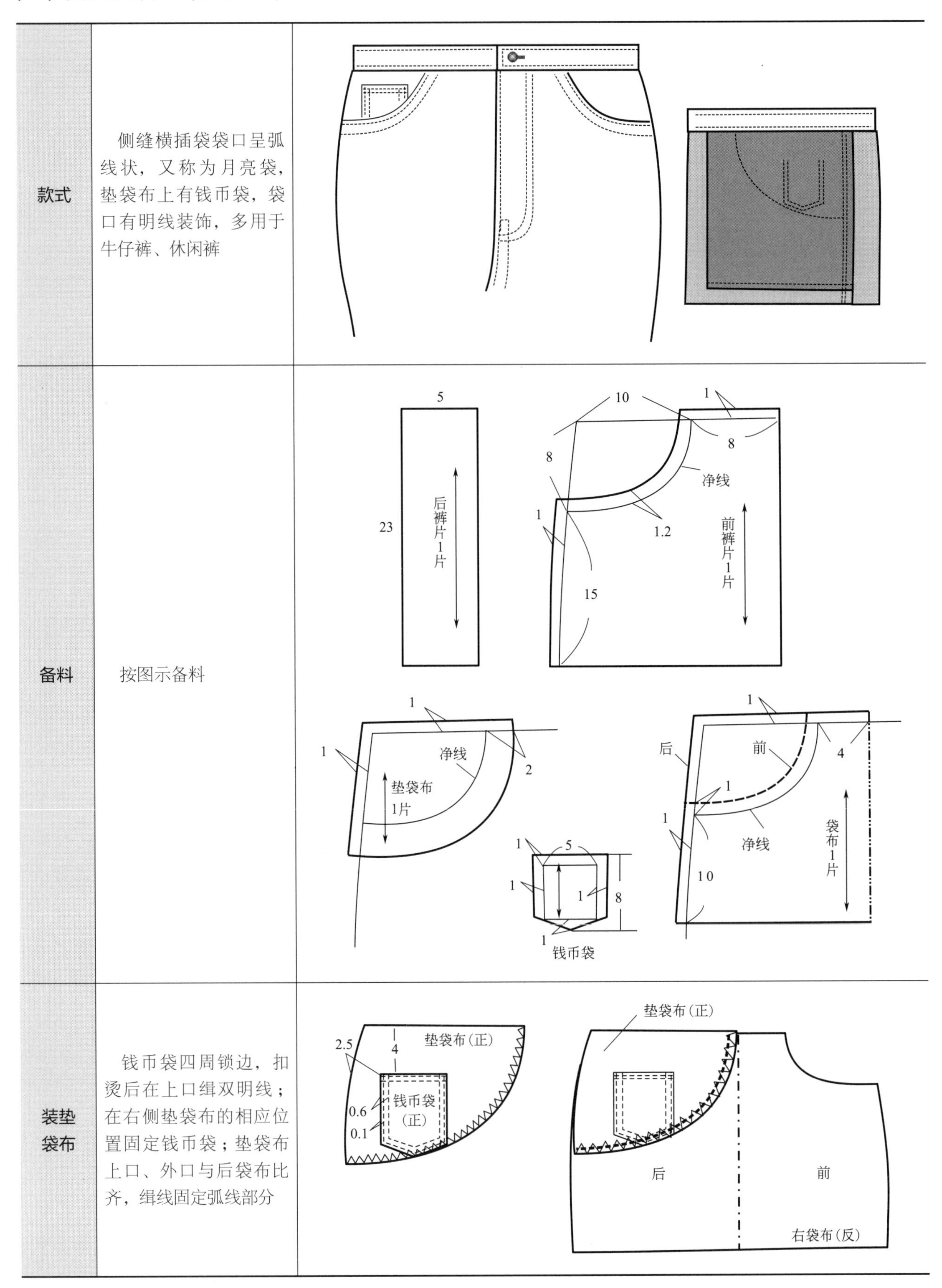

款式	侧缝横插袋袋口呈弧线状，又称为月亮袋，垫袋布上有钱币袋，袋口有明线装饰，多用于牛仔裤、休闲裤	
备料	按图示备料	
装垫袋布	钱币袋四周锁边，扣烫后在上口缉双明线；在右侧垫袋布的相应位置固定钱币袋；垫袋布上口、外口与后袋布比齐，缉线固定弧线部分	

续表

缝合袋布	将前袋布与裤片袋口钩缝，修剪缝份至0.5cm，并在弧度较大区域打剪口；翻正袋口，缉双明线，注意裤片吐出0.2cm；然后来去缝将袋布下口缝合	
合侧缝	比齐袋口记号，在腰口、侧缝处绷缝固定袋布 裤片前后侧缝与袋布外侧同时缝合，缝份倒向后片，正面缉线固定。要求袋口平服，袋位准确，封口牢固	

（3）侧缝直插袋

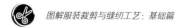

款式	直插袋袋口位于臀围线以上，是裤子侧缝的一部分，有明线装饰，多用于女裤	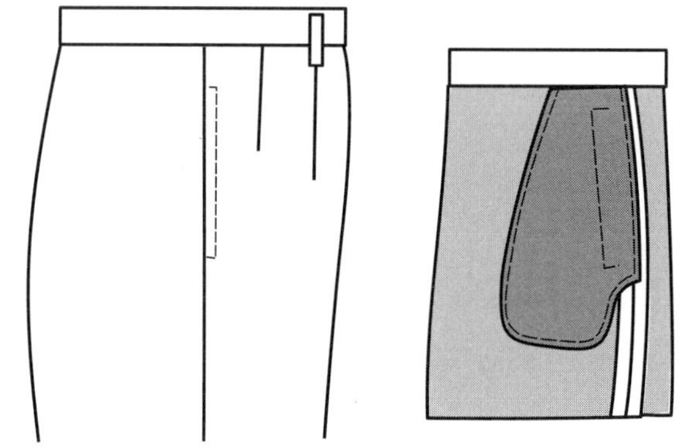
备料	按图示备料。做侧口袋，可以只准备侧区的一部分裤片	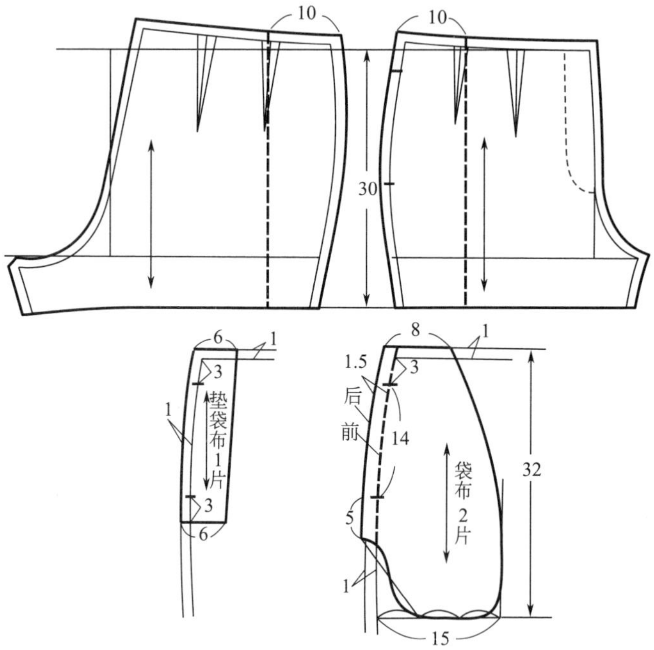
缝合前袋布	先缝合前、后裤片下袋口以下的侧缝，注意袋口处重合回针；将前裤片与前袋布比齐净线搭缝；然后将前袋布翻正，在裤片正面袋口处缉明线固定	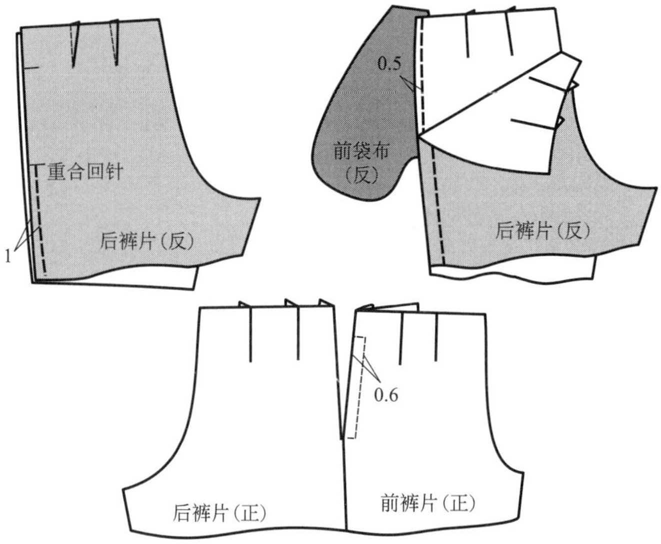

续表

缝袋布	按图所示的位置固定垫袋布，注意垫袋布的侧缝缝份区域不能固定。大小袋布正面相对，缝合袋底	
装后袋布	反面掀开后袋布，将垫袋布与后片侧缝缝合；分缝烫平，后袋布侧缝处扣烫0.5cm缝份，压缝于后片缝份上	
封袋口	沿侧缝缝口在前片一侧缉线，分别封上下袋口，注意横向需要重合回针3～4次	

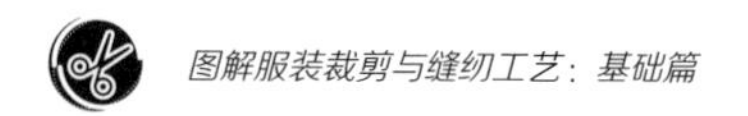

（4）侧缝斜插袋

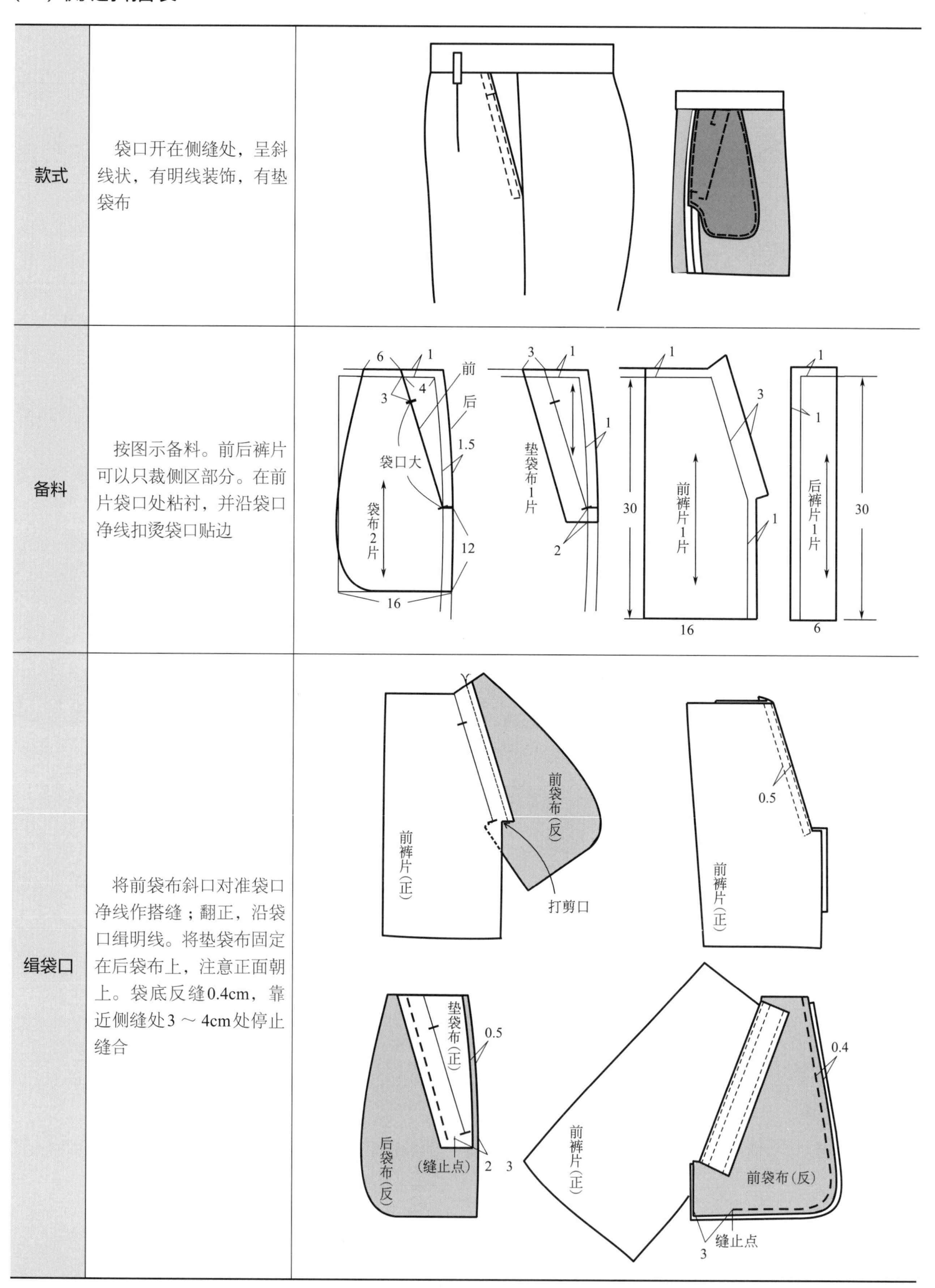

款式	袋口开在侧缝处，呈斜线状，有明线装饰，有垫袋布	
备料	按图示备料。前后裤片可以只裁侧区部分。在前片袋口处粘衬，并沿袋口净线扣烫袋口贴边	
缉袋口	将前袋布斜口对准袋口净线作搭缝；翻正，沿袋口缉明线。将垫袋布固定在后袋布上，注意正面朝上。袋底反缝0.4cm，靠近侧缝处3～4cm处停止缝合	

续表

合侧缝	翻正，掀起前、后袋布，将垫袋布、前裤片侧缝与后裤片侧缝沿1cm缝合，劈缝。注意在下袋口区域重合回针。后袋布侧缝处扣烫0.5cm缝份，压缝固定于后片缝份上	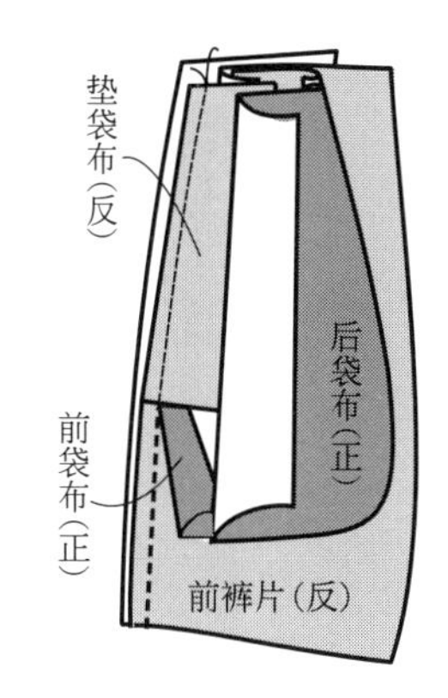 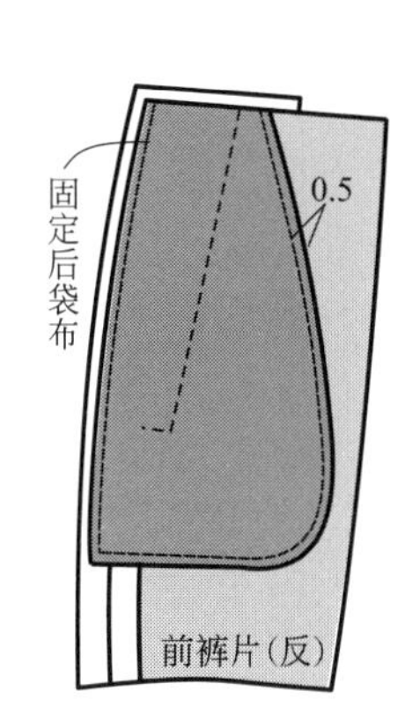
缉袋底、封袋口	沿袋布边缘缉线，压缝袋底；封上下袋口，上口距腰头4cm，横向重合回针固定，顺缉上袋口以上部分。扣净前袋布的侧缝缝份，与前裤片缝份固定，将袋布的侧缝封口。完成后要求袋口平服、无变形，侧缝袋布平服	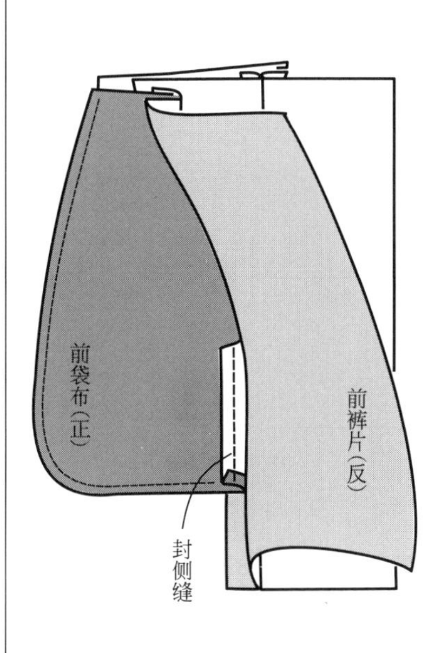 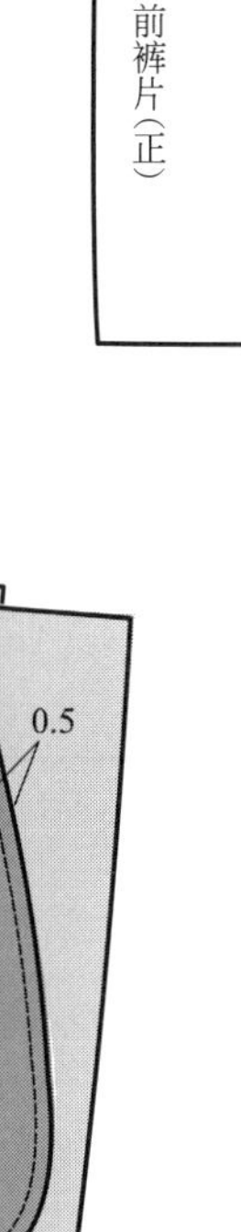 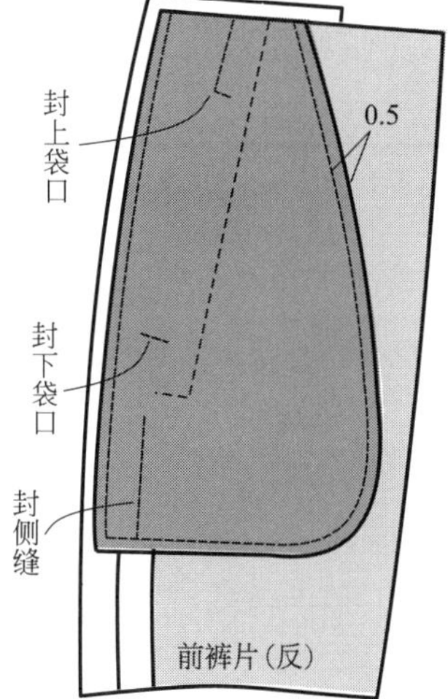

10. 裤装挖袋

（1）劈缝式双嵌线挖袋

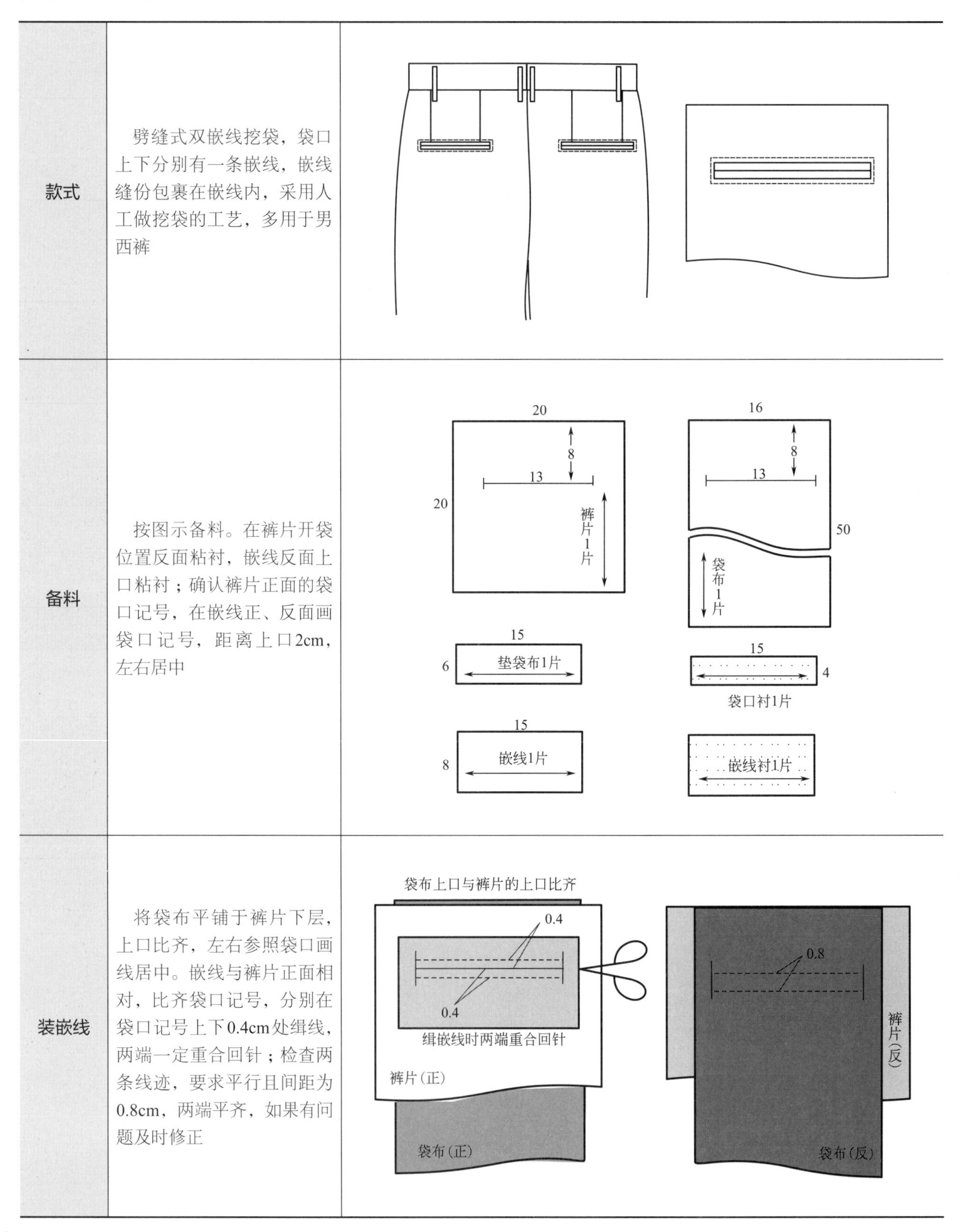

款式	劈缝式双嵌线挖袋，袋口上下分别有一条嵌线，嵌线缝份包裹在嵌线内，采用人工做挖袋的工艺，多用于男西裤	
备料	按图示备料。在裤片开袋位置反面粘衬，嵌线反面上口粘衬；确认裤片正面的袋口记号，在嵌线正、反面画袋口记号，距离上口2cm，左右居中	
装嵌线	将袋布平铺于裤片下层，上口比齐，左右参照袋口画线居中。嵌线与裤片正面相对，比齐袋口记号，分别在袋口记号上下0.4cm处缉线，两端一定重合回针；检查两条线迹，要求平行且间距为0.8cm，两端平齐，如果有问题及时修正	

续表

剪袋口	在裤片正面将嵌线沿袋口记号剪开成上下两部分；从裤片反面在缉线中间处剪开口，袋口两端剪三角，三角剪至距离最后一个针眼0.1cm	
固定下嵌线缝口	将上下嵌线分别翻至反面，劈开嵌线与裤片（连同袋布）的缝份；沿嵌线缝份的边沿折烫嵌线，使正面留出0.4cm的宽度；从正面沿下嵌线的缝口缉线0.1cm固定下嵌线	
固定下嵌线下口	掀开袋口以下的裤片，压缝固定下嵌线下口和袋布，特别提醒——这条线容易被漏缝	

续表

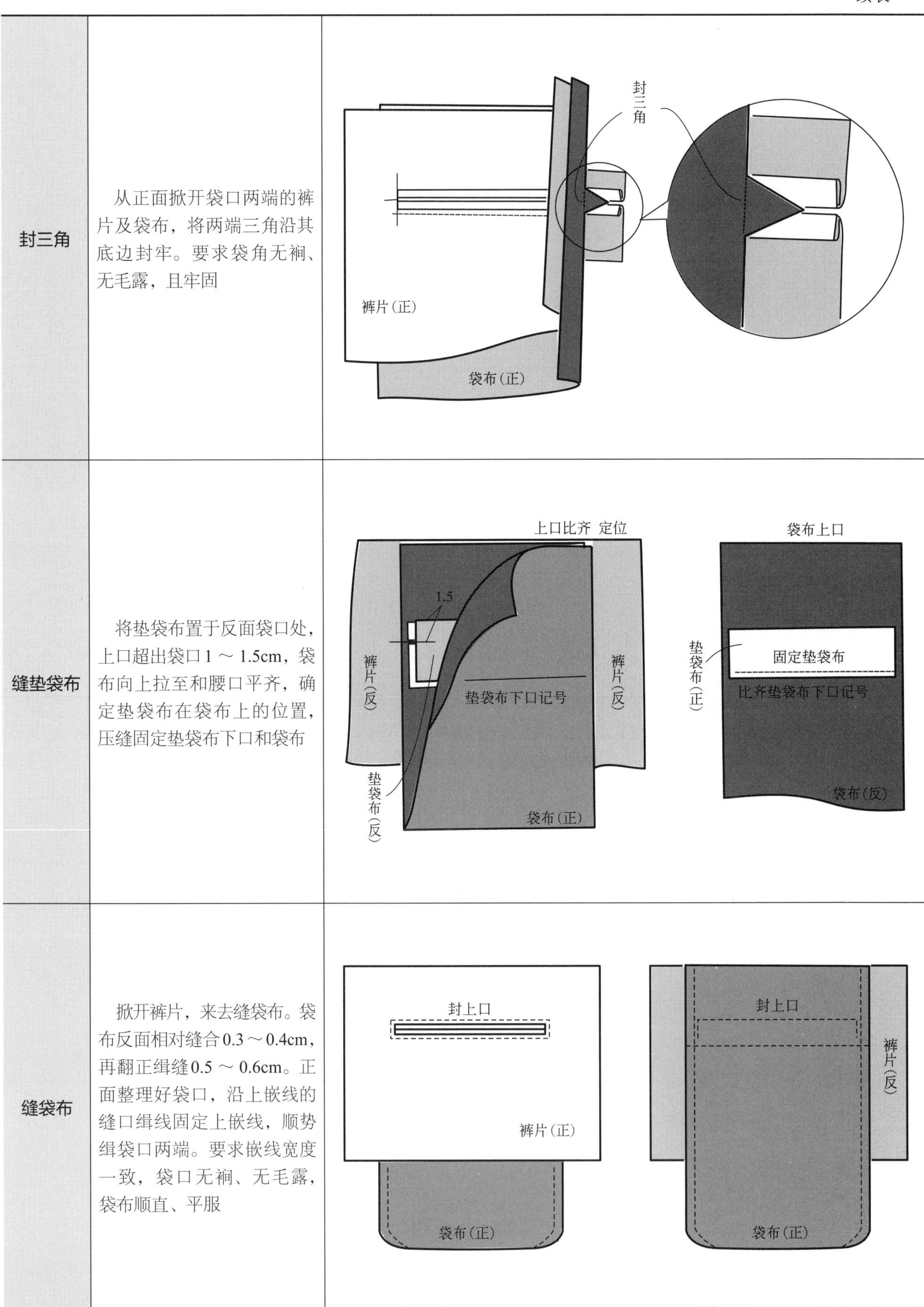

封三角	从正面掀开袋口两端的裤片及袋布，将两端三角沿其底边封牢。要求袋角无裥、无毛露，且牢固	
缝垫袋布	将垫袋布置于反面袋口处，上口超出袋口1～1.5cm，袋布向上拉至和腰口平齐，确定垫袋布在袋布上的位置，压缝固定垫袋布下口和袋布	
缝袋布	掀开裤片，来去缝袋布。袋布反面相对缝合0.3～0.4cm，再翻正缉缝0.5～0.6cm。正面整理好袋口，沿上嵌线的缝口缉线固定上嵌线，顺势缉袋口两端。要求嵌线宽度一致，袋口无裥、无毛露，袋布顺直、平服	

（2）倒缝式双嵌线挖袋

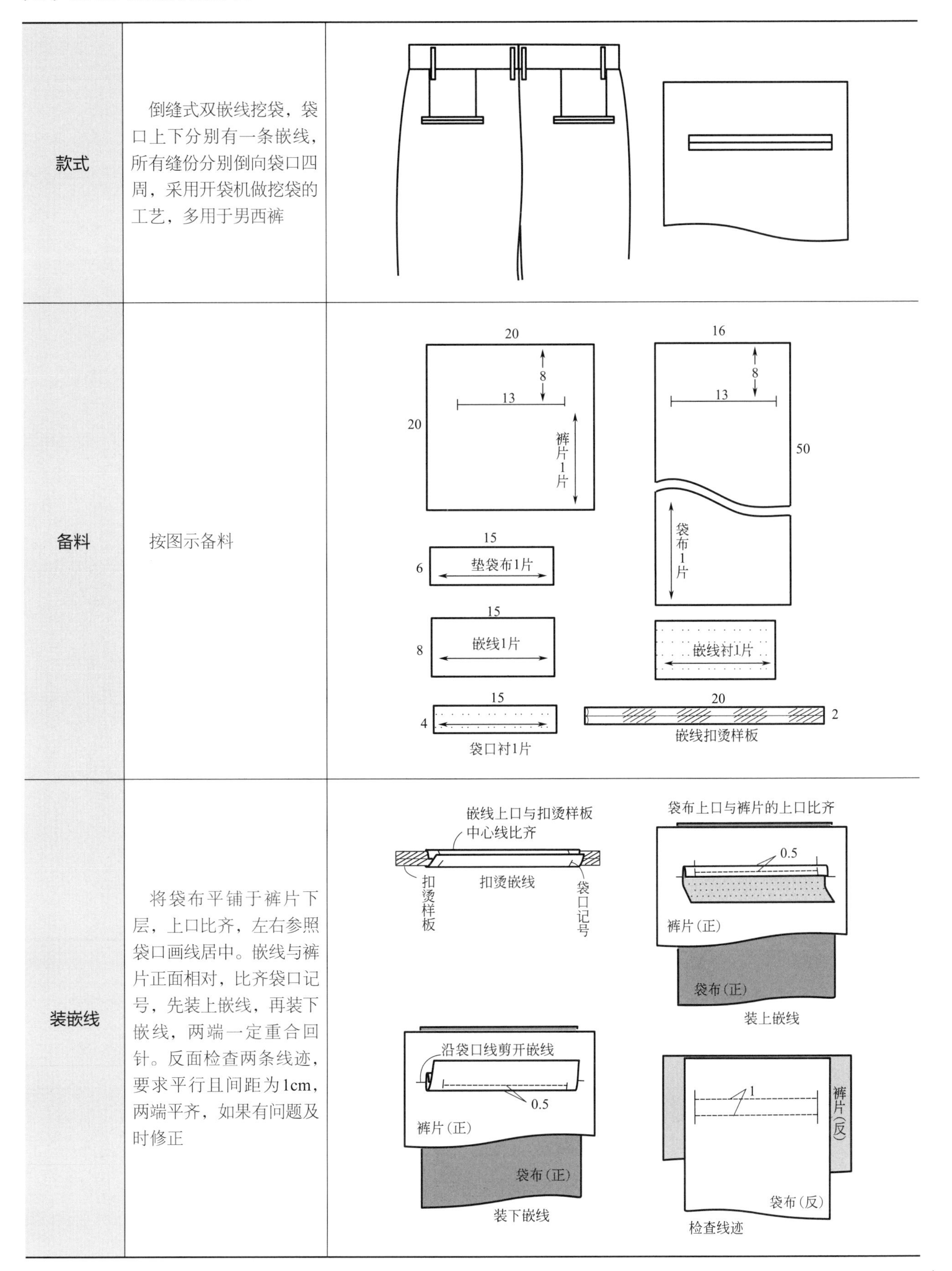

款式	倒缝式双嵌线挖袋，袋口上下分别有一条嵌线，所有缝份分别倒向袋口四周，采用开袋机做挖袋的工艺，多用于男西裤
备料	按图示备料
装嵌线	将袋布平铺于裤片下层，上口比齐，左右参照袋口画线居中。嵌线与裤片正面相对，比齐袋口记号，先装上嵌线，再装下嵌线，两端一定重合回针。反面检查两条线迹，要求平行且间距为1cm，两端平齐，如果有问题及时修正

续表

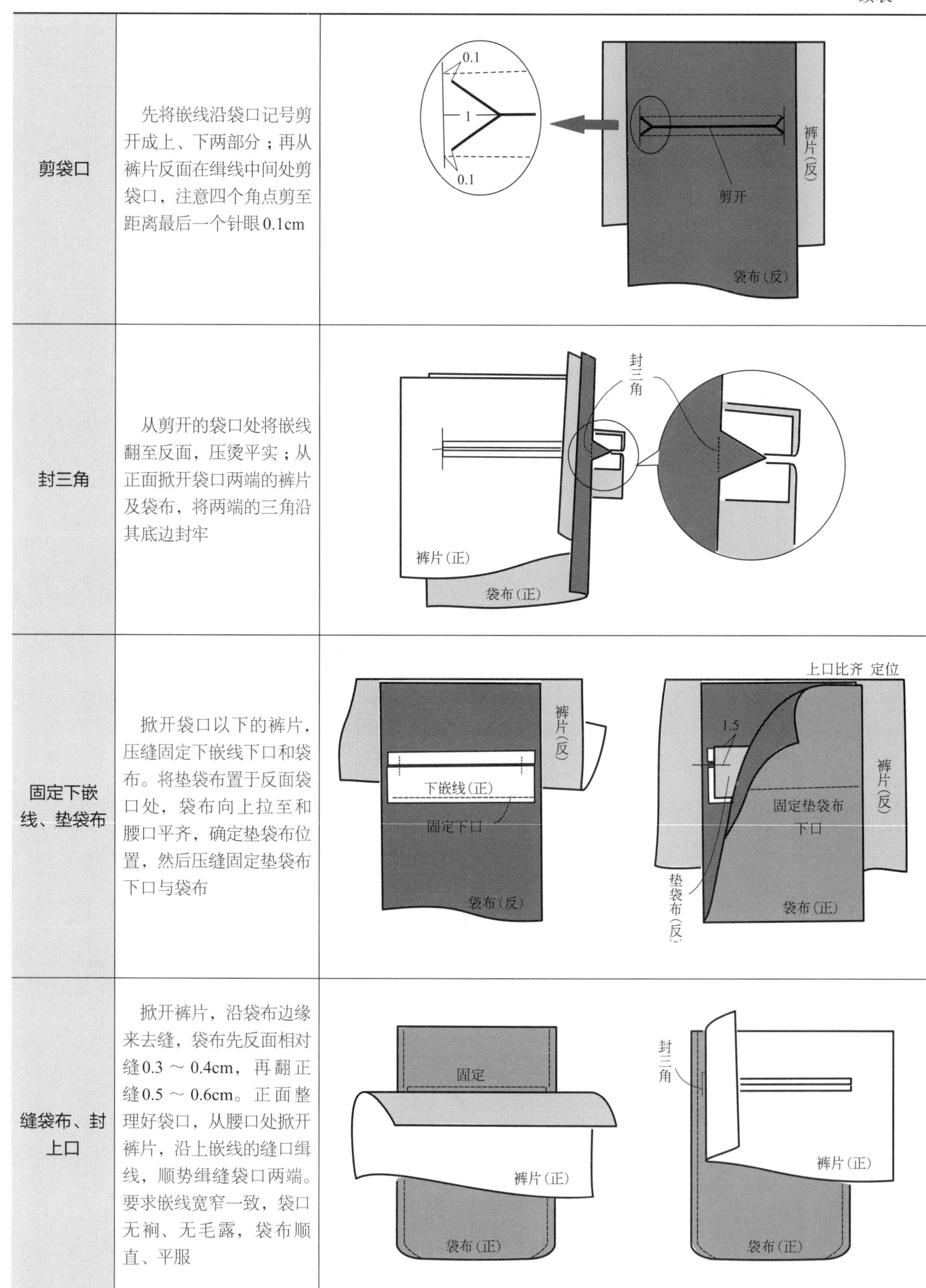

步骤	说明	图示
剪袋口	先将嵌线沿袋口记号剪开成上、下两部分；再从裤片反面在缉线中间处剪袋口，注意四个角点剪至距离最后一个针眼0.1cm	
封三角	从剪开的袋口处将嵌线翻至反面，压烫平实；从正面掀开袋口两端的裤片及袋布，将两端的三角沿其底边封牢	
固定下嵌线、垫袋布	掀开袋口以下的裤片，压缝固定下嵌线下口和袋布。将垫袋布置于反面袋口处，袋布向上拉至和腰口平齐，确定垫袋布位置，然后压缝固定垫袋布下口与袋布	
缝袋布、封上口	掀开裤片，沿袋布边缘来去缝，袋布先反面相对缝0.3～0.4cm，再翻正缝0.5～0.6cm。正面整理好袋口，从腰口处掀开裤片，沿上嵌线的缝口缉线，顺势缉缝袋口两端。要求嵌线宽窄一致，袋口无裥、无毛露，袋布顺直、平服	

(3) 单嵌线挖袋

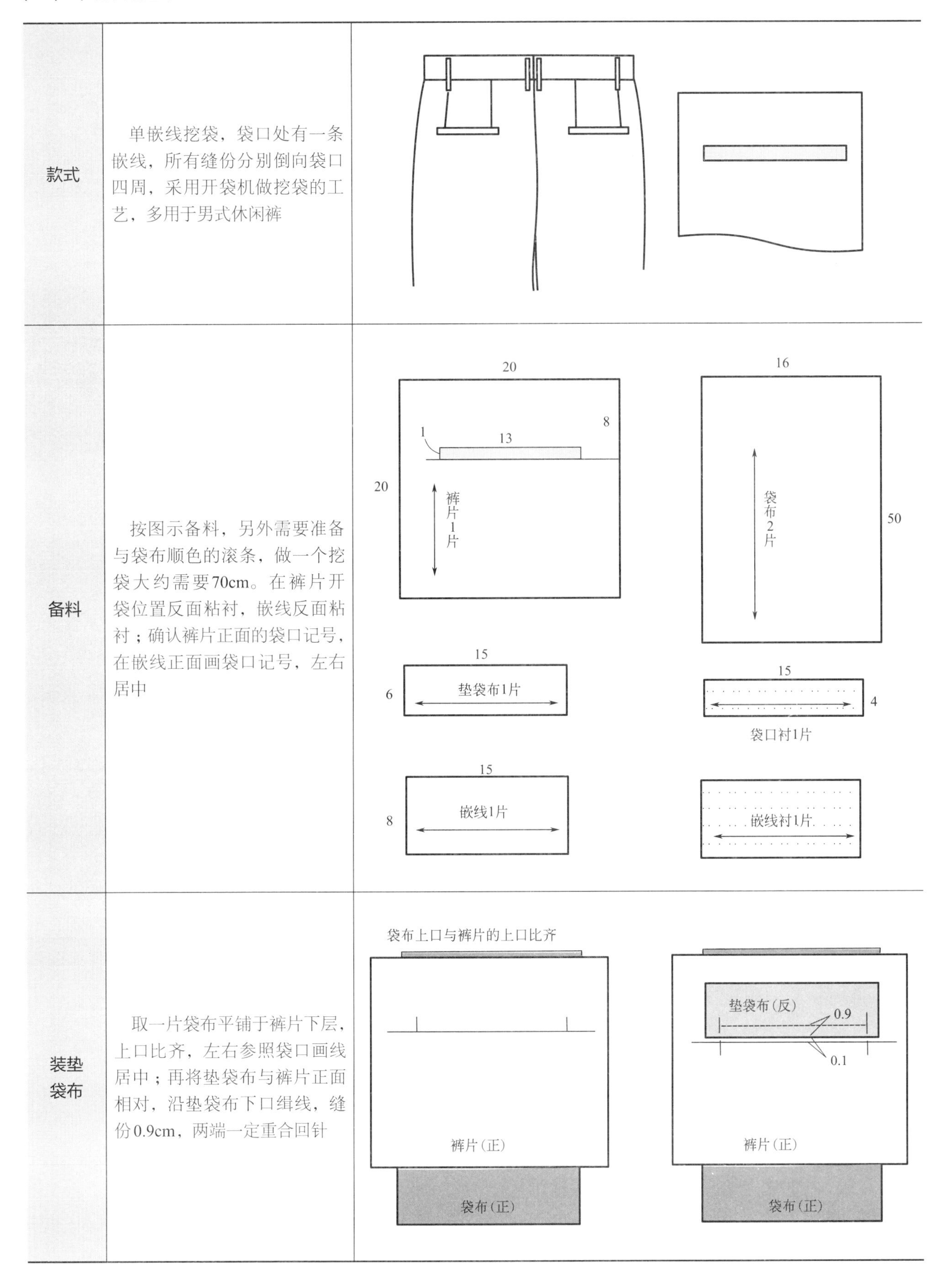

款式	单嵌线挖袋，袋口处有一条嵌线，所有缝份分别倒向袋口四周，采用开袋机做挖袋的工艺，多用于男式休闲裤	
备料	按图示备料，另外需要准备与袋布顺色的滚条，做一个挖袋大约需要70cm。在裤片开袋位置反面粘衬，嵌线反面粘衬；确认裤片正面的袋口记号，在嵌线正面画袋口记号，左右居中	
装垫袋布	取一片袋布平铺于裤片下层，上口比齐，左右参照袋口画线居中；再将垫袋布与裤片正面相对，沿垫袋布下口缉线，缝份0.9cm，两端一定重合回针	

续表

装嵌线	沿袋口记号扣烫嵌线，将嵌线比较窄的一面与裤片正面相对，比齐袋口记号；沿嵌线下口缉线，两端重合回针；反面检查两条线迹，要求平行且间距为1cm，两端平齐，如果有问题及时修正	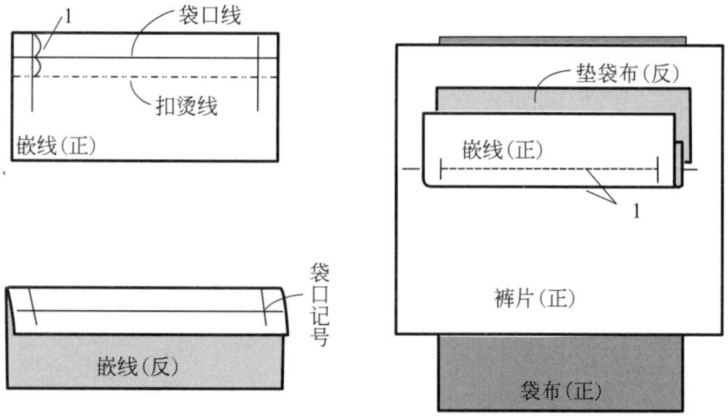
剪袋口	从裤片反面，沿两条缉线的中间处剪开口，袋口两端剪三角，注意不能剪到嵌线。三角剪至距离最后一个针眼0.1cm	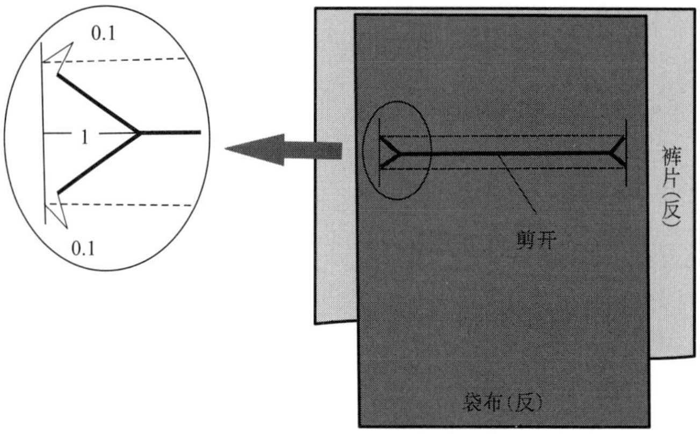
封三角	从剪开的袋口处将垫袋布、嵌线翻至反面，压烫平实；从正面掀开袋口两端的裤片及袋布，封三角。要求袋角无裥、无毛露，且牢固	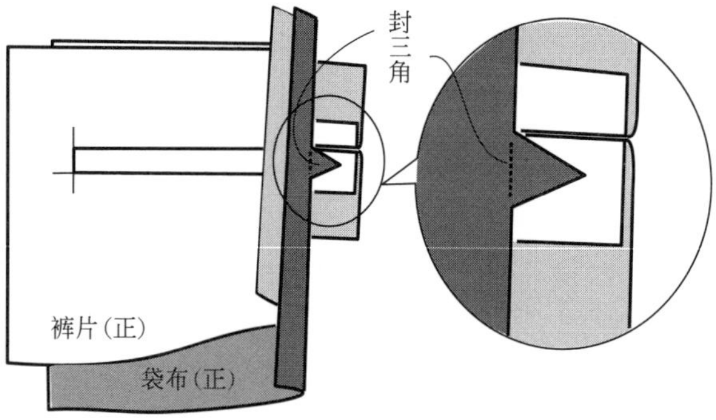
固定下嵌线	掀开袋口以下的裤片，压缝固定下嵌线下口和袋布，这条线容易被漏缝	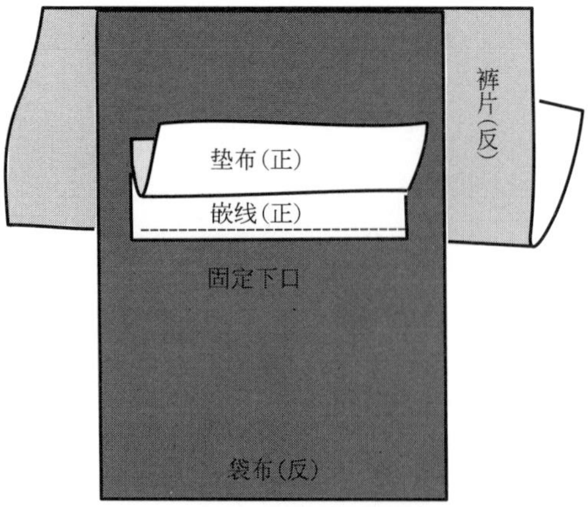

续表

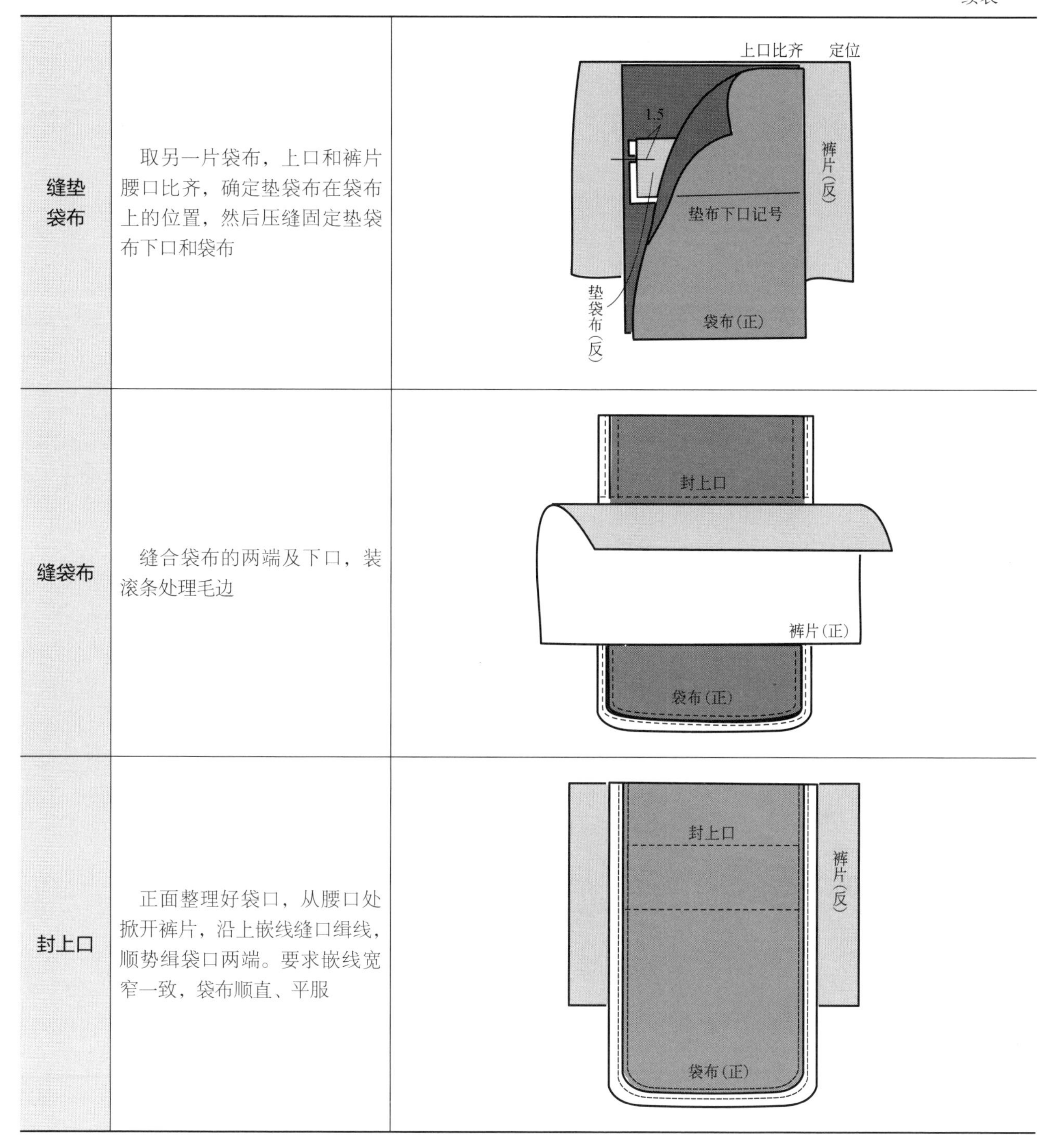

缝垫袋布	取另一片袋布，上口和裤片腰口比齐，确定垫袋布在袋布上的位置，然后压缝固定垫袋布下口和袋布	
缝袋布	缝合袋布的两端及下口，装滚条处理毛边	
封上口	正面整理好袋口，从腰口处掀开裤片，沿上嵌线缝口缉线，顺势缉袋口两端。要求嵌线宽窄一致，袋布顺直、平服	

九、开衩工艺

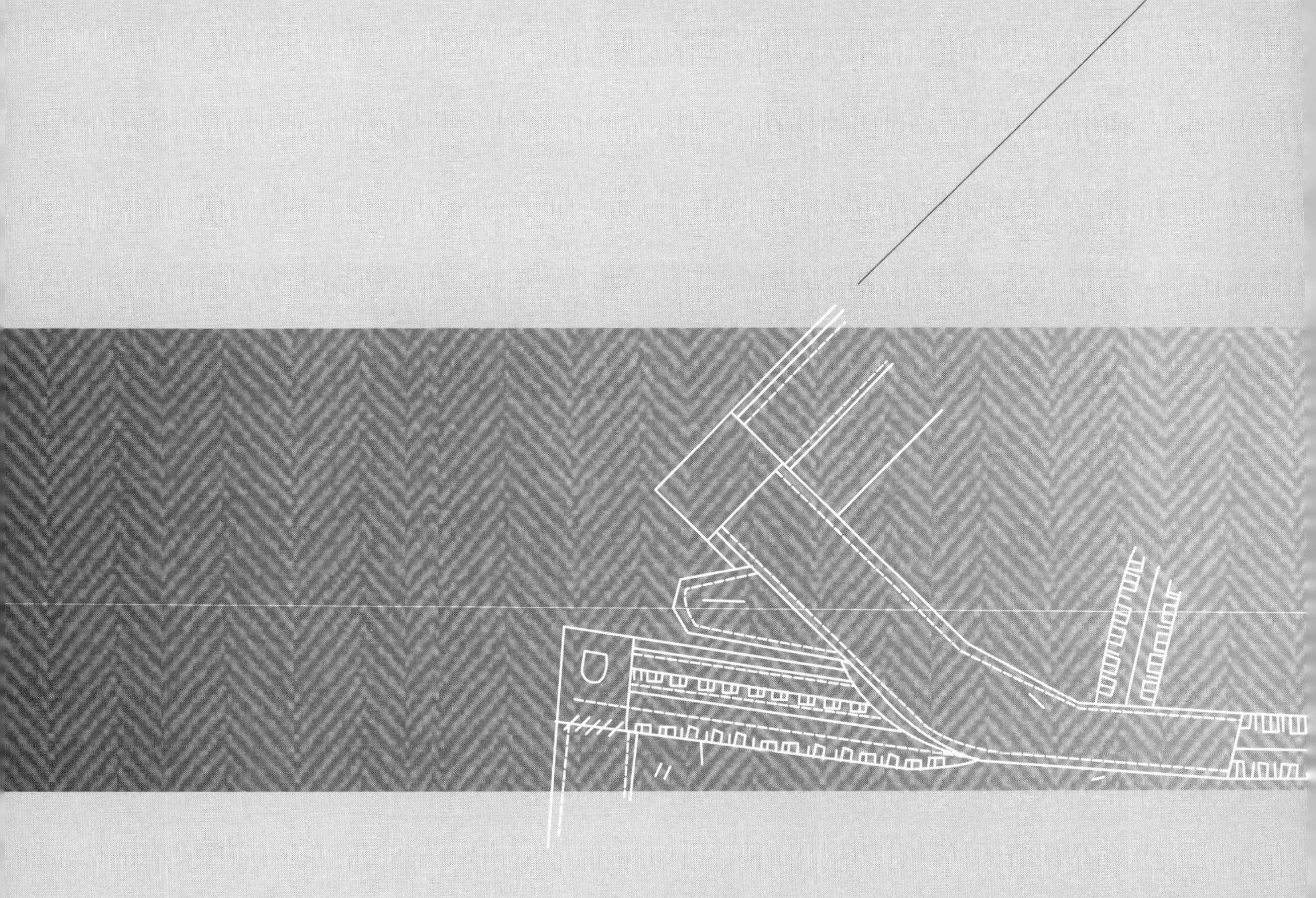

1. 裙装下摆开衩

（1）方角开衩

款式	方角开衩以裙子侧开衩为例进行说明，开衩处无重叠量，方角	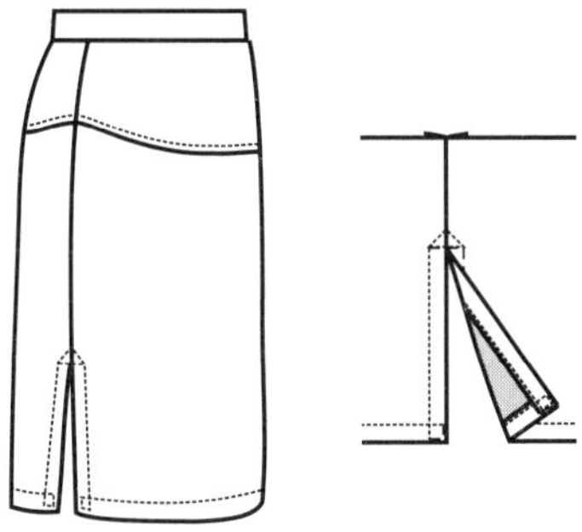
备料	按图示备料，裙片侧缝开衩贴边以上的部分（缝份为1cm的区域）锁边	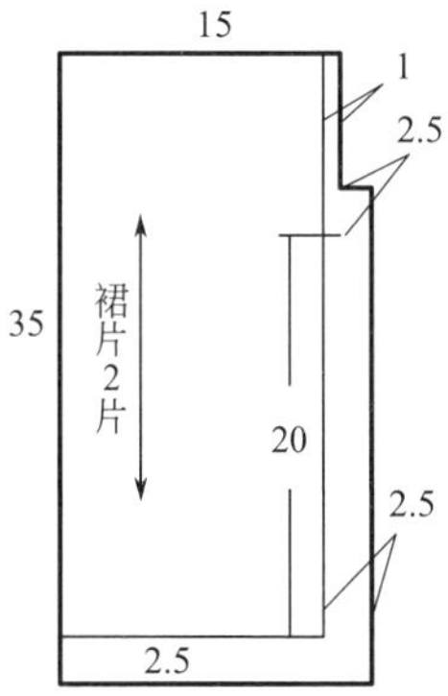
合侧缝	缝合裙片侧缝至开衩止点，倒回针固定	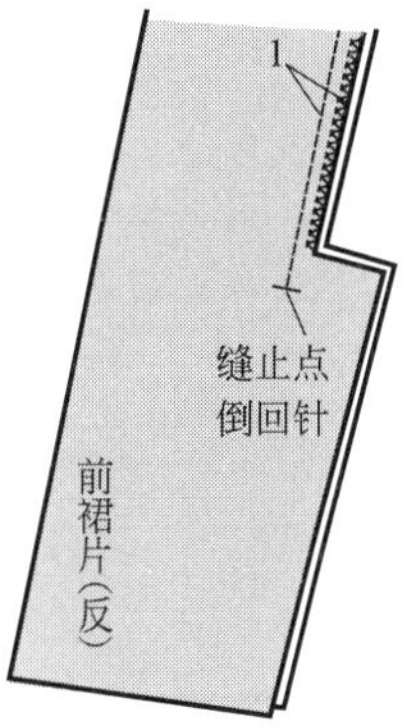
做开衩	折边缝固定下摆贴边和开衩贴边	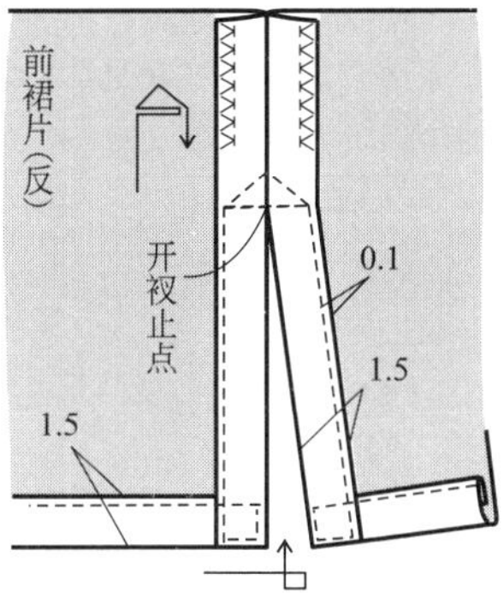

(2)圆角开衩

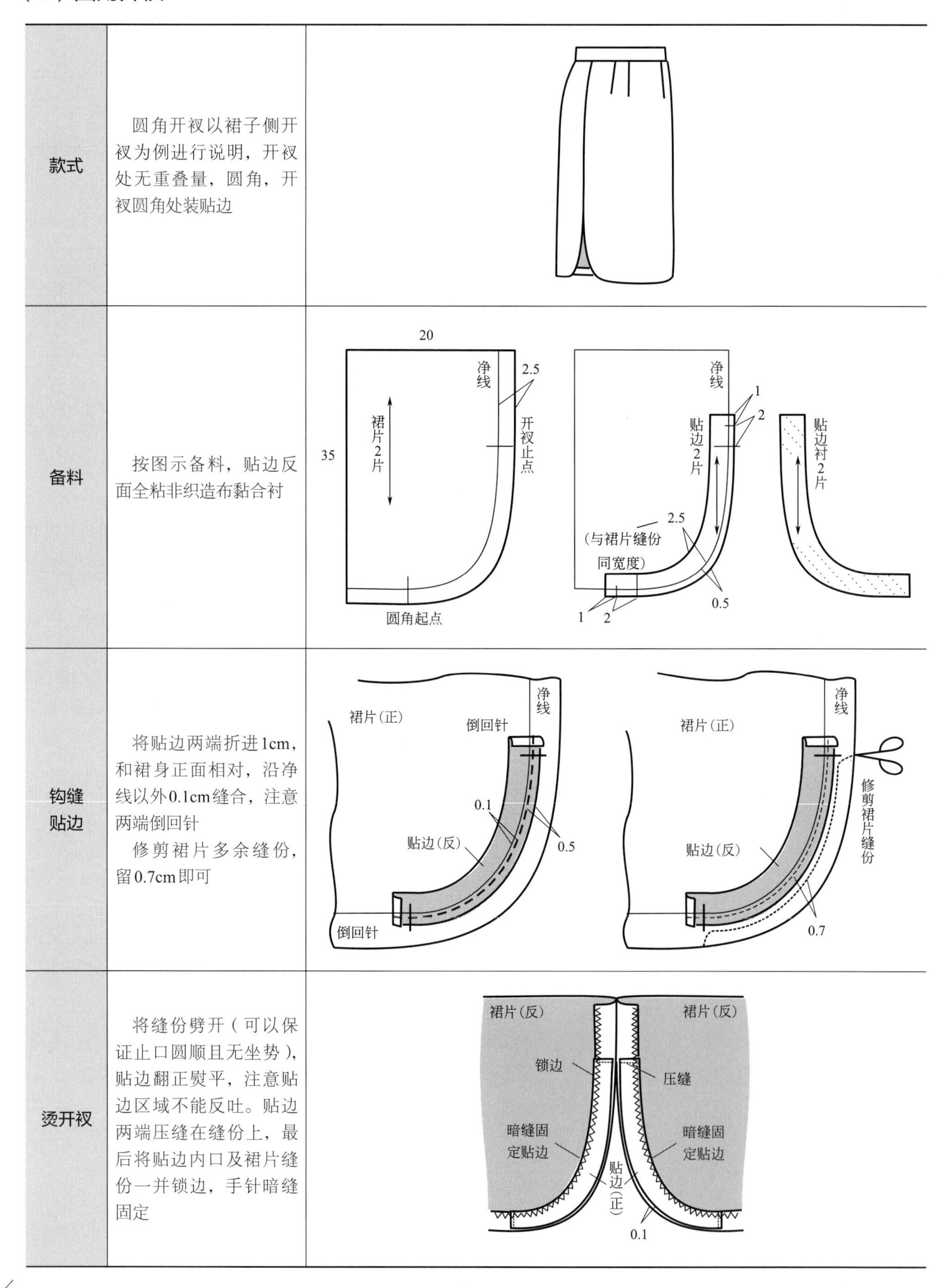

款式	圆角开衩以裙子侧开衩为例进行说明，开衩处无重叠量，圆角，开衩圆角处装贴边	
备料	按图示备料，贴边反面全粘非织造布黏合衬	
钩缝贴边	将贴边两端折进1cm，和裙身正面相对，沿净线以外0.1cm缝合，注意两端倒回针 修剪裙片多余缝份，留0.7cm即可	
烫开衩	将缝份劈开（可以保证止口圆顺且无坐势），贴边翻正熨平，注意贴边区域不能反吐。贴边两端压缝在缝份上，最后将贴边内口及裙片缝份一并锁边，手针暗缝固定	

（3）单做重叠式开衩

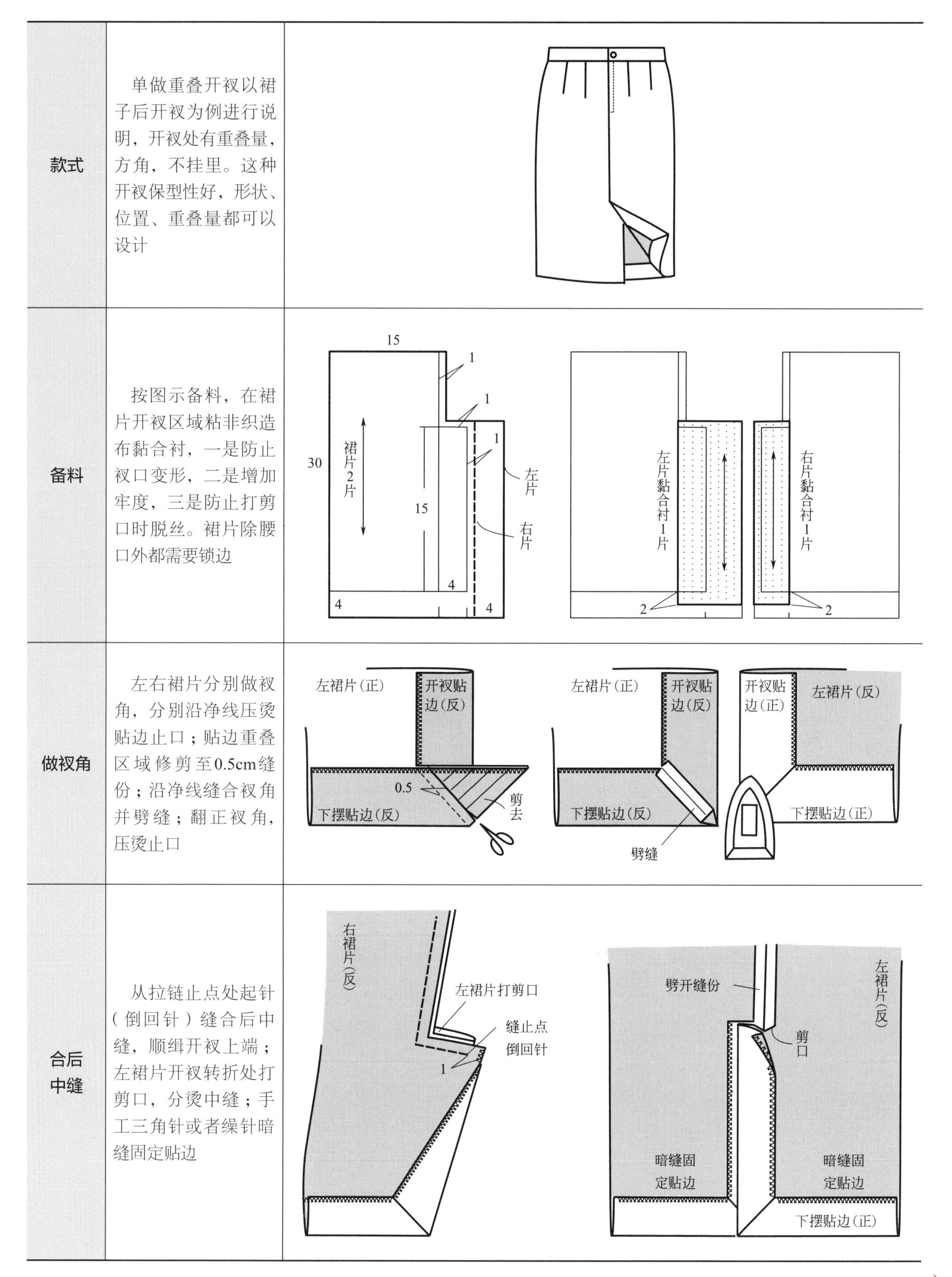

款式	单做重叠开衩以裙子后开衩为例进行说明，开衩处有重叠量，方角，不挂里。这种开衩保型性好，形状、位置、重叠量都可以设计
备料	按图示备料，在裙片开衩区域粘非织造布黏合衬，一是防止衩口变形，二是增加牢度，三是防止打剪口时脱丝。裙片除腰口外都需要锁边
做衩角	左右裙片分别做衩角，分别沿净线压烫贴边止口；贴边重叠区域修剪至0.5cm缝份；沿净线缝合衩角并劈缝；翻正衩角，压烫止口
合后中缝	从拉链止点处起针（倒回针）缝合后中缝，顺缉开衩上端；左裙片开衩转折处打剪口，分烫中缝；手工三角针或者缲针暗缝固定贴边

（4）全挂里重叠式开衩

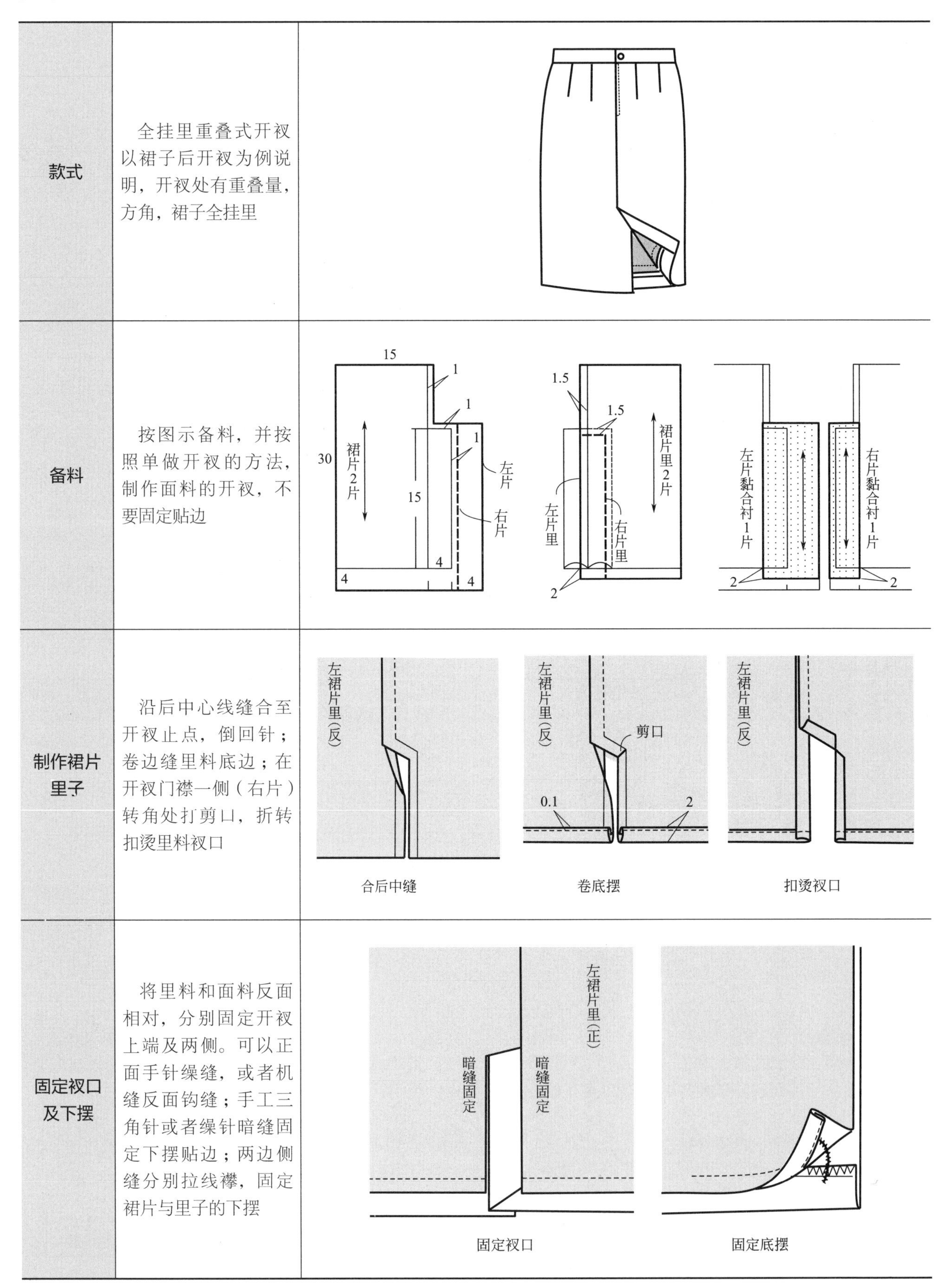

款式	全挂里重叠式开衩以裙子后开衩为例说明，开衩处有重叠量，方角，裙子全挂里
备料	按图示备料，并按照单做开衩的方法，制作面料的开衩，不要固定贴边
制作裙片里子	沿后中心线缝合至开衩止点，倒回针；卷边缝里料底边；在开衩门襟一侧（右片）转角处打剪口，折转扣烫里料衩口
固定衩口及下摆	将里料和面料反面相对，分别固定开衩上端及两侧。可以正面手针缲缝，或者机缝反面钩缝；手工三角针或者缲针暗缝固定下摆贴边；两边侧缝分别拉线襻，固定裙片与里子的下摆

2. 衬衫袖口开衩

（1）缺口式开衩

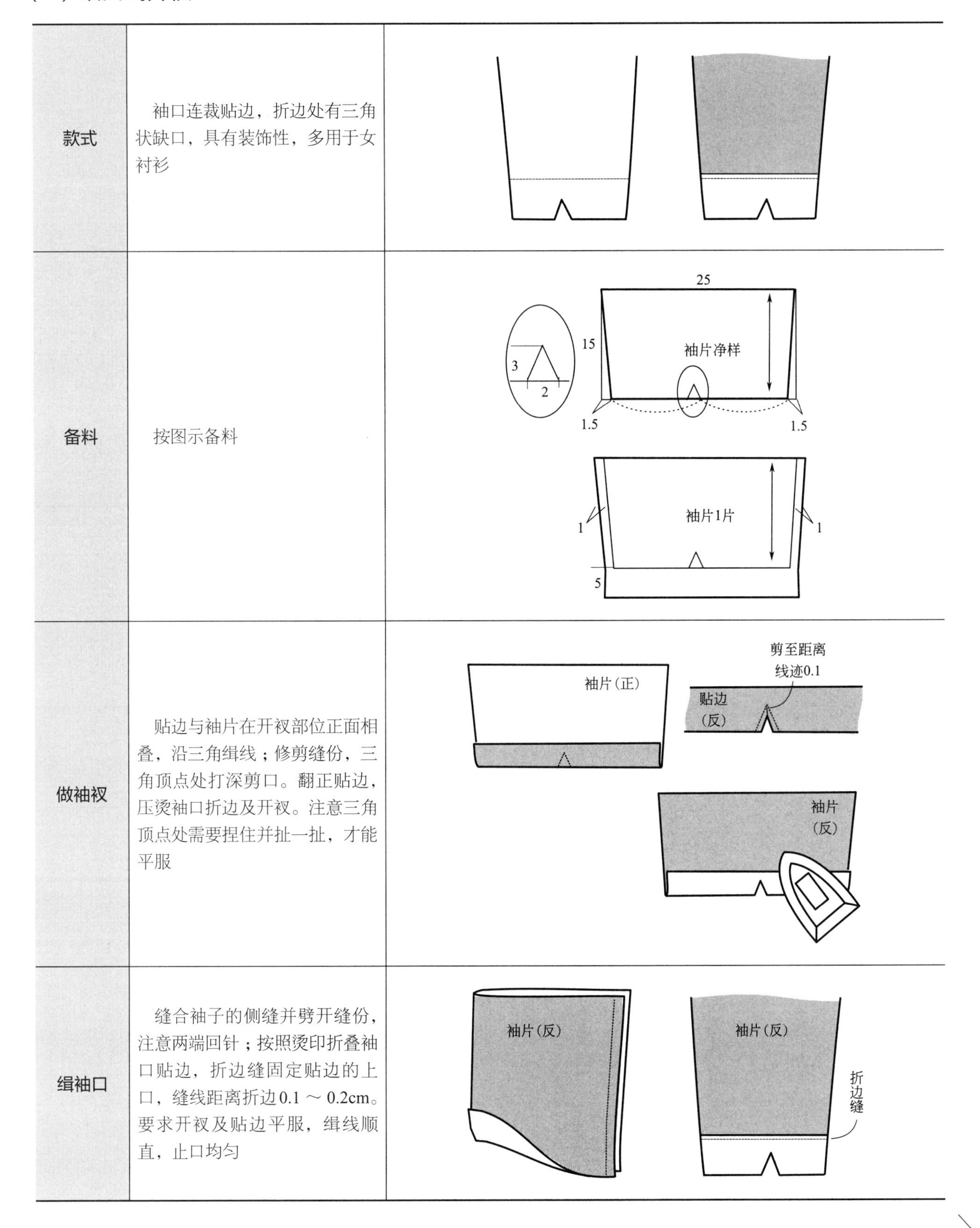

款式	袖口连裁贴边，折边处有三角状缺口，具有装饰性，多用于女衬衫
备料	按图示备料
做袖衩	贴边与袖片在开衩部位正面相叠，沿三角缉线；修剪缝份，三角顶点处打深剪口。翻正贴边，压烫袖口折边及开衩。注意三角顶点处需要捏住并扯一扯，才能平服
缉袖口	缝合袖子的侧缝并劈开缝份，注意两端回针；按照烫印折叠袖口贴边，折边缝固定贴边的上口，缝线距离折边0.1～0.2cm。要求开衩及贴边平服，缉线顺直，止口均匀

（2）拼缝式开衩

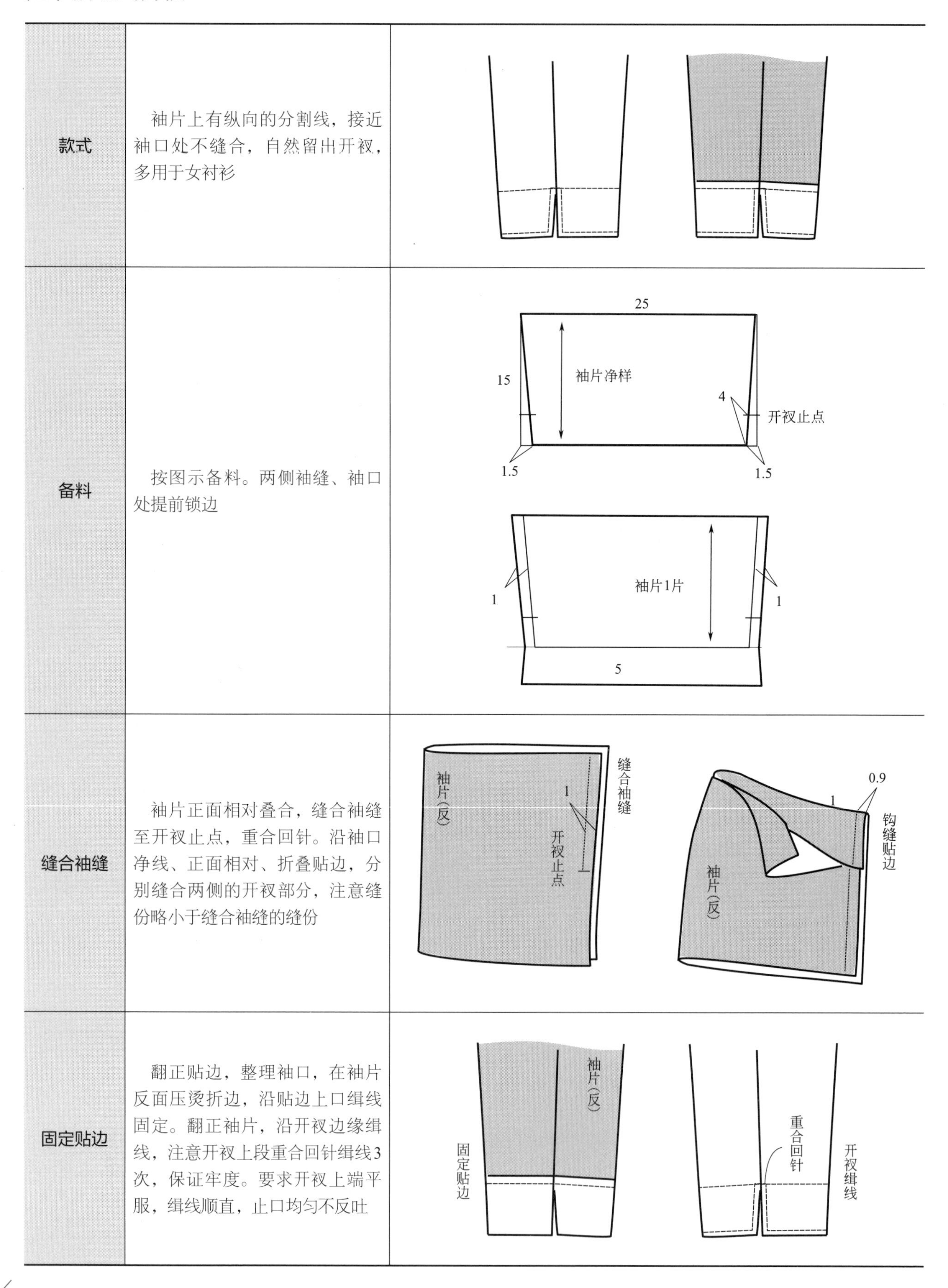

款式	袖片上有纵向的分割线，接近袖口处不缝合，自然留出开衩，多用于女衬衫
备料	按图示备料。两侧袖缝、袖口处提前锁边
缝合袖缝	袖片正面相对叠合，缝合袖缝至开衩止点，重合回针。沿袖口净线、正面相对、折叠贴边，分别缝合两侧的开衩部分，注意缝份略小于缝合袖缝的缝份
固定贴边	翻正贴边，整理袖口，在袖片反面压烫折边，沿贴边上口缉线固定。翻正袖片，沿开衩边缘缉线，注意开衩上段重合回针缉线3次，保证牢度。要求开衩上端平服，缉线顺直，止口均匀不反吐

（3）贴边式开衩

款式	袖片上剪开袖衩，用贴边做净开口处的毛边，完成的开衩中间出现空隙。多用于女衬衫、儿童衬衫
备料	按图示备料。贴边反面粘衬，除袖口外其他各边都需要锁边
缝贴边并剪开袖衩	贴边与袖片在开衩部位正面相叠，沿开衩缉线，两侧各留出0.3～0.5cm缝份，开衩止点处缉圆弧形。剪开袖衩，圆头处打小剪口
缉止口	贴边翻至袖片反面烫平，圆头部位略微用力撑展袖片，注意开衩止口不能反吐；开衩边缘缉线，要求开衩上端平服，缉线顺直，止口均匀不反吐

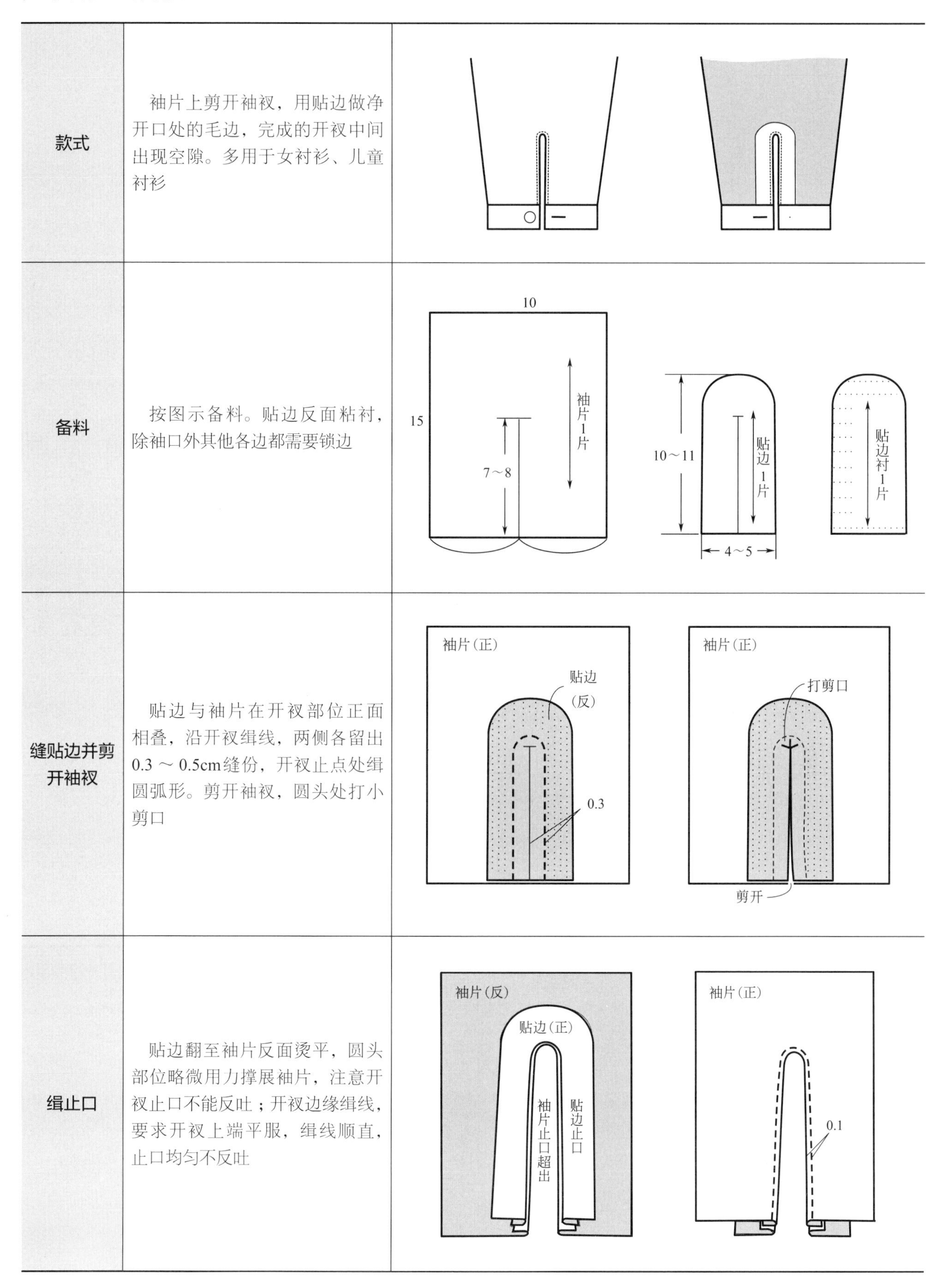

（4）滚边式开衩

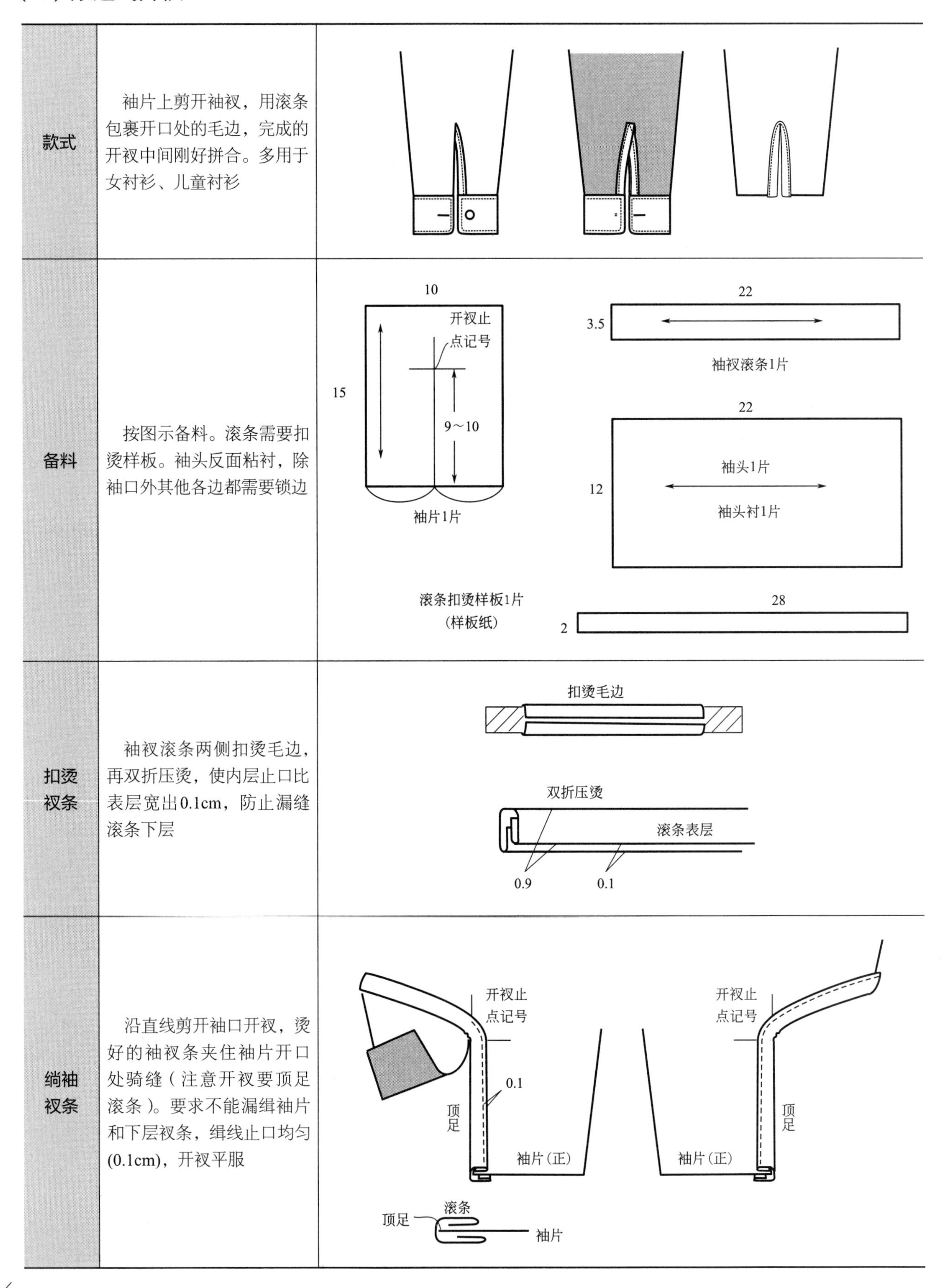

款式	袖片上剪开袖衩，用滚条包裹开口处的毛边，完成的开衩中间刚好拼合。多用于女衬衫、儿童衬衫	
备料	按图示备料。滚条需要扣烫样板。袖头反面粘衬，除袖口外其他各边都需要锁边	
扣烫衩条	袖衩滚条两侧扣烫毛边，再双折压烫，使内层止口比表层宽出0.1cm，防止漏缝滚条下层	
绱袖衩条	沿直线剪开袖口开衩，烫好的袖衩条夹住袖片开口处骑缝（注意开衩要顶足滚条）。要求不能漏缉袖片和下层衩条，缉线止口均匀(0.1cm)，开衩平服	

续表

封上口	从反面将衩条转折处斜向封三角，注意封口线迹不能超出缉缝袖衩滚条的线迹。要求开衩平服，封口牢固	
做袖头	扣烫袖头一侧缝份后，沿中心线对折，钩缝两端；翻正袖头，压烫折边及两端，注意不能有坐势；将袖头另一侧的缝份折进，压烫，使其略宽于上层，以免装袖头时漏缝	
绱袖头	袖口缝份夹入两层袖头之间，一趟线骑缝固定。要求袖头平服，袖衩两侧等长，正反面缉线整齐	

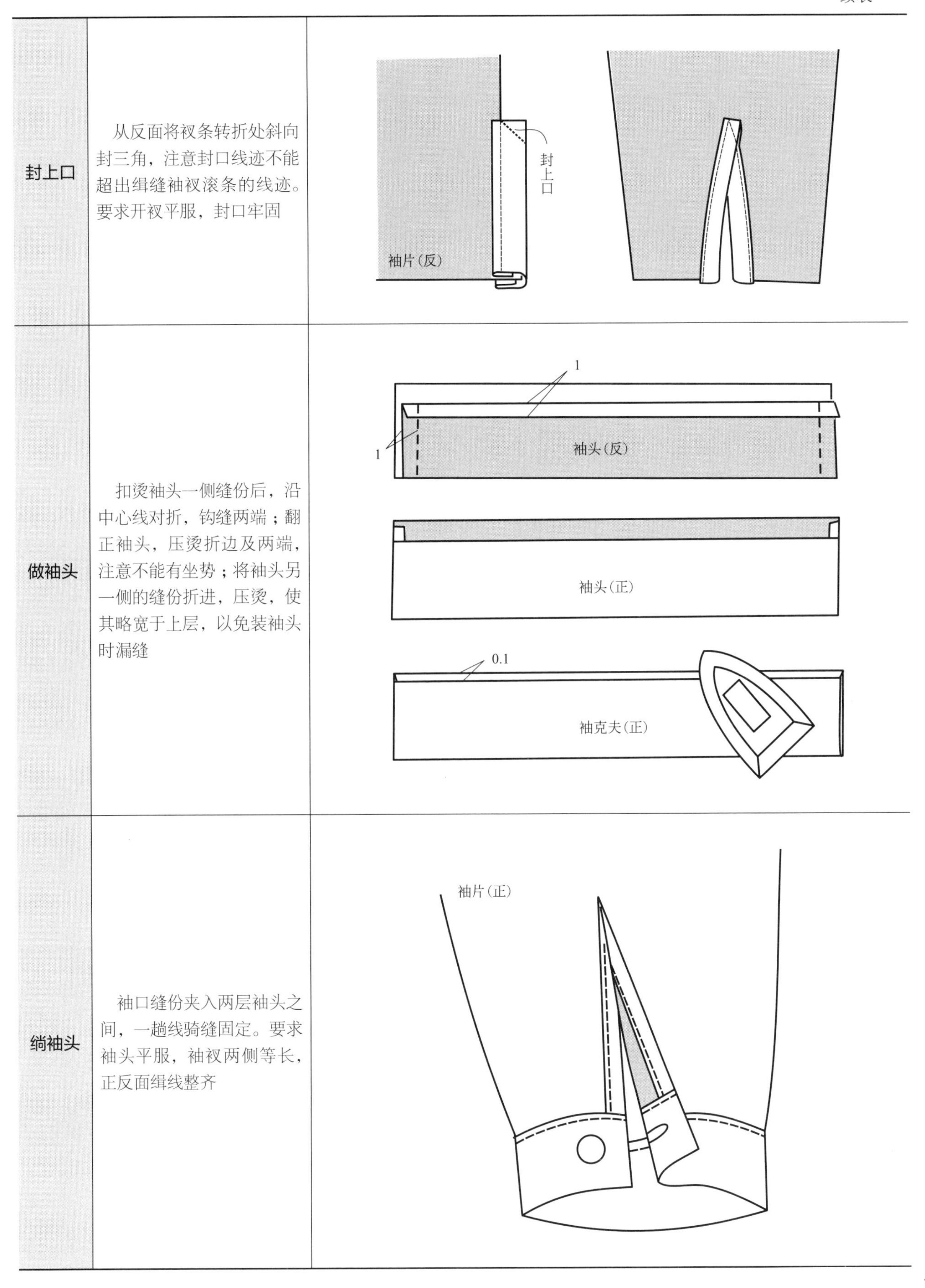

（5）镶边式开衩

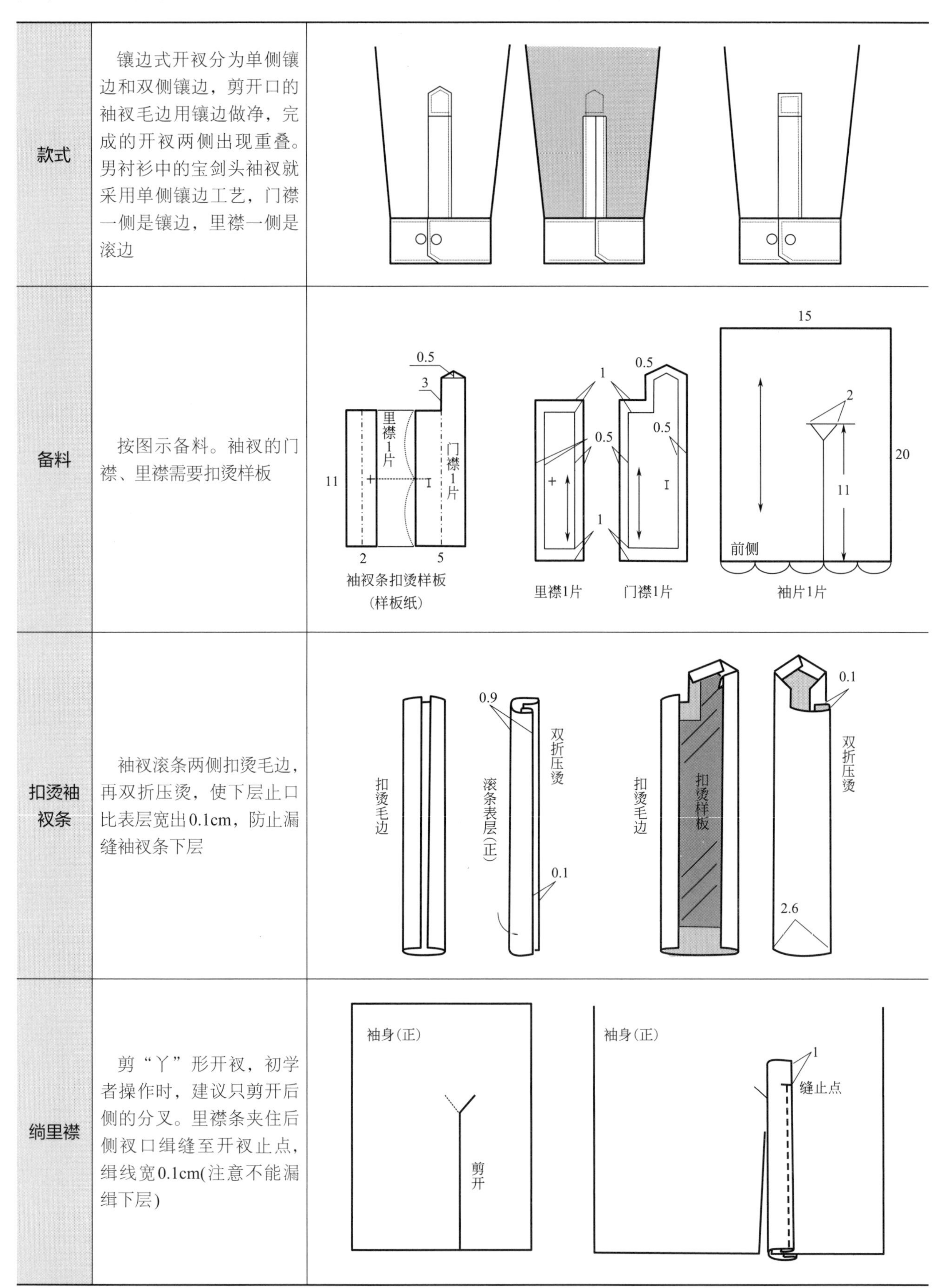

款式	镶边式开衩分为单侧镶边和双侧镶边，剪开口的袖衩毛边用镶边做净，完成的开衩两侧出现重叠。男衬衫中的宝剑头袖衩就采用单侧镶边工艺，门襟一侧是镶边，里襟一侧是滚边	
备料	按图示备料。袖衩的门襟、里襟需要扣烫样板	
扣烫袖衩条	袖衩滚条两侧扣烫毛边，再双折压烫，使下层止口比表层宽出0.1cm，防止漏缝袖衩条下层	
绱里襟	剪“丫”形开衩，初学者操作时，建议只剪开后侧的分叉。里襟条夹住后侧衩口缉缝至开衩止点，缉线宽0.1cm(注意不能漏缉下层)	

续表

封三角	将袖衩里襟条及后袖口部分折向袖片的反面，露出开衩三角；将袖衩门襟条展开置于下层，注意正面朝上、宝剑头指向袖口方向；沿三角的底边与里襟衩条、门襟衩条的内层上口同时缉缝固定	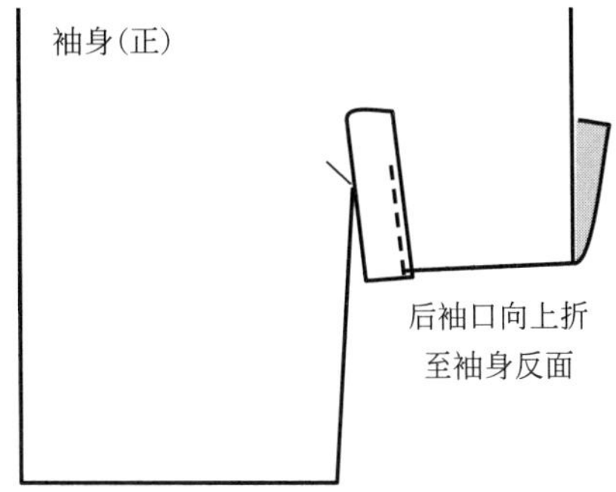 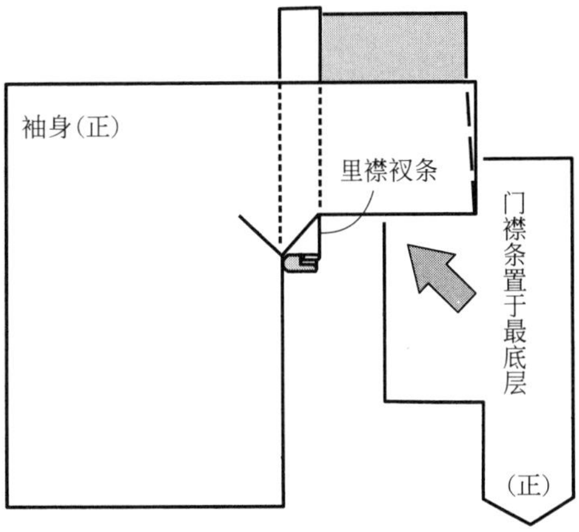 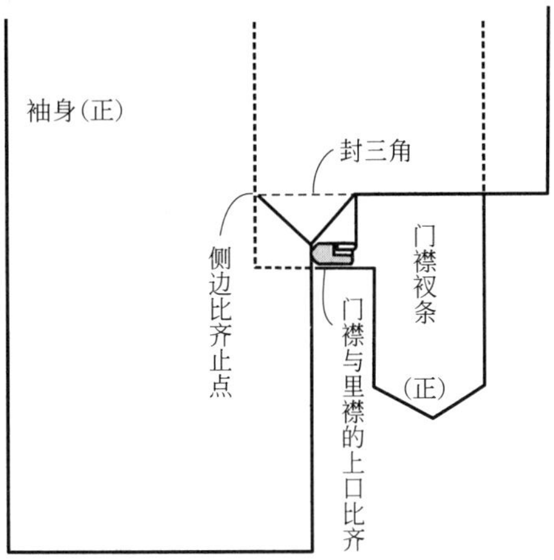 袖身(正) 后袖口向上折至袖身反面 袖身(正) 里襟衩条 门襟条置于最底层 (正) 袖身(正) 封三角 侧边比齐止点 门襟与里襟的上口比齐 门襟衩条 (正)
绱门襟	如果绱里襟时只剪开后侧的分叉，现在就需要剪开前侧的分叉，剪至距离封三角线迹的最后一个针眼一根布丝处；然后翻出后侧袖口，整理袖衩门襟条；门襟条夹住前侧开衩口，从封口处起针缉线0.1cm。要求缉线顺直，袖衩平服，正反面无毛露，上口牢固	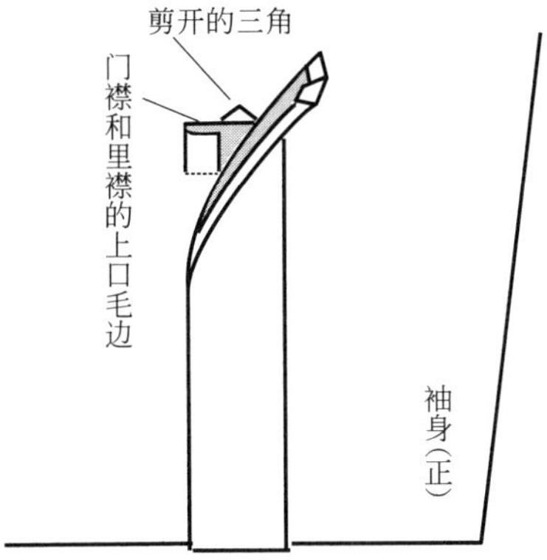 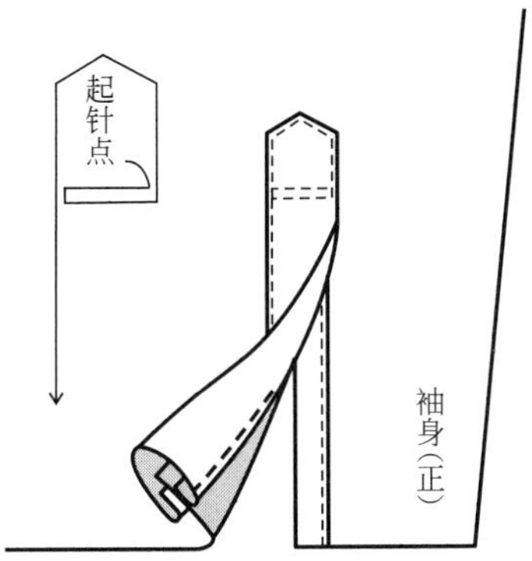 剪开的三角 门襟和里襟的上口毛边 袖身(正) 起针点 袖身(正)

3. 西服袖口开衩

（1）封闭式袖衩

款式	西服袖口的封闭式开衩，大袖、小袖在袖口处有一定的重叠，但是不能掀开，用于女西服	
备料	按图示备料。大、小袖面反面粘衬，袖口、开衩画净线	

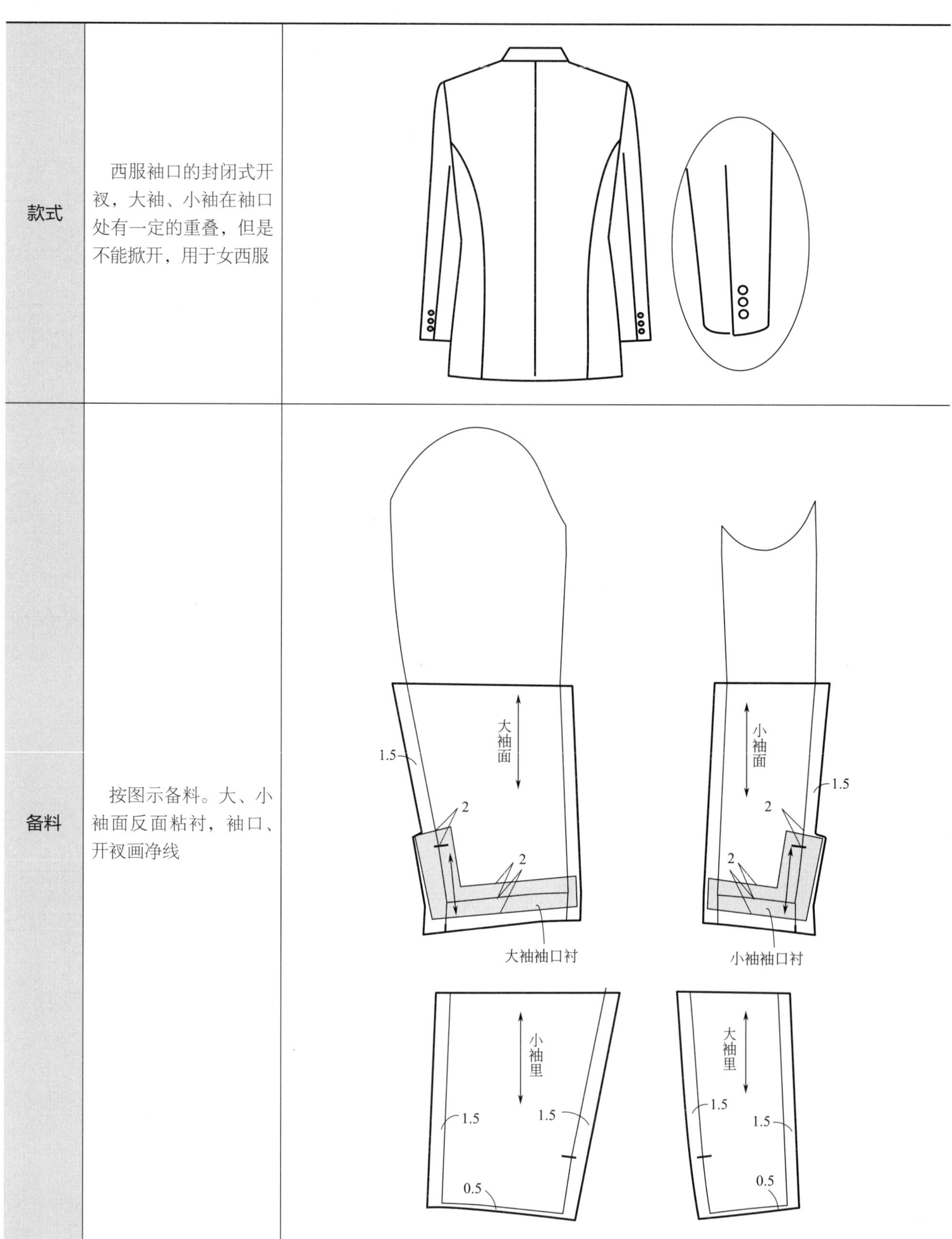

续表

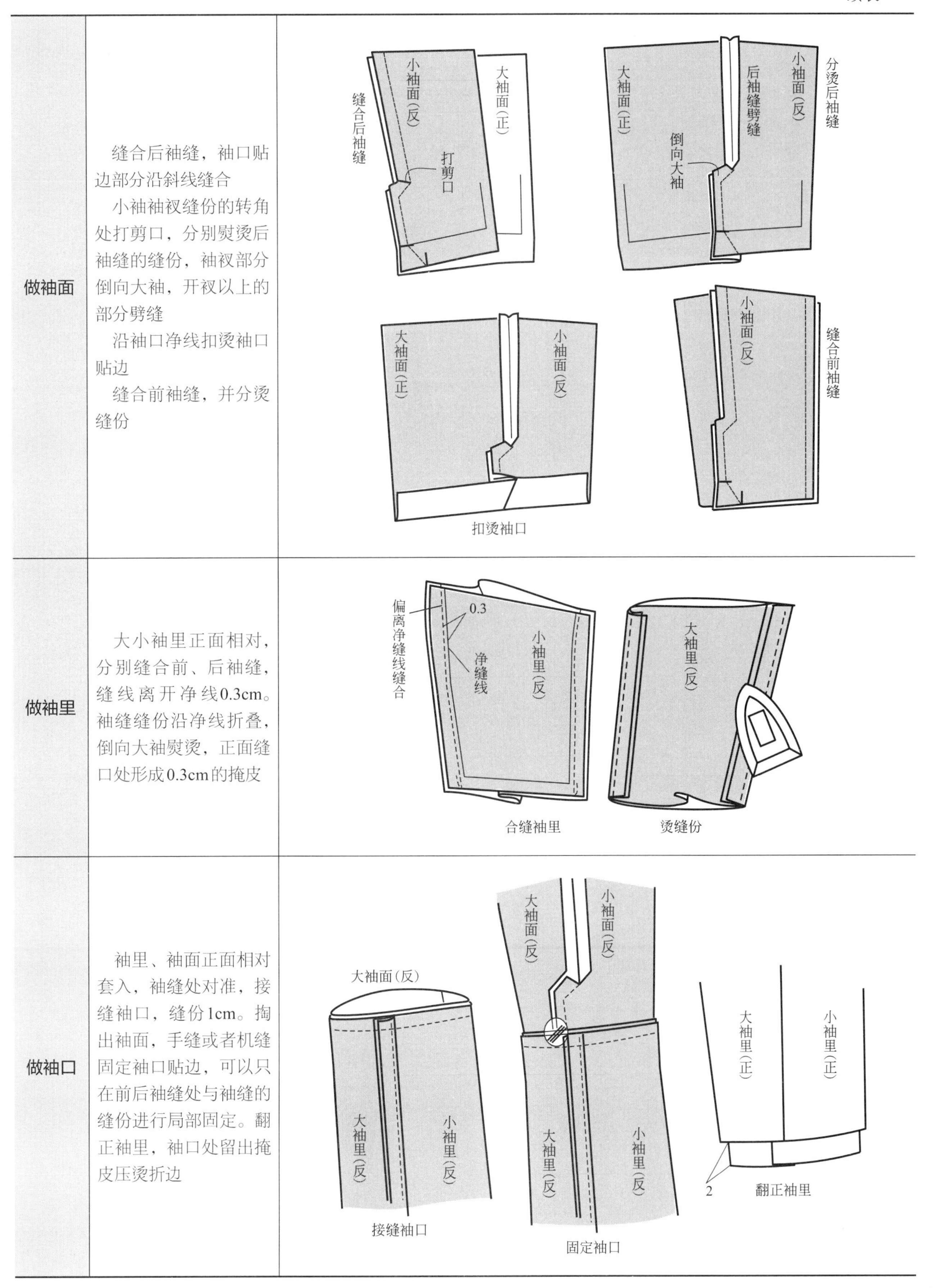

做袖面	缝合后袖缝，袖口贴边部分沿斜线缝合 小袖袖衩缝份的转角处打剪口，分别熨烫后袖缝的缝份，袖衩部分倒向大袖，开衩以上的部分劈缝 沿袖口净线扣烫袖口贴边 缝合前袖缝，并分烫缝份	
做袖里	大小袖里正面相对，分别缝合前、后袖缝，缝线离开净线0.3cm。袖缝缝份沿净线折叠，倒向大袖熨烫，正面缝口处形成0.3cm的掩皮	
做袖口	袖里、袖面正面相对套入，袖缝处对准，接缝袖口，缝份1cm。掏出袖面，手缝或者机缝固定袖口贴边，可以只在前后袖缝处与袖缝的缝份进行局部固定。翻正袖里，袖口处留出掩皮压烫折边	

（2）开口式袖衩

款式	西服袖口的开口式袖衩，大袖、小袖在袖口处有一定的重叠，两部分相互独立，大袖衩反面拼角缝合，用于男西服	
备料	按图示备料。大、小袖面反面粘衬，袖口、开衩画净线	

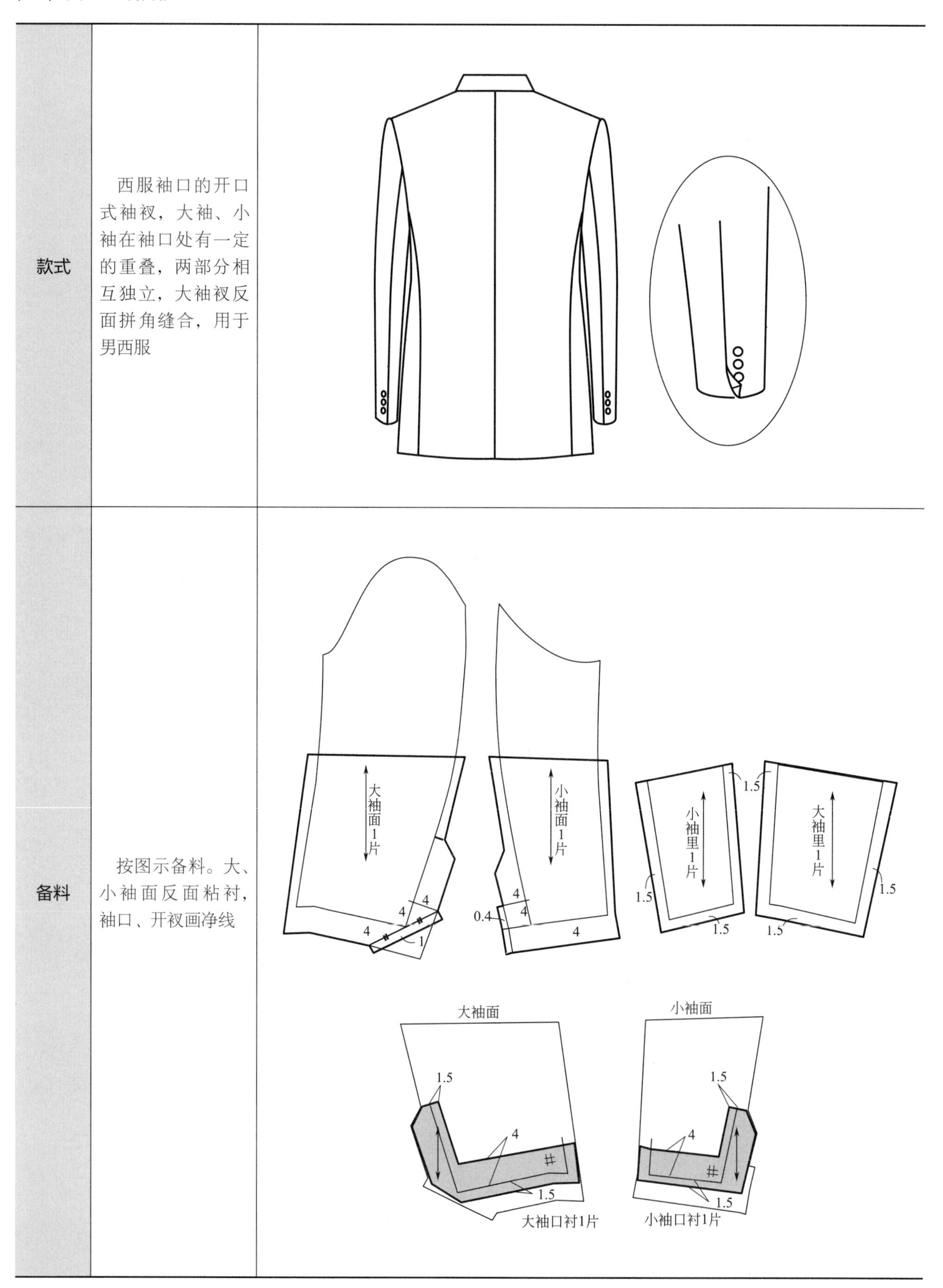

续表

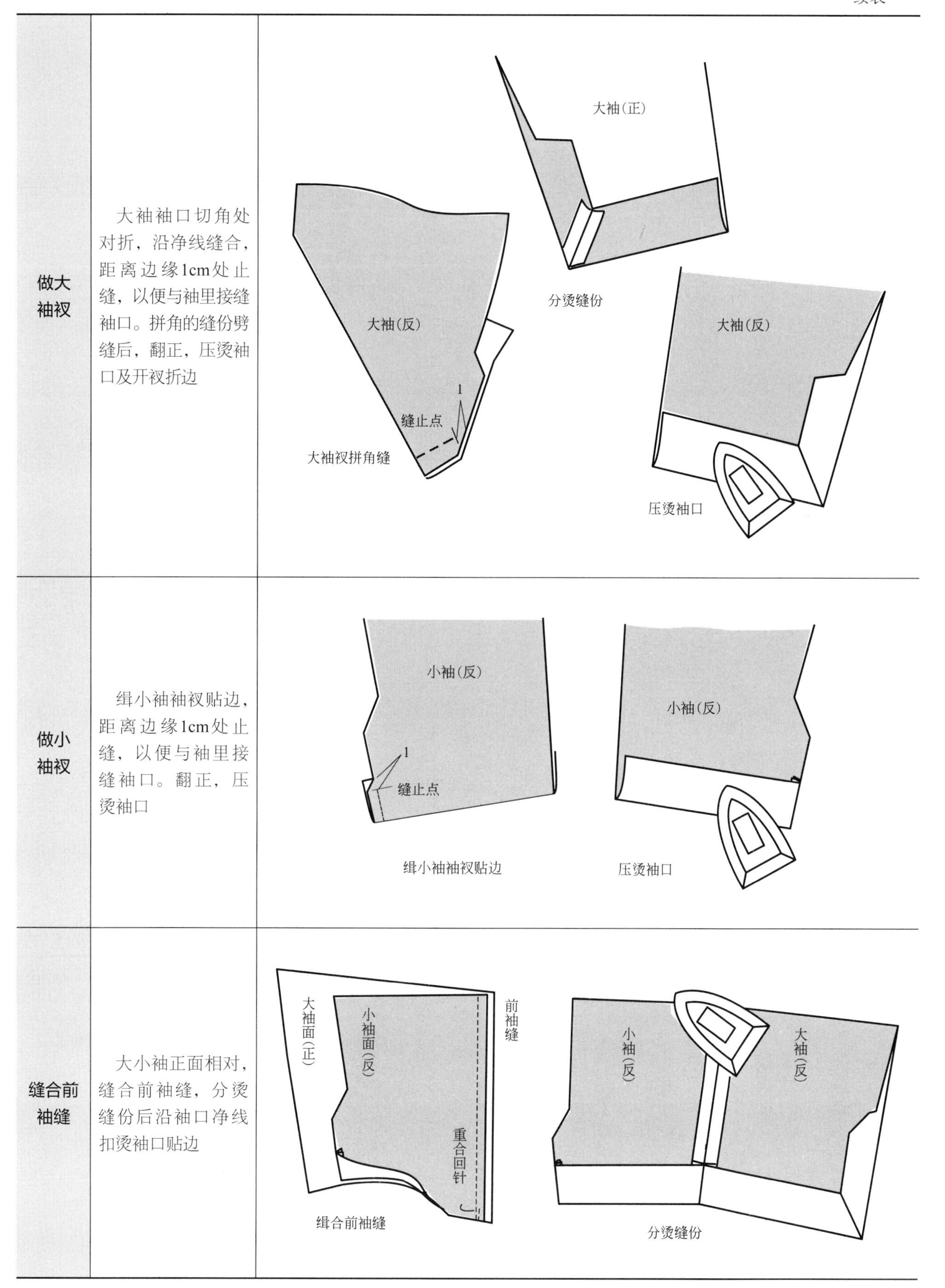

做大袖衩	大袖袖口切角处对折，沿净线缝合，距离边缘1cm处止缝，以便与袖里接缝袖口。拼角的缝份劈缝后，翻正，压烫袖口及开衩折边	
做小袖衩	缉小袖袖衩贴边，距离边缘1cm处止缝，以便与袖里接缝袖口。翻正，压烫袖口	
缝合前袖缝	大小袖正面相对，缝合前袖缝，分烫缝份后沿袖口净线扣烫袖口贴边	

续表

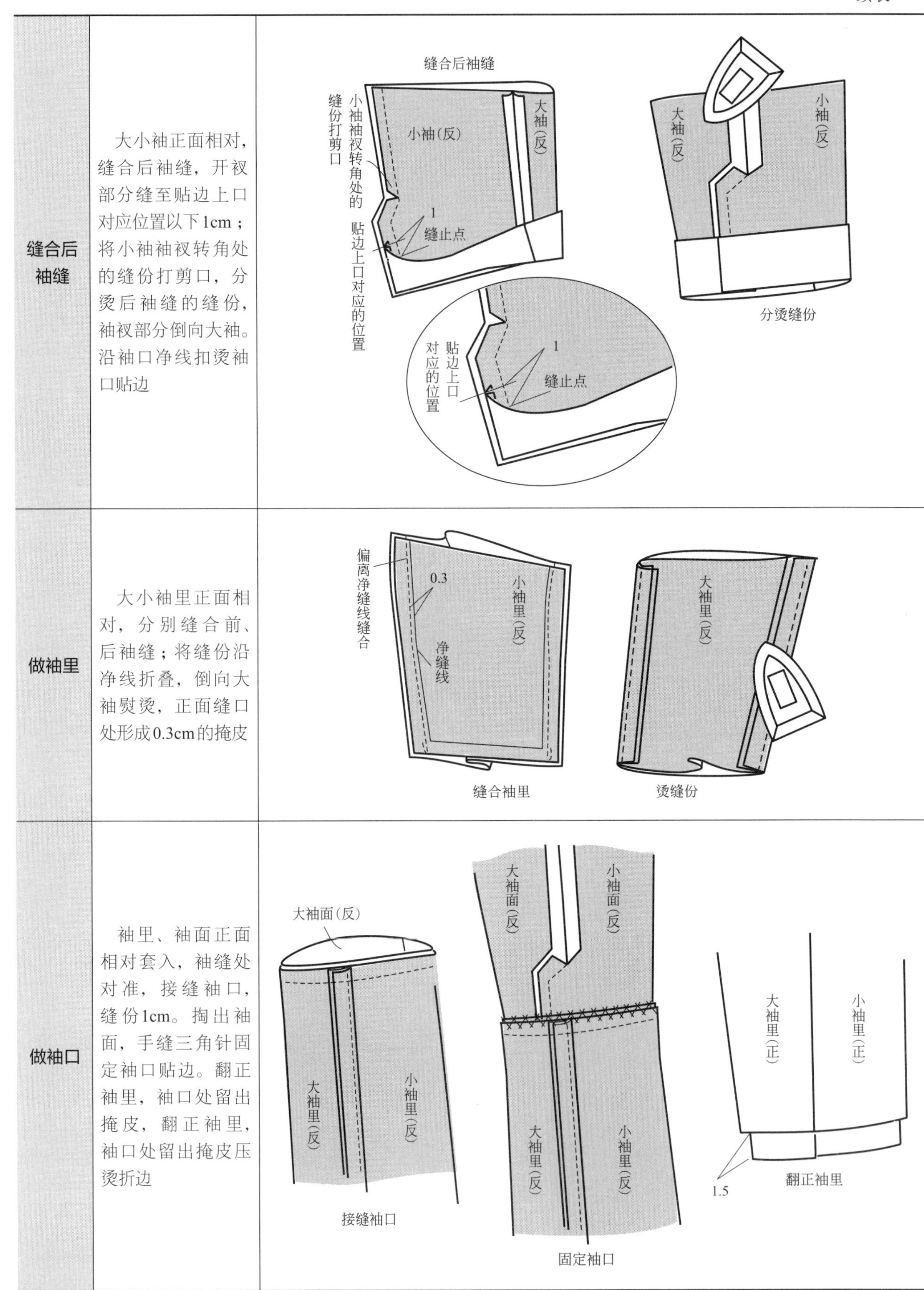

缝合后袖缝	大小袖正面相对，缝合后袖缝，开衩部分缝至贴边上口对应位置以下1cm；将小袖袖衩转角处的缝份打剪口，分烫后袖缝的缝份，袖衩部分倒向大袖。沿袖口净线扣烫袖口贴边
做袖里	大小袖里正面相对，分别缝合前、后袖缝；将缝份沿净线折叠，倒向大袖熨烫，正面缝口处形成0.3cm的掩皮
做袖口	袖里、袖面正面相对套入，袖缝处对准，接缝袖口，缝份1cm。掏出袖面，手缝三角针固定袖口贴边。翻正袖里，袖口处留出掩皮，翻正袖里，袖口处留出掩皮压烫折边

4. 西服后衣身开衩——全挂里拼角式开衩

款式

衣身全挂里拼角式开衩，两片相互重叠，可以完全分开，主要用于西服、大衣的后衣身，可以开在后中心，也可以开在两侧背宽线位置

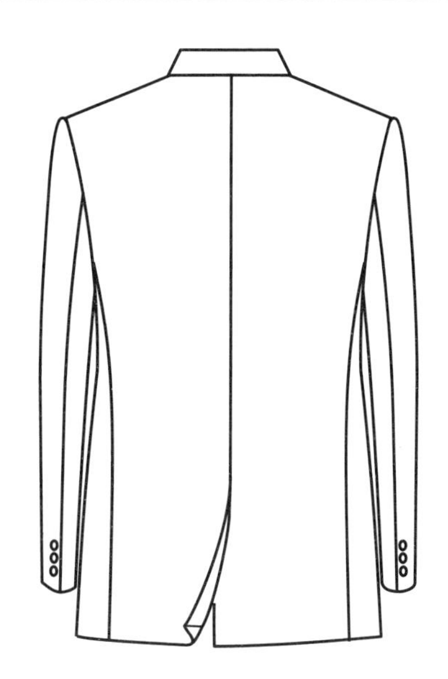

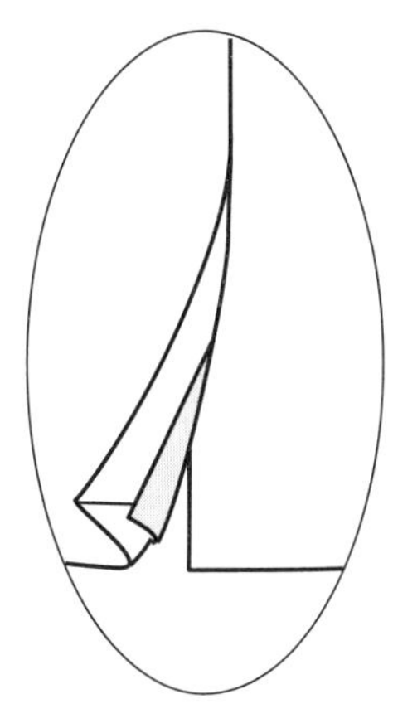

备料

按图示备料。在衣片反面衩口及贴边粘大身衬，然后沿衩口折边线以外粘牵条衬

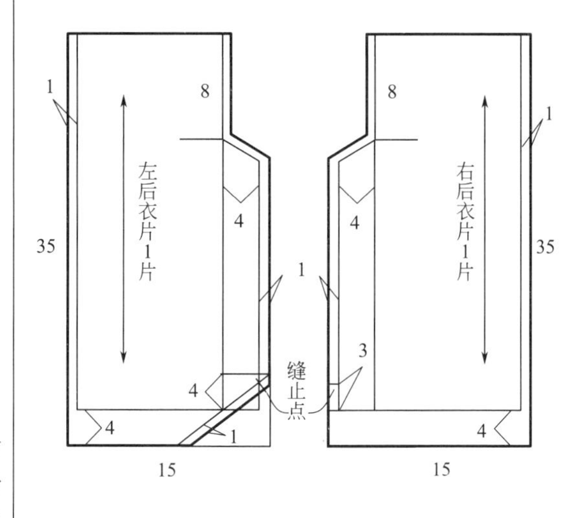

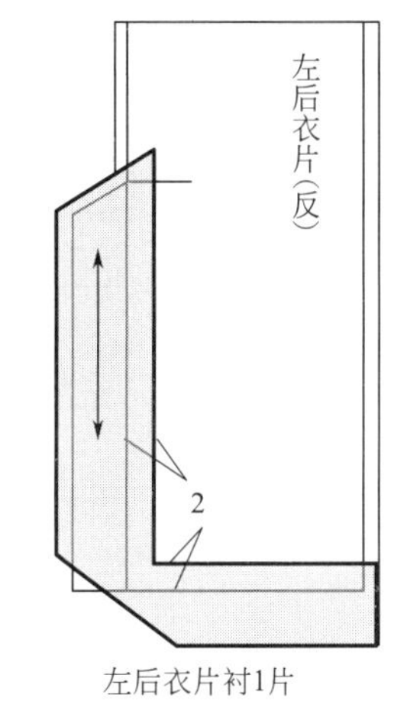

左后衣片衬1片

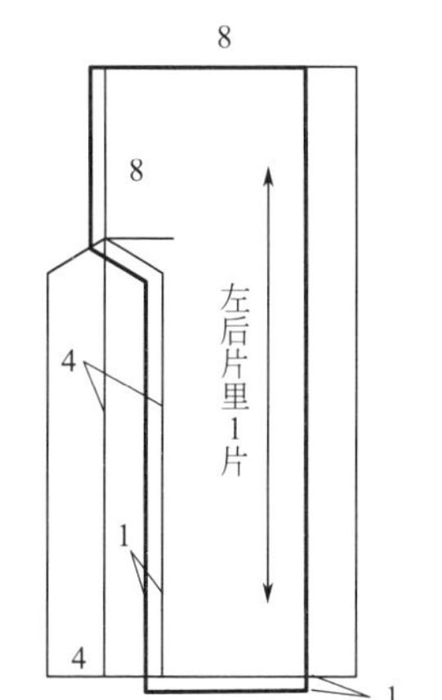

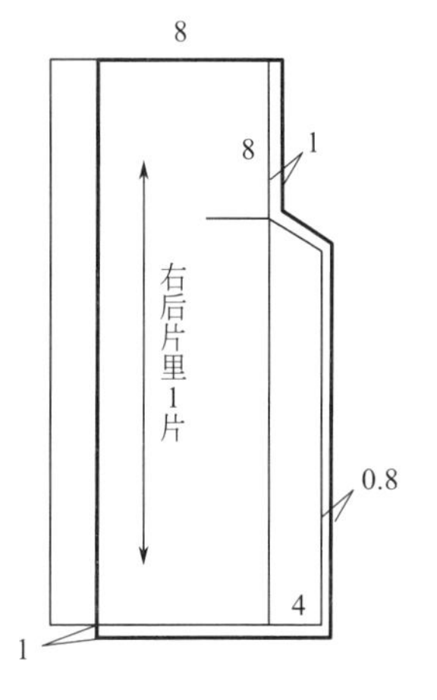

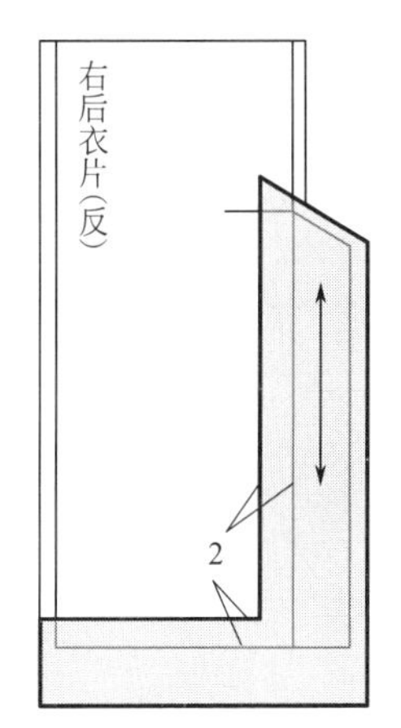

右后衣片衬1片

续表

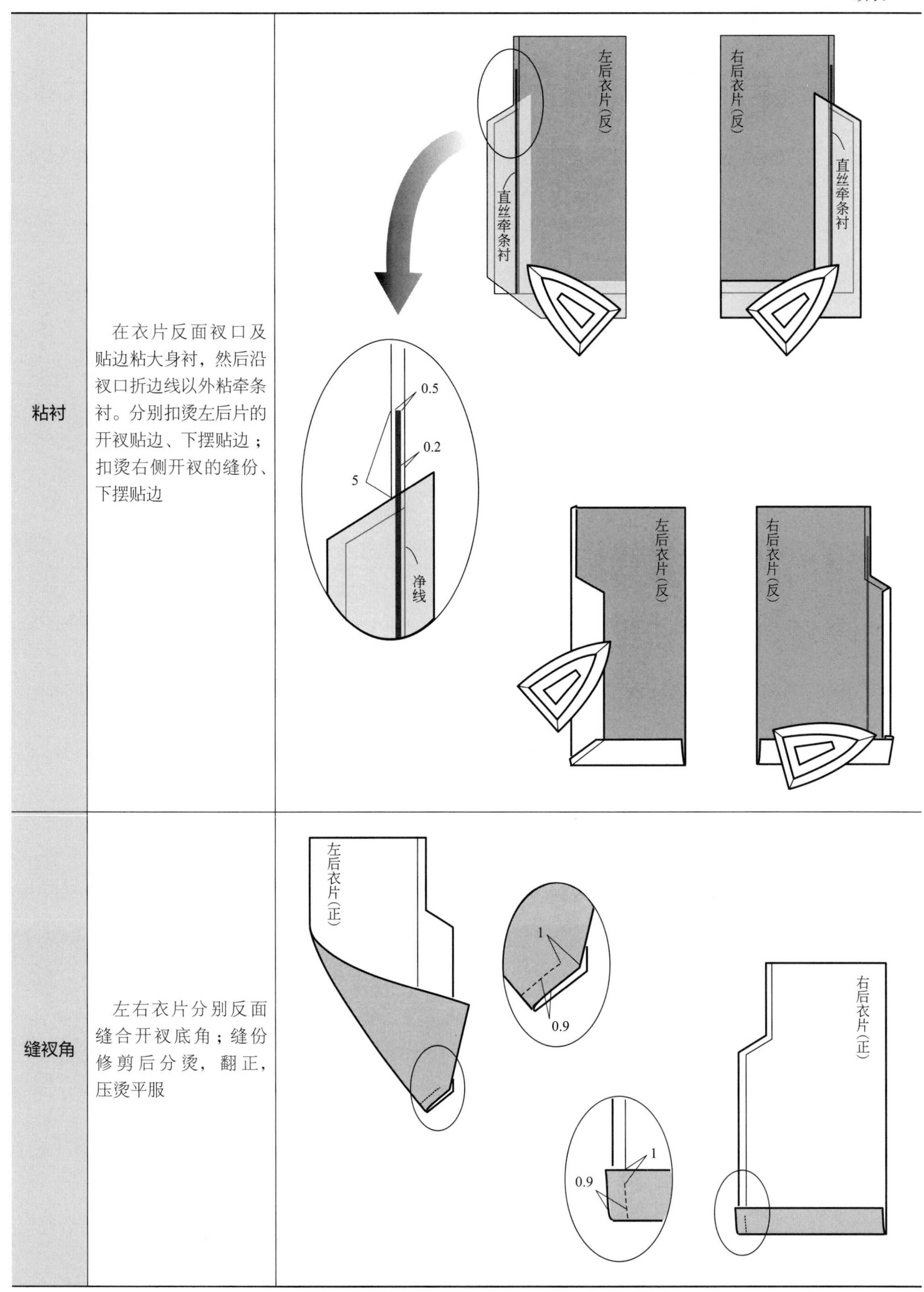

粘衬	在衣片反面衩口及贴边粘大身衬，然后沿衩口折边线以外粘牵条衬。分别扣烫左后片的开衩贴边、下摆贴边；扣烫右侧开衩的缝份、下摆贴边
缝衩角	左右衣片分别反面缝合开衩底角；缝份修剪后分烫，翻正，压烫平服

续表

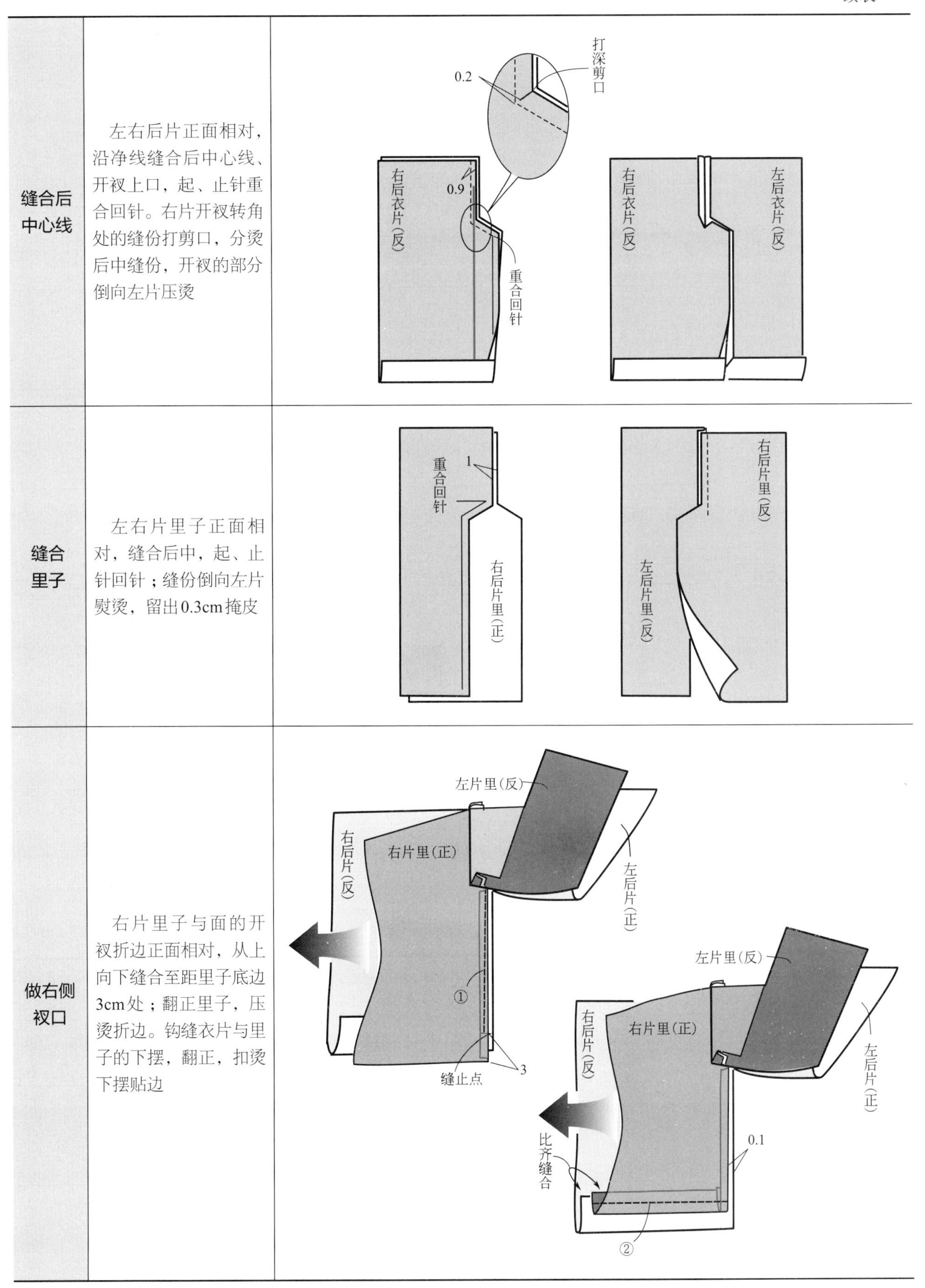

缝合后中心线	左右后片正面相对，沿净线缝合后中心线、开衩上口，起、止针重合回针。右片开衩转角处的缝份打剪口，分烫后中缝份，开衩的部分倒向左片压烫	
缝合里子	左右片里子正面相对，缝合后中，起、止针回针；缝份倒向左片熨烫，留出0.3cm掩皮	
做右侧衩口	右片里子与面的开衩折边正面相对，从上向下缝合至距里子底边3cm处；翻正里子，压烫折边。钩缝衣片与里子的下摆，翻正，扣烫下摆贴边	

续表

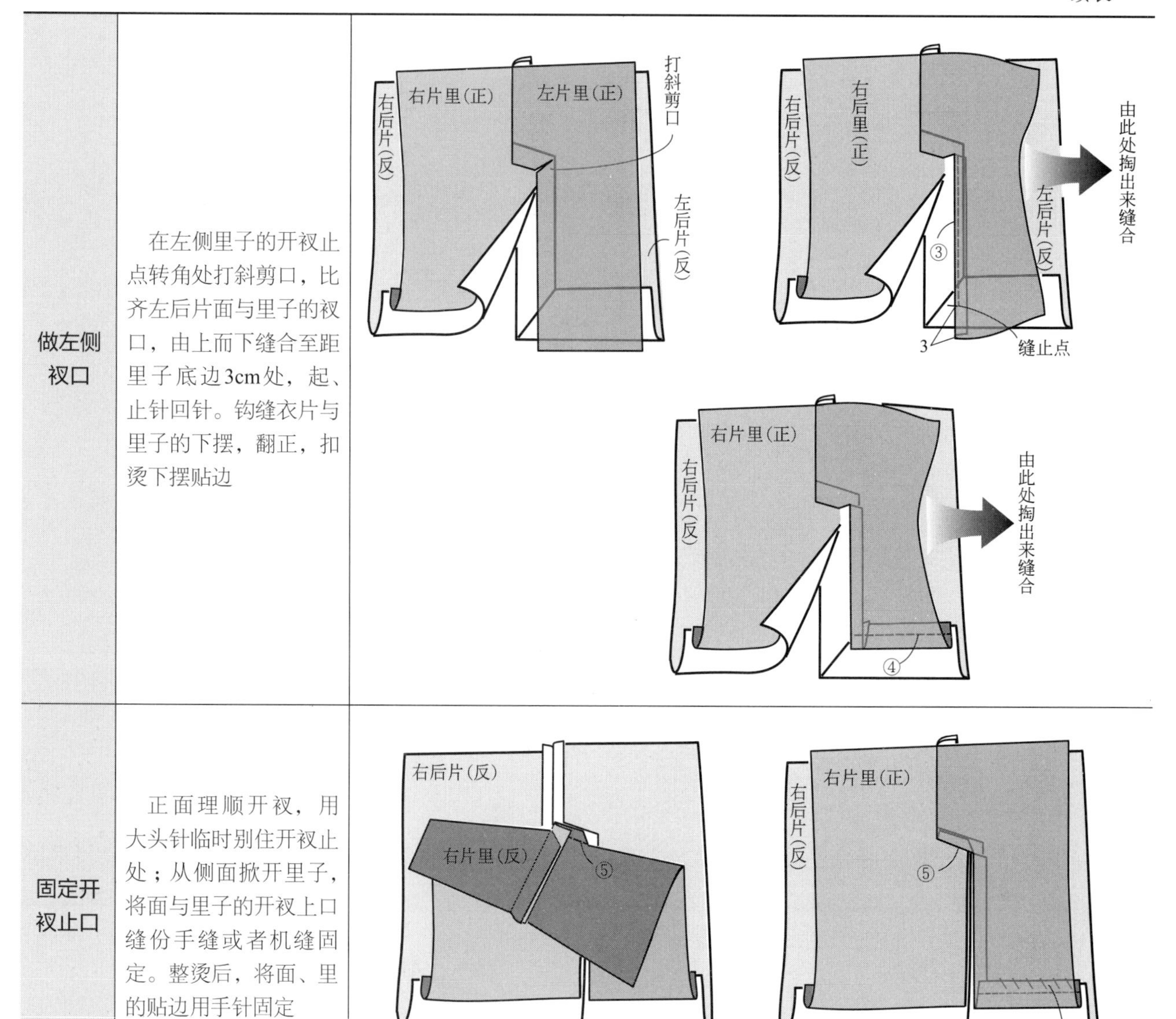

做左侧衩口	在左侧里子的开衩止点转角处打斜剪口，比齐左后片面与里子的衩口，由上而下缝合至距里子底边3cm处，起、止针回针。钩缝衣片与里子的下摆，翻正，扣烫下摆贴边	
固定开衩止口	正面理顺开衩，用大头针临时别住开衩止处；从侧面掀开里子，将面与里子的开衩上口缝份手缝或者机缝固定。整烫后，将面、里的贴边用手针固定	

十、领子工艺

1. 无领领口

（1）明贴边

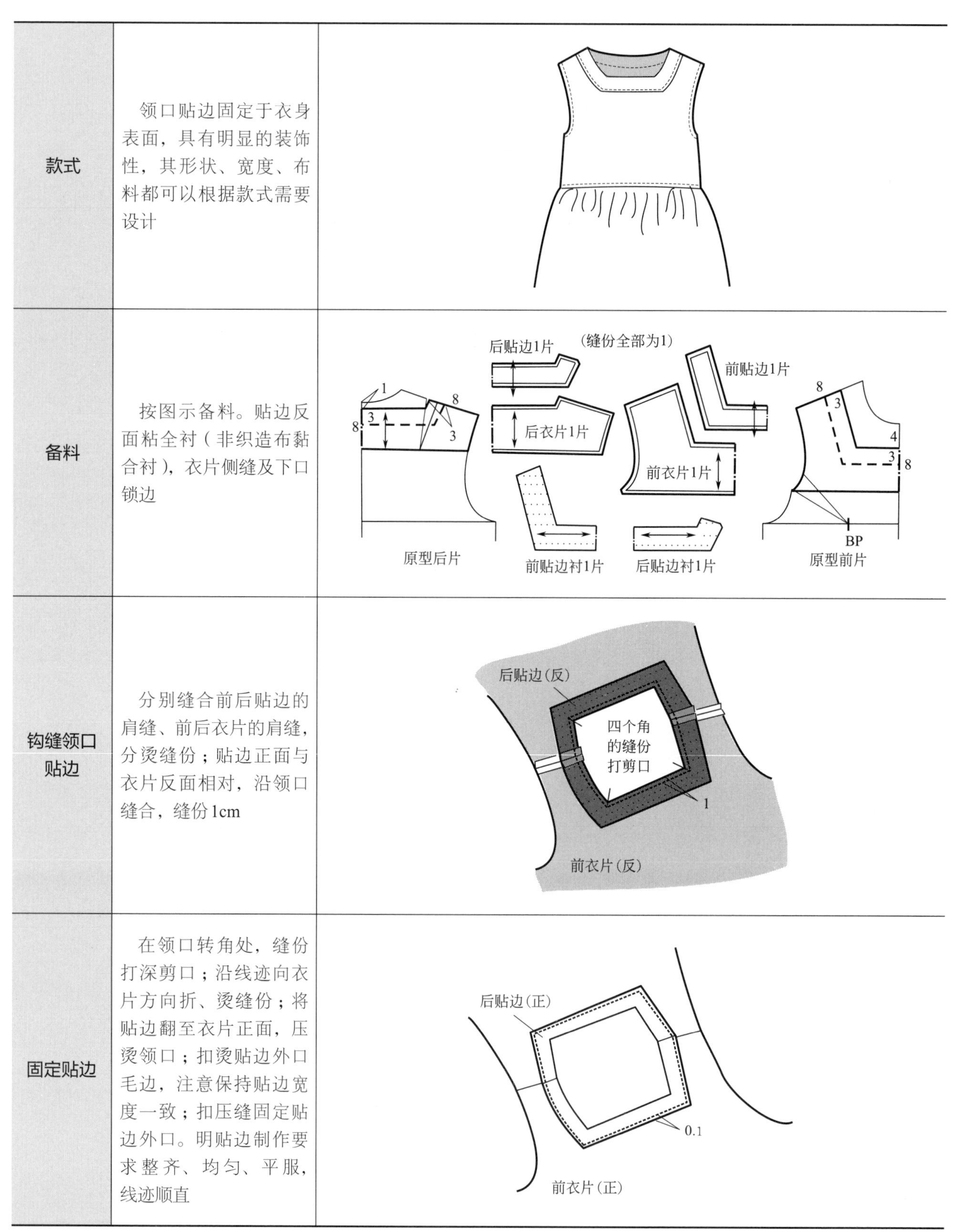

款式	领口贴边固定于衣身表面，具有明显的装饰性，其形状、宽度、布料都可以根据款式需要设计	
备料	按图示备料。贴边反面粘全衬（非织造布黏合衬），衣片侧缝及下口锁边	
钩缝领口贴边	分别缝合前后贴边的肩缝、前后衣片的肩缝，分烫缝份；贴边正面与衣片反面相对，沿领口缝合，缝份1cm	
固定贴边	在领口转角处，缝份打深剪口；沿线迹向衣片方向折、烫缝份；将贴边翻至衣片正面，压烫领口；扣烫贴边外口毛边，注意保持贴边宽度一致；扣压缝固定贴边外口。明贴边制作要求整齐、均匀、平服，线迹顺直	

（2）暗贴边

款式	圆领口，止口缉明线，领口贴边固定在衣身内层，从外侧看不到	
备料	按图示备料。贴边反面粘全衬（非织造布黏合衬），并将外口锁边；衣片侧缝及下口锁边	
钩缝领口	分别缝合贴边的肩缝、前后衣片的肩缝，分烫缝份。将衣片与领口贴边正面相对钩缝，缝份0.8cm	
固定止口	在领口弧度较大的区域，缝份打适量的深剪口；将贴边翻至衣片反面，止口处衣片吐出0.1cm，压烫领口；由衣片正面压缝领止口	
固定贴边	根据款式，固定贴边外口时正面不露线迹。通常将贴边与衣片的缝份固定，如在肩缝处、省缝处	

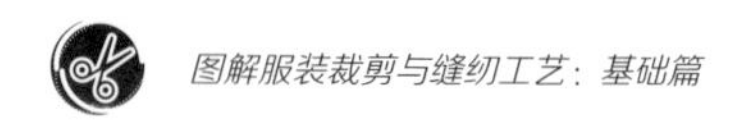

（3）领口袖窿整体式贴边（后中开口）

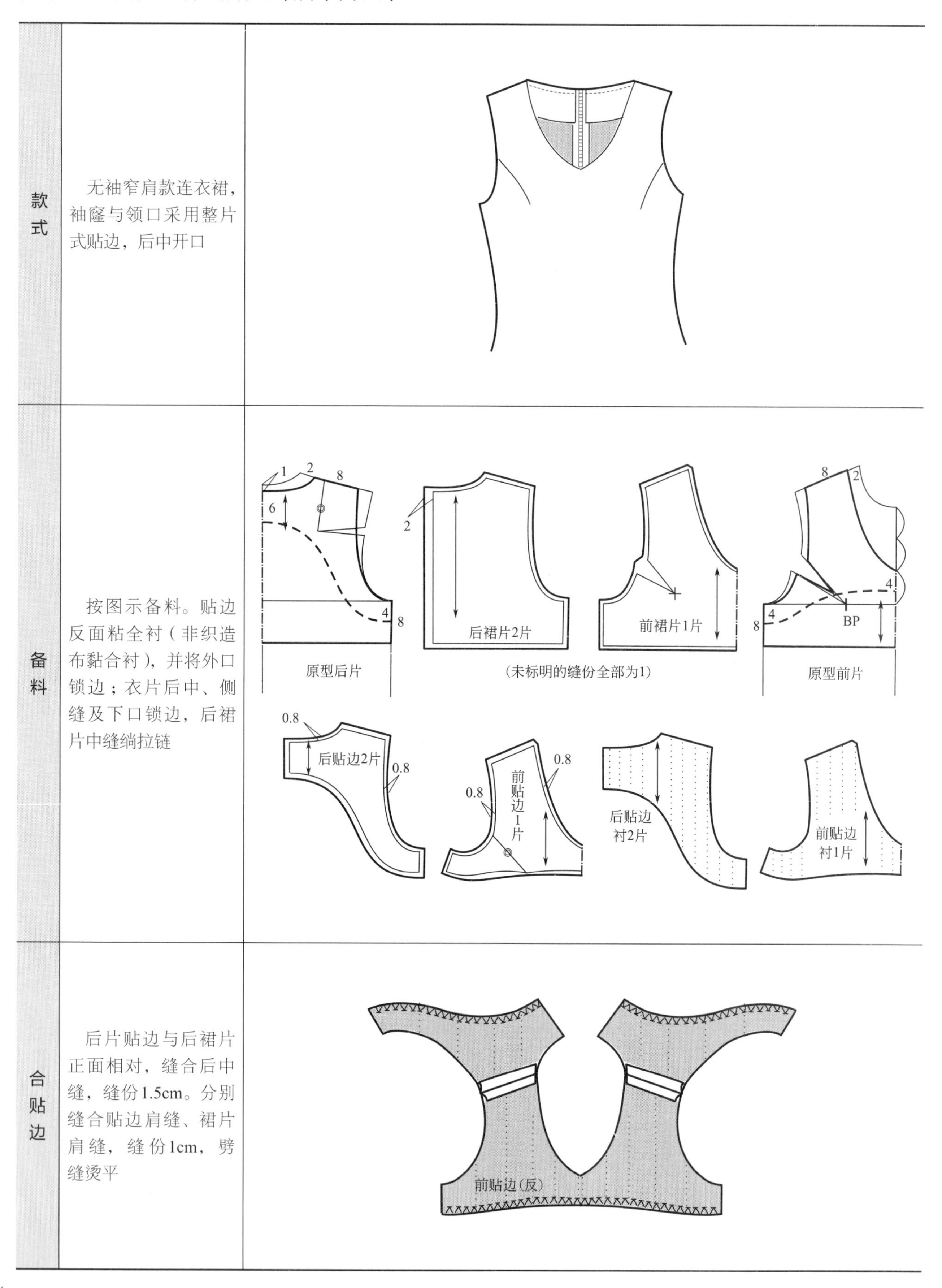

款式	无袖窄肩款连衣裙，袖窿与领口采用整片式贴边，后中开口	
备料	按图示备料。贴边反面粘全衬（非织造布黏合衬），并将外口锁边；衣片后中、侧缝及下口锁边，后裙片中缝绱拉链	
合贴边	后片贴边与后裙片正面相对，缝合后中缝，缝份1.5cm。分别缝合贴边肩缝、裙片肩缝，缝份1cm，劈缝烫平	

续表

钩缝止口	将裙片与贴边正面相对，上下层比齐，钩缝领口、袖窿，缝份0.8cm	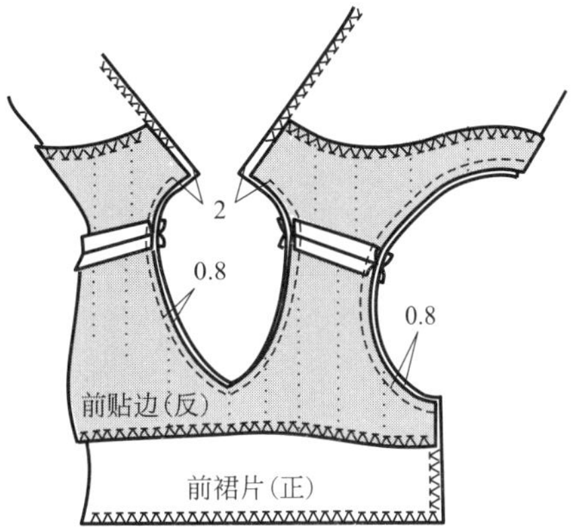 2 0.8 0.8 前贴边（反） 前裙片（正）
烫止口	在领口弧度较大区域，将缝份打适量的深剪口；沿缝合线迹向贴边方向折烫缝份	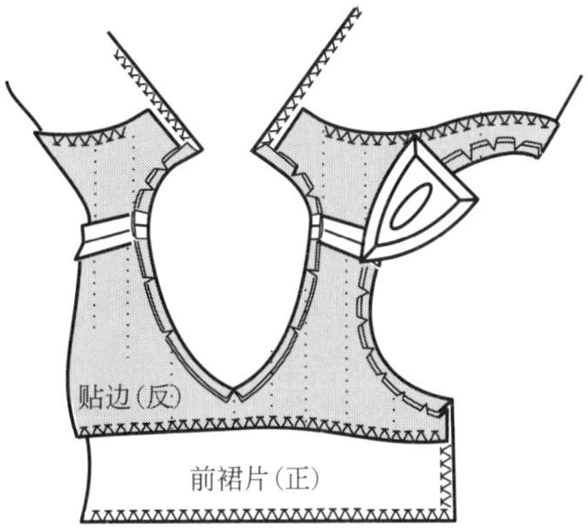 贴边（反） 前裙片（正）
翻烫	将袖后裙片由肩缝掏出，贴边翻至裙片反面，保持止口处裙片倒吐0.1cm，压烫领口、袖窿	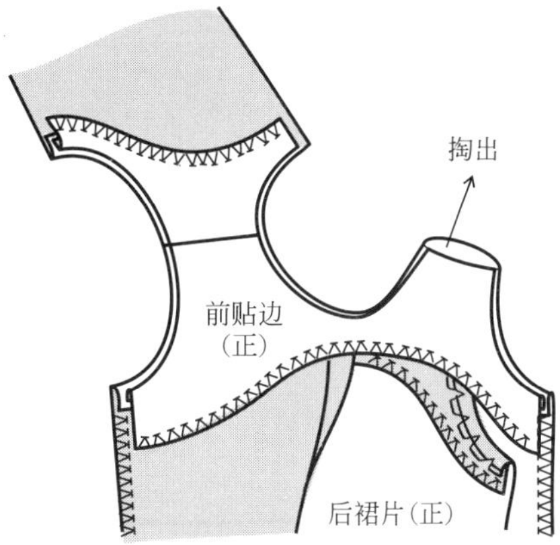 掏出 前贴边 （正） 后裙片（正）
合侧缝	将袖窿底处的贴边翻开，和裙片连贯缝合侧缝，缝份做劈缝处理。根据款式要求，固定贴边外口时正面不露线迹。在裙片的侧缝处，将贴边与缝份固定，可以用手针或者机缝固定	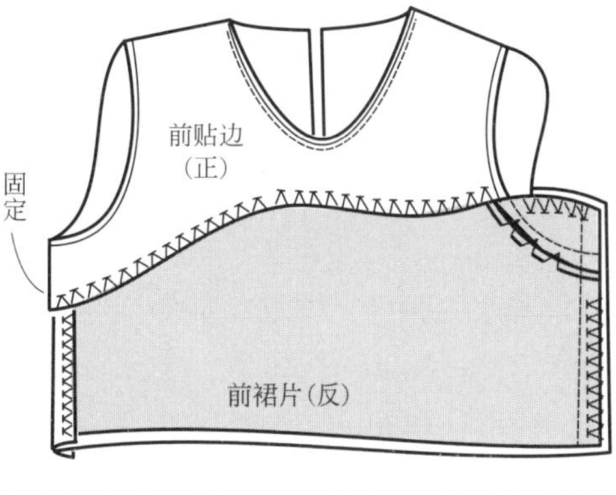 前贴边 （正） 固定 前裙片（反）

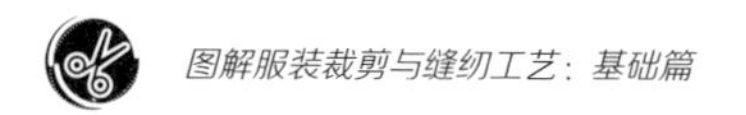

（4）领口袖窿整体式贴边（后中无开口）

款式	连衣裙为无袖窄肩款，后中无开口，袖窿与领口采用整片式贴边	
备料	贴边反面粘全衬（非织造布黏合衬），并将外口锁边；衣片侧缝及下口锁边	
钩缝领口	分别将前、后衣片与贴边正面相对，上下层比齐钩缝领口，缝份0.8cm，注意留下肩缝的缝份部分不缝合	
压缝领口	在前领口的弧度区域，将缝份打适量剪口；将贴边翻至正面，沿领口的缝口缉线，将贴边与两侧缝份固定，线迹距离缝口0.1cm，留下肩缝的缝份部分不缝合。同样的方法压缝后领止口	

续表

钩缝袖窿	将衣片与贴边正面相对，上下层比齐钩缝袖窿，缝份0.8cm，注意距离肩线的5cm的部分不缝合	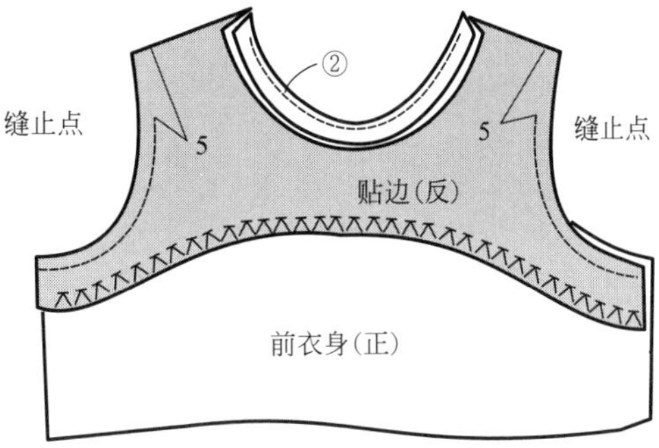 缝止点 ② 5 5 缝止点 贴边(反) 前衣身(正)
合肩缝	在弧线区域的袖窿缝份上打剪口，分别将前后衣片翻至正面，两衣片正面相对缝合肩缝，缝份1cm，劈缝烫平；由下口分别掏出左右两侧贴边的肩缝，正面相对缝合，缝份1cm；补缝肩缝前后的袖窿区域（10cm）。保持止口处衣片吐出0.1cm，压烫领口、袖窿	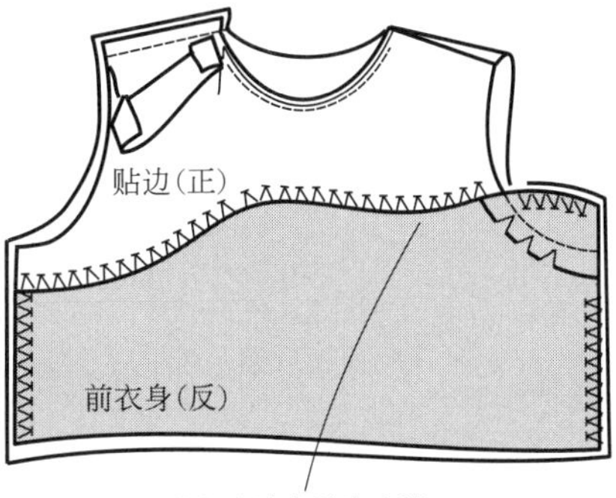 贴边(正) 前衣身(反) 由此处翻出缝合贴边肩缝 并补缝袖窿
合侧缝	将袖窿底处的贴边翻开，和衣片连贯缝合侧缝，缝份做劈缝处理	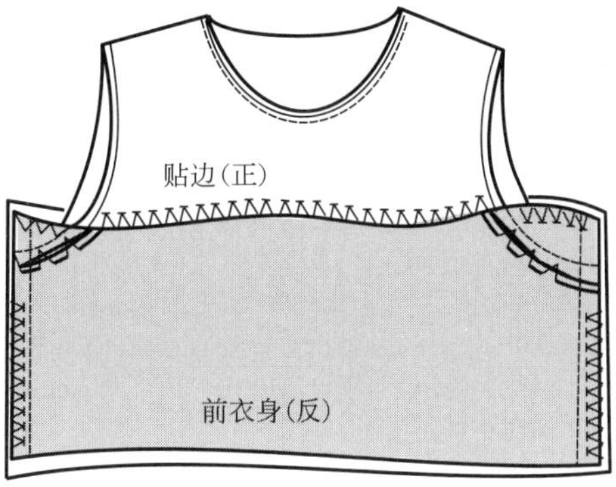 贴边(正) 前衣身(反)
固定贴边	根据款式要求，固定贴边外口时正面不露线迹。在衣片的侧缝处，将贴边与缝份固定，可以用手针或者机缝固定	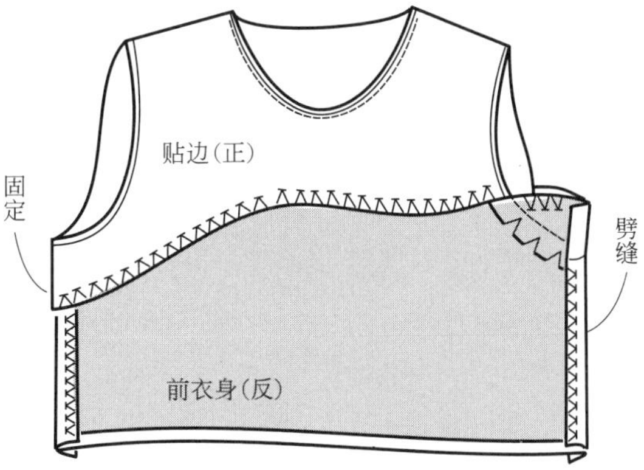 贴边(正) 固定 劈缝 前衣身(反)

2. 衬衫立领

款式	衬衫立领属于休闲风格，领的四周缉有明线，一般不与颈部贴合	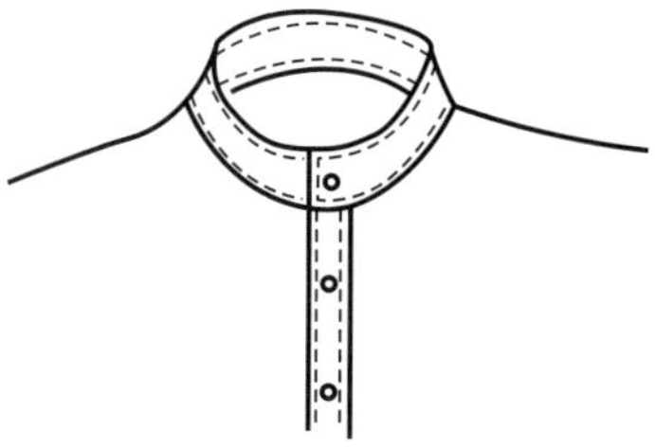
备料	前衣片2片，后衣片1片，领里、领面各1片，领面衬1片，衬料为非织造布黏合衬	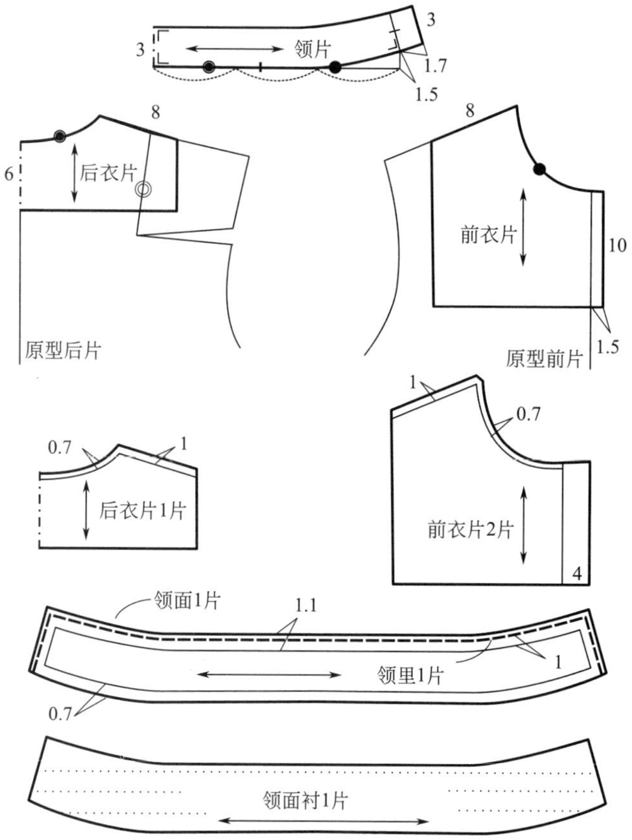
做领	领面粘衬后，钩缝领止口；修剪止口处缝份至0.7cm；扣烫领面下口缝份；翻至正面，压烫止口，注意领面略有吐出	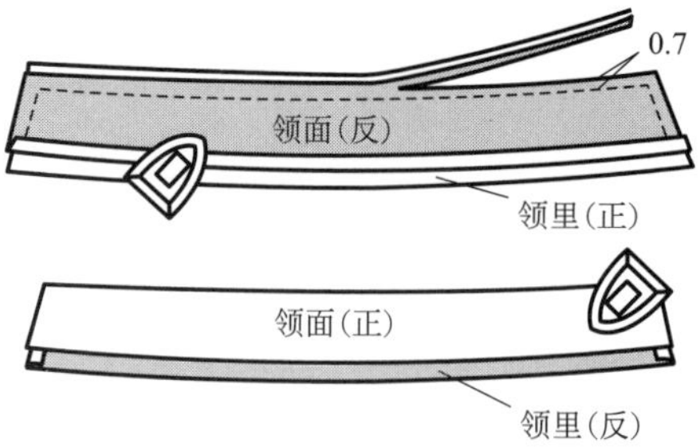
绱领	前后衣片缝合肩缝；骑缝绱领，先绱领里，然后缉领面的下口，再顺缉领上口明线，缉线宽度根据工艺要求确定	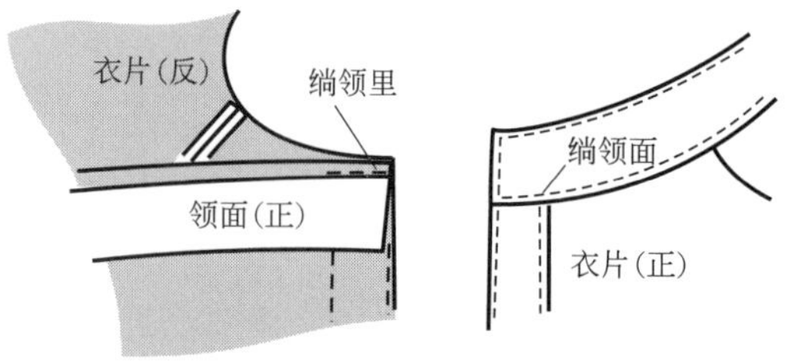

3. 中式立领

款式	中式立领与颈部的贴合较好，表面没有明线	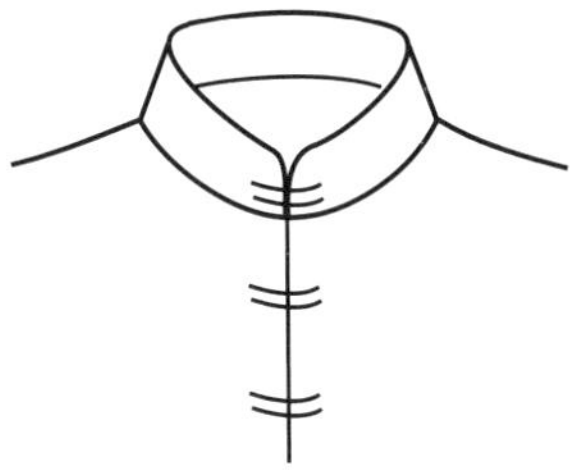
备料	前衣片2片，后衣片1片，领里、领面各1片，领面衬1片，衬料为机织布黏合衬	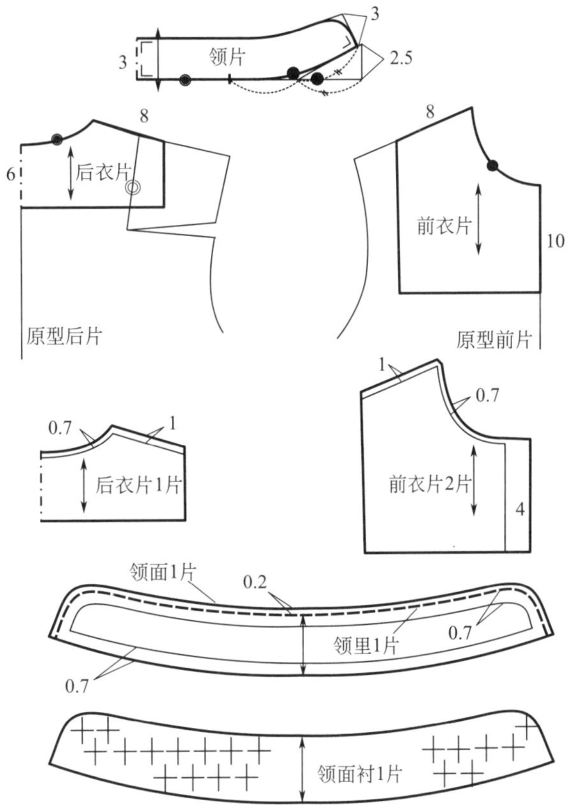
做领	领面粘衬后，钩缝领止口，沿净线让出0.1cm，两端缝至下口净线处；修剪止口处缝份，领面留0.5cm，领里留0.3cm；扣烫领里下口缝份；翻至正面，压烫止口，注意领面略有吐出。要求领止口无坐势，领角两端圆顺对称	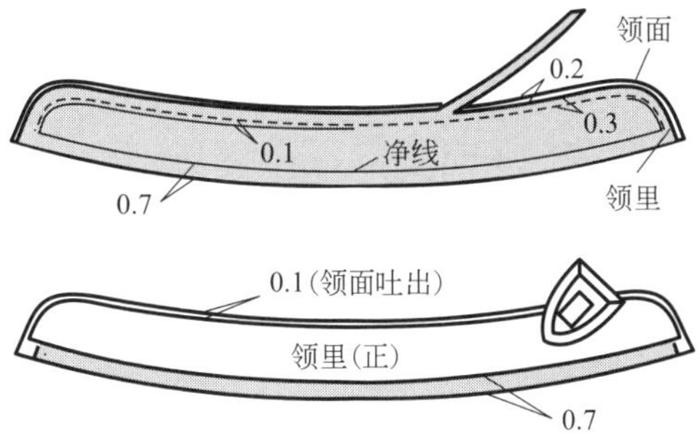
绱领	前后衣片缝合肩缝；将领面下口缝份修剪为0.7cm，然后骑缝绱领，先绱领面，再缲领里	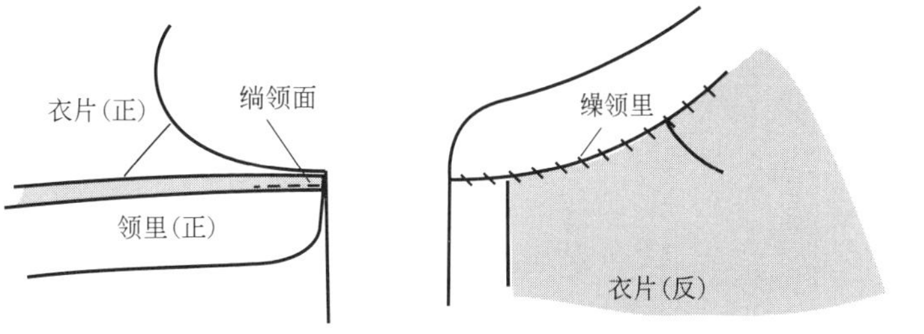

4. 翻领

款式	翻领的后中区域有领座，过渡至前中全部翻出，领角形状可根据需要进行设计，多用于女衬衫	
备料	前衣片2片，后衣片1片，领里、领面各1片，领面衬1片，衬料为非织造布黏合衬	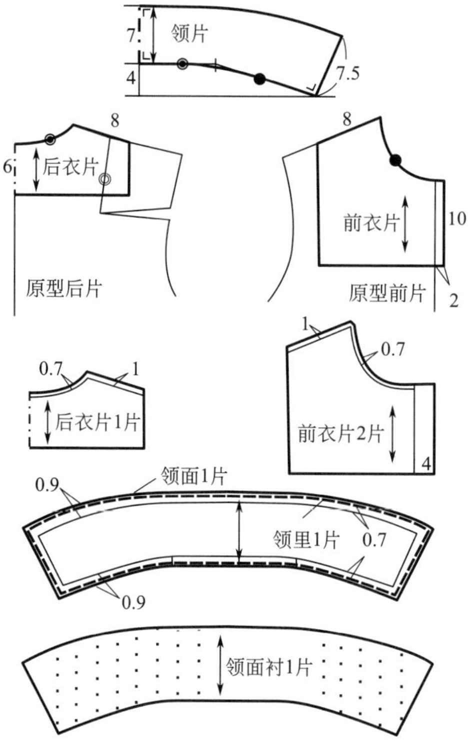 领片 7 4 7.5 8 6 后衣片 原型后片 8 前衣片 10 原型前片 2 0.7 1 后衣片1片 1 0.7 前衣片2片 4 领面1片 0.9 领里1片 0.7 0.9 领面衬1片
做领	领面粘衬后，钩缝领止口，注意做出领角窝势；修剪缝份至0.5cm；翻至正面，压烫止口，注意领面略有吐出，保持领角窝势。要求领角圆顺对称、自然窝服，止口顺直、无坐势	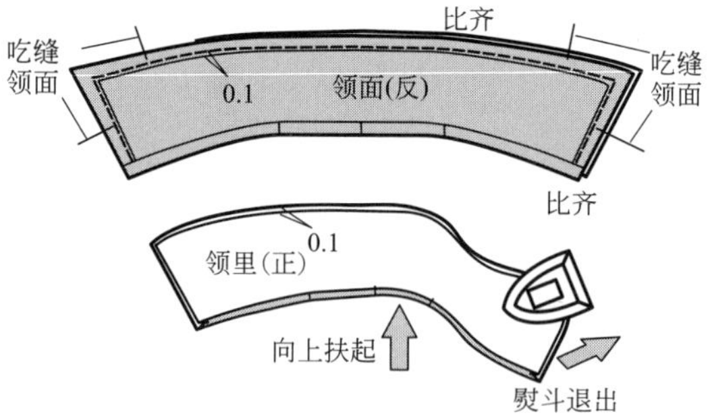 比齐 吃缝领面 0.1 领面(反) 吃缝领面 比齐 领里(正) 0.1 向上扶起 熨斗退出
绱领	前后衣片缝合肩缝；采用滚条式装领工艺	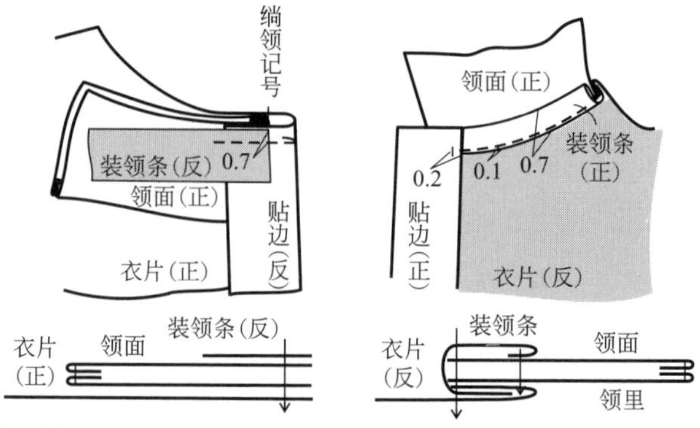 绱领记号 装领条(反) 0.7 领面(正) 贴边(反) 衣片(正) 领面(正) 0.2 0.1 0.7 装领条(正) 贴边(正) 衣片(反) 衣片(正) 领面 装领条(反) 衣片(反) 装领条 领面 领里

5. 两用领

款式	两用领也称为开关领，第一粒扣子可以扣合，是普通翻领的效果；也可以不扣，与贴边一起翻开，是翻驳领的效果	
备料	前衣片2片，后衣片1片，领里、领面各1片，领面衬1片，衬料为非织造布黏合衬	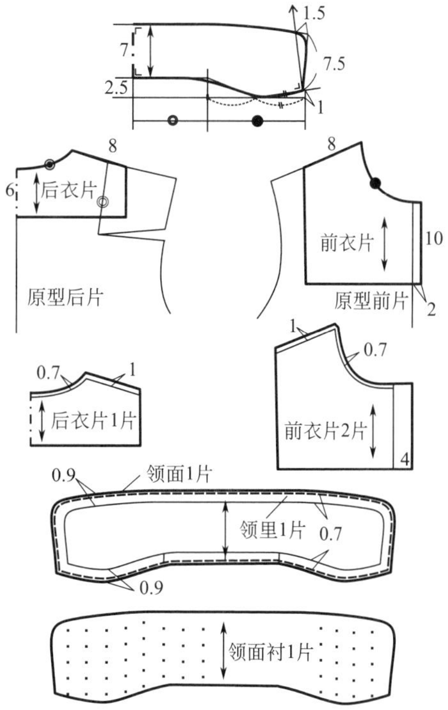
做领	参考翻领的制作方法做领，根据工艺要求，正面沿止口缉明线0.2cm。另外，为绱领方便，领面下口缝份需要打剪口。要求领角圆顺对称、自然窝服，止口顺直、无坐势	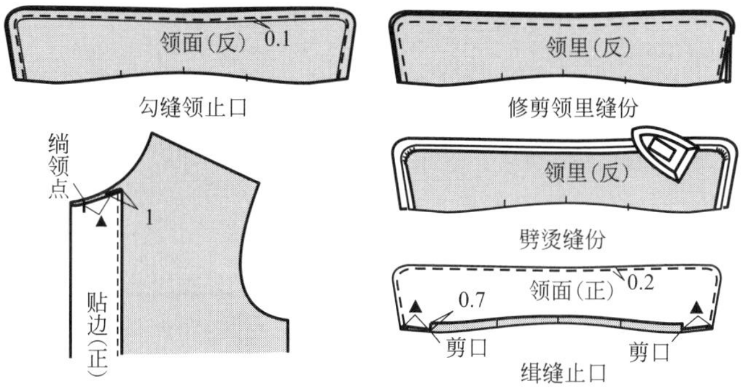
绱领	前后衣片缝合肩缝；骑缝绱领，先绱领里，分别在距离门、里襟贴边里口线1cm处打剪口；再绱领面，0.1cm车缝固定下口；正面沿门襟止口缉明线0.2cm	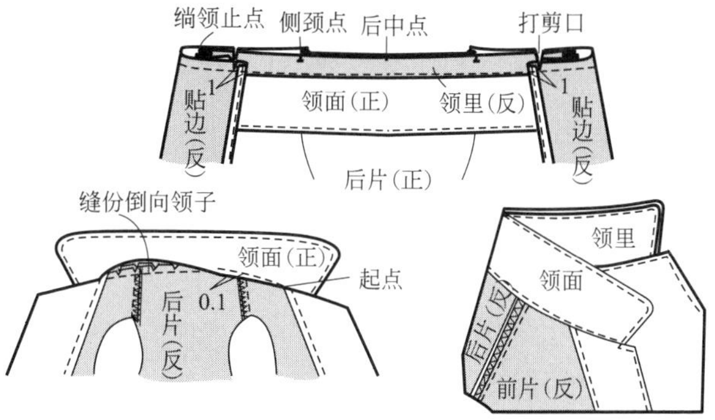

6. 立翻领

款式	立翻领由翻领和领座两部分组成，多用于衬衫和风衣	
备料	前衣片2片，后衣片1片，翻领领里、领面各1片，领座2片，翻领衬全衬1片，领角衬净衬2片，领座衬1片，衬料为非织造布黏合衬	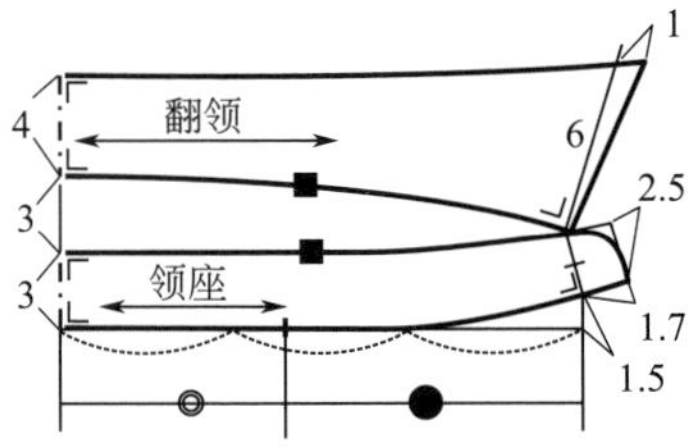 1 翻领 4 6 2.5 3 3 领座 1.7 1.5 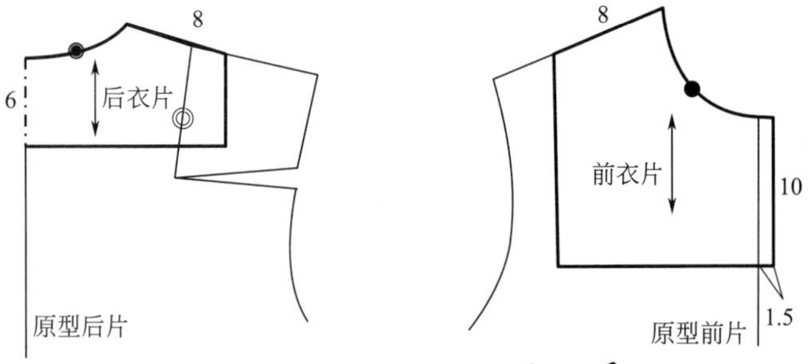 8 6 后衣片 原型后片 8 前衣片 10 1.5 原型前片 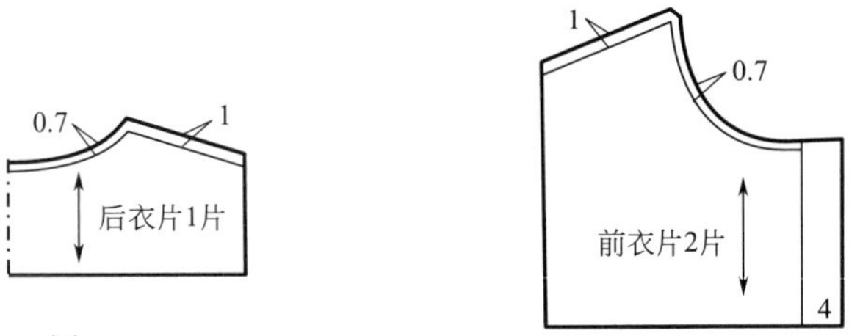 0.7 1 后衣片1片 1 0.7 前衣片2片 4 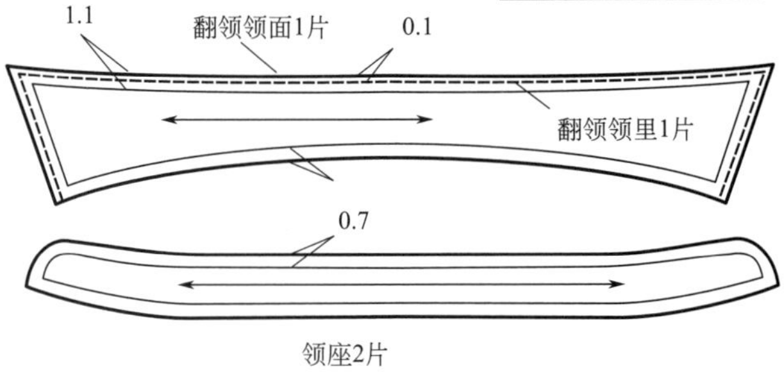 1.1 翻领领面1片 0.1 翻领领里1片 0.7 领座2片 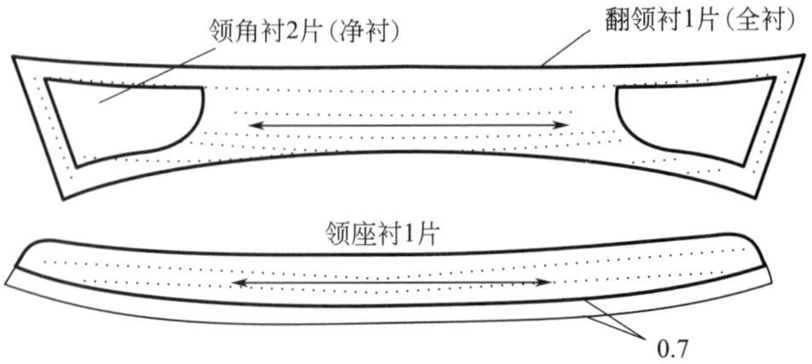 领角衬2片（净衬） 翻领衬1片（全衬） 领座衬1片 0.7

续表

做翻领	钩缝翻领止口，注意缝领角时需稍拉紧下层领里，做出自然窝势。修剪领角处缝份至距缉线0.2cm，将缝份折转扣烫；领子翻正，压烫止口，领面略有吐出。要求止口平薄，无坐势。沿止口缉线，要求线迹整齐，领面平整，不反吐，领角对称，保持自然窝势	
接缝领座	领座面粘衬后，扣烫下口缝份（0.7cm），并缉线（0.6cm）；翻领夹在领座里和面的中间，沿底领衬净线外侧0.1cm缉合，注意对齐四层的中间剪口和两端装领点。要求起落针回针，缉线顺直，两端对称。修剪圆头处缝份至0.3cm，翻正底领里和面，并压烫止口。要求底领圆头圆顺、美观，左右对称，止口不反吐、无坐势。沿翻、底领接合处，在底领一侧缉线。要求线迹整齐、顺直，反面平服无漏缝	
绱领	前后衣片缝合肩缝；骑缝绱领，先绱领座里，再绱领座面，0.1cm车缝固定下口，并与领座上口缉线顺接。要求两端平齐，缉线顺直，领座平服	

7. 连衣帽

款式	连衣帽与衣身的领口连接，能覆盖除了面部之外的头部其他区域，防寒保暖。为了便于活动，连衣帽一般比较宽松，搭配收紧设计，如抽绳、扣襻等。从款式及结构的角度分析，连衣帽有两片对称式、两侧分割式、头顶分割式等；但工艺都采用全挂里工艺	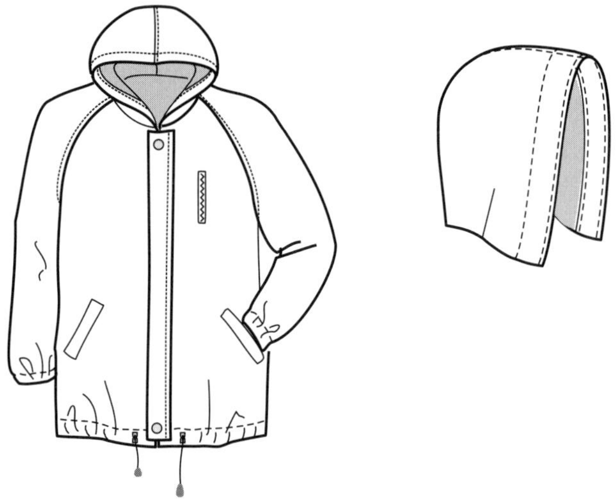
备料	帽面2片，帽里2片，帽口衬2片，衬料为非织造布黏合衬	头顶点 头围 帽长 FNP 头围/2+2 5 1 7 帽长+2 3～4 11 后领窝长 4～6 前领窝长+省量 1 帽面2片 4 净样 帽口贴边 4 帽口衬2片 1 帽里2片

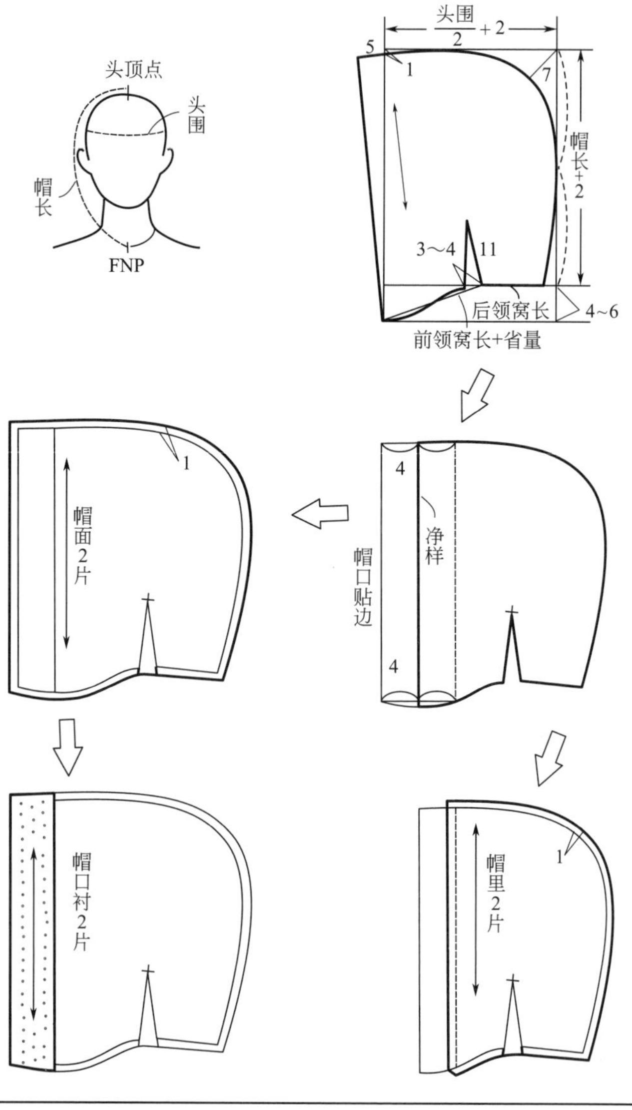

续表

做帽面	帽面下口收省，缝合帽面中线，正面缉明线	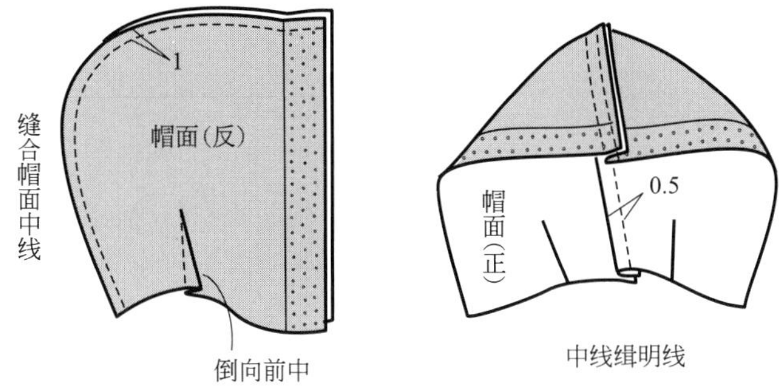
做帽里	帽里下口收省，缝合帽里中线，帽里、帽面接缝帽口	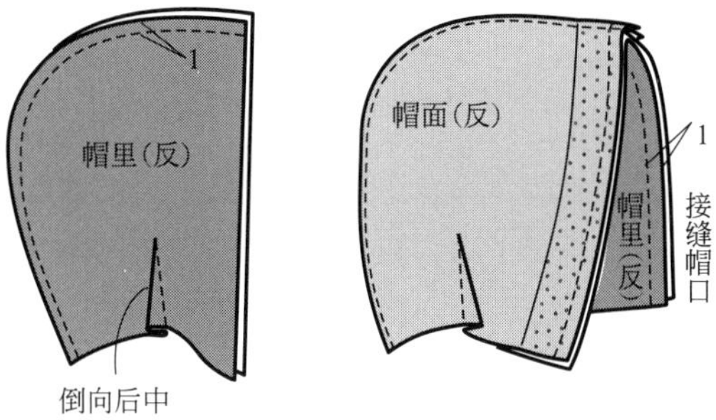
缉帽口	帽口缉明线固定	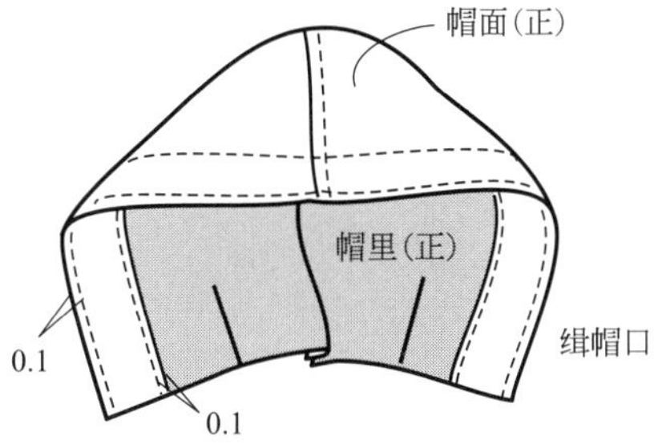

十一、腰头工艺

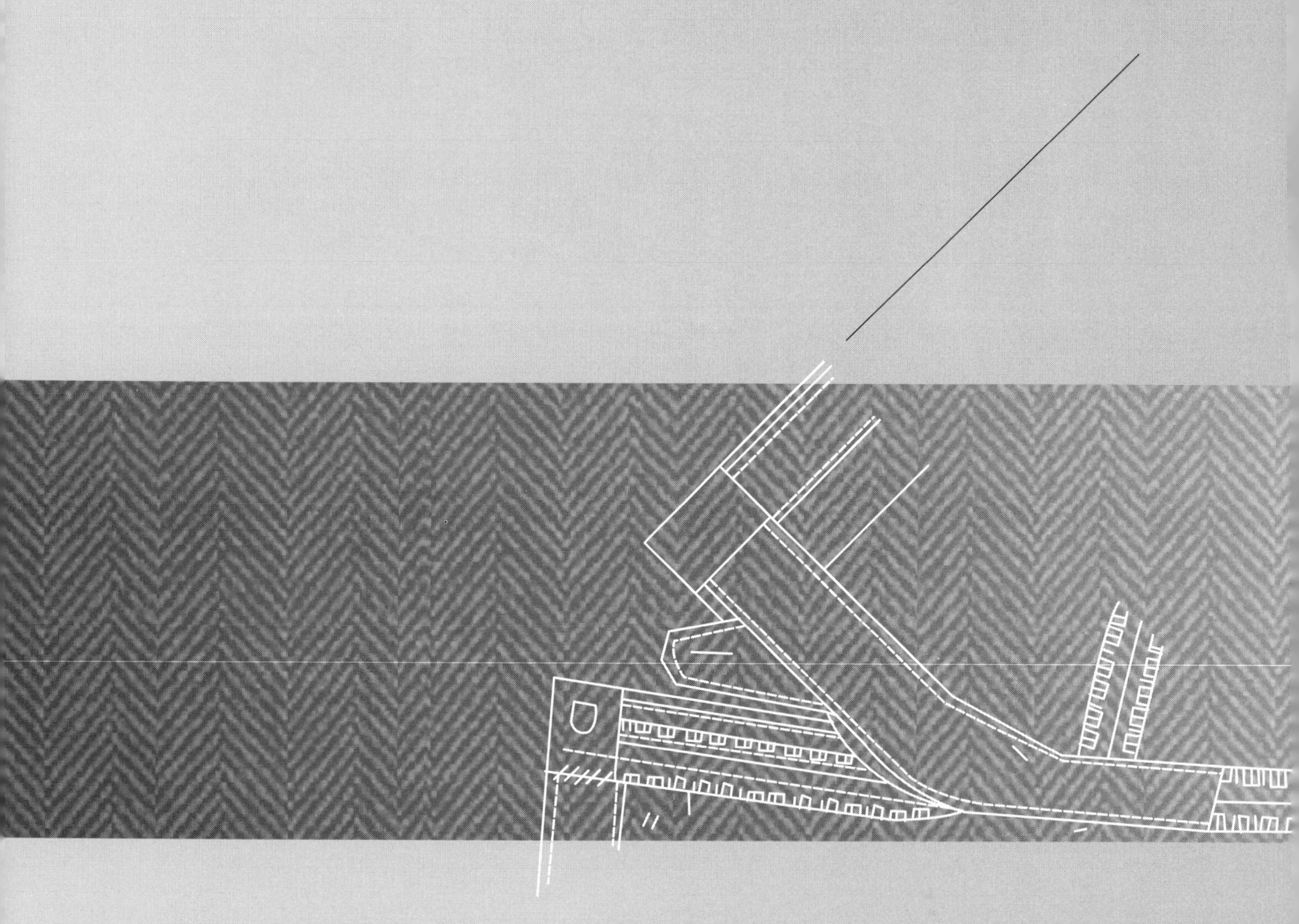

1. 双层腰头

（1）反正夹缝法双层式腰头

款式	双层连裁腰头，腰面下口缉线，主要用于裙子和女裤，也可用于袖头工艺	
备料	按图示备料。腰面、腰里的反面全粘非织造布黏合衬，并扣烫腰面下口的缝份	15 裙片1片 20；腰头衬1片 8 20；1 腰头1片 8 20
做腰头	将腰头正面相对钩缝两端至下口净线，翻至正面，压烫腰头止口	腰面(反) 1 1；腰面(反) 里襟对位点 0.2
绱腰头	先将腰里和裙片的反面相对，沿扣烫好的腰面下止口外侧车缝	腰里(反) 0.9 ① 腰面(正) 裙片(反)
缉腰面	翻起腰头，将腰口缝份置于腰里、腰面之间，腰面止口刚好盖没绱腰里的线迹，沿腰面下止口缉线。注意带紧裙片及腰里，并推送腰面，防止腰头出现涟形	腰面(正) ② ① 0.1 裙片(正)

（2）正反夹缝法双层式腰头

款式	双层连裁腰头，裙身腰口缝口处灌缝，腰里下口处没有折进缝份，有固定线迹，主要用于裙子和女裤	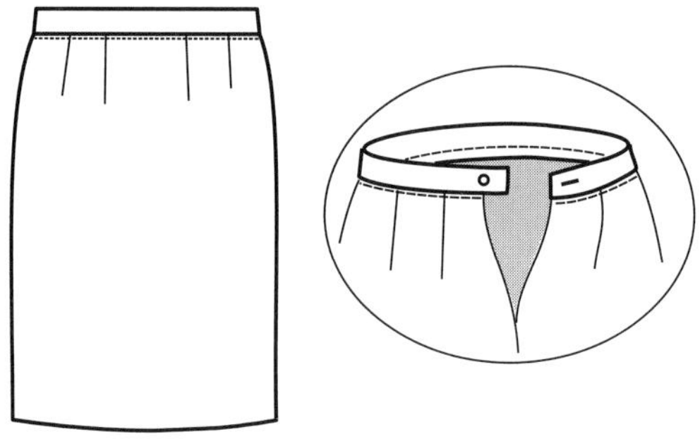
备料	按图示备料。腰面、腰里的反面全粘非织造布黏合衬	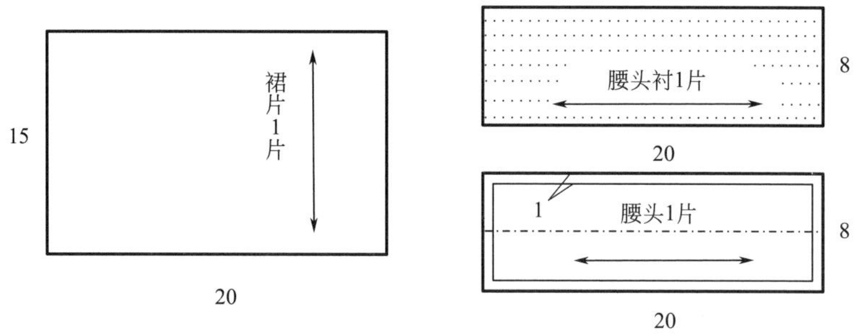
做腰头	将腰里的下口锁边或者用滚条包覆，腰头正面相对钩缝两端至下口净线。将腰头翻至正面，压烫对折线及两端止口	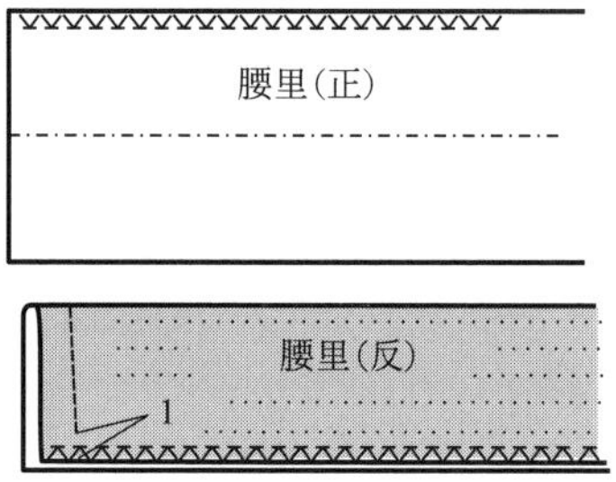
绱腰面	将腰面和裙片的正面相对，沿下口净线车缝	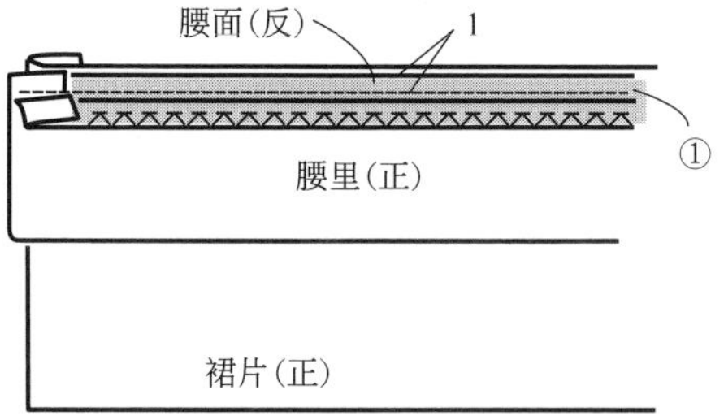
绱腰里	翻起腰头，将腰口缝份置于腰里、腰面之间，在绱腰面的缝口处灌缝固定腰里的下口。操作时，注意带紧下层、送上层，防止出现涟形，不要漏缝腰里	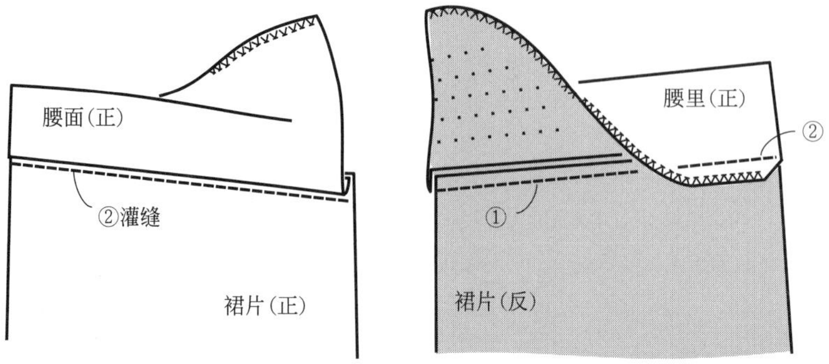

（3）双面夹缝法双层式腰头

项目	说明
款式	双层单裁腰头，腰面下口缉线，腰里下口处向内折进缝份，有固定线迹，主要用于休闲款裙子和女裤，也可用于袖头工艺 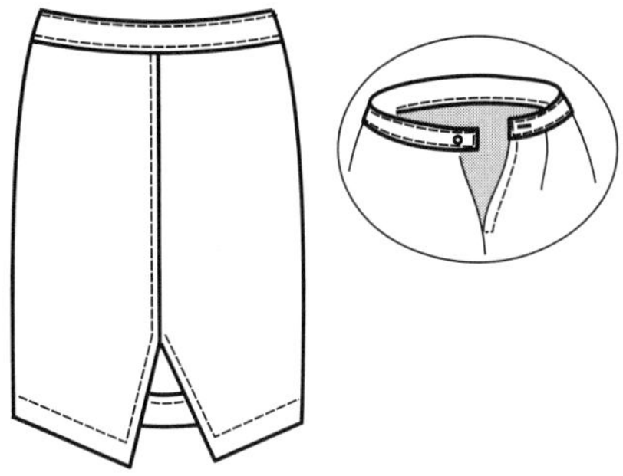
备料	按图示备料。腰头面、腰头里的反面全粘非织造布黏合衬 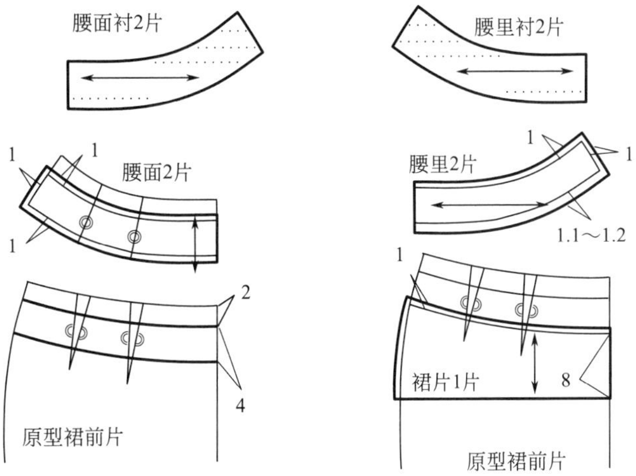
做腰头	分别扣烫腰头面、腰头里下口的缝份，腰头里的宽度略大于腰面，以防止绱腰头时漏缝下层；腰头面与里正面相对，钩缝两端及上口；将腰头翻至正面，压烫四周止口 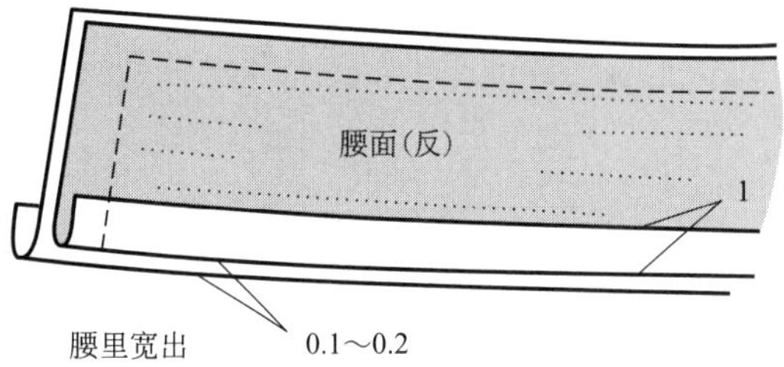
绱腰头	将裙片腰口缝份插入两层腰头之间，从正面缉线。缉线位置共有五层，需要特别注意带紧下层、推送上层，保持接缝处不变形，防止上下层错位，也不能漏缉下层。腰头绱好之后顺缉腰头其他三边的止口 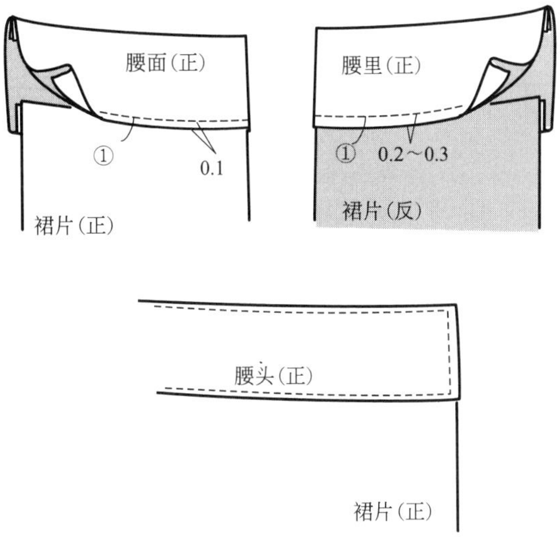

2.贴边式腰头

款式	贴边式腰头的腰口为弧线，正面无线迹；反面贴边的上口有线迹，下口有局部固定，主要用于裙装	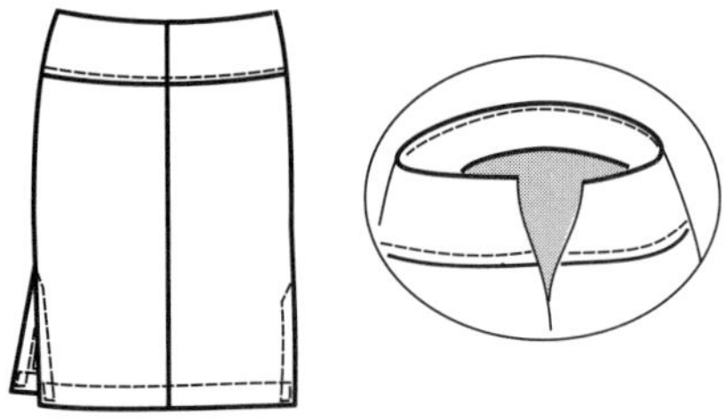
备料	按图示备料。贴边反面粘黏合衬，并将下口锁边。接缝育克并将缝份锁边，参考裙装门襟工艺，在裙片后中绱拉链	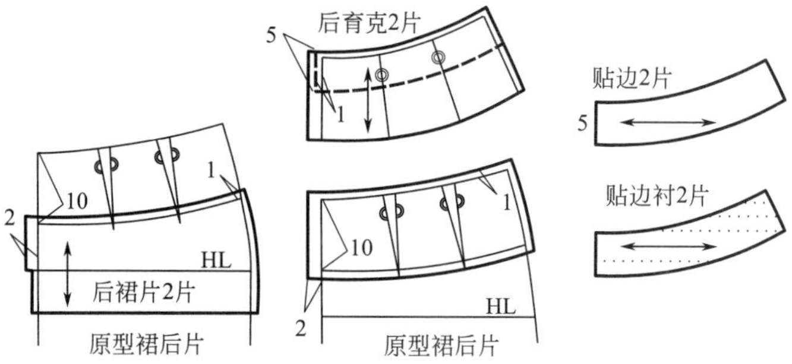
钩缝两端	将贴边与育克腰部正面相对，比齐后中缝，分别钩缝两端	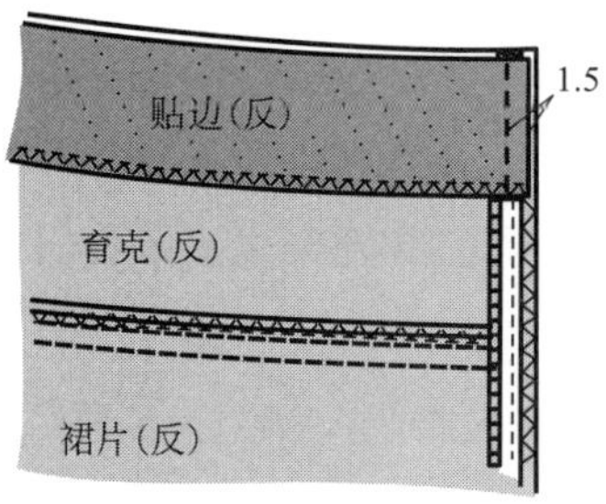
缝合腰口	沿后中缝净线折转裙片的缝份，沿腰口净线缝合腰口	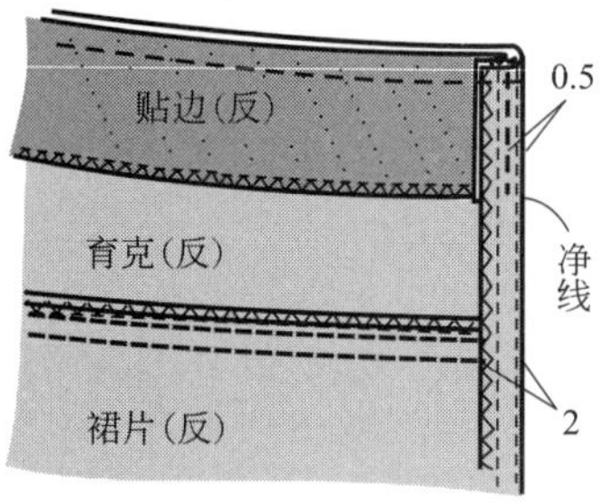
缉腰口	翻正贴边，沿贴边的腰口线缉明线，压住两层缝份，两端缉不到头；熨烫腰口，在反面有缝份的部位，手缝固定贴边下口	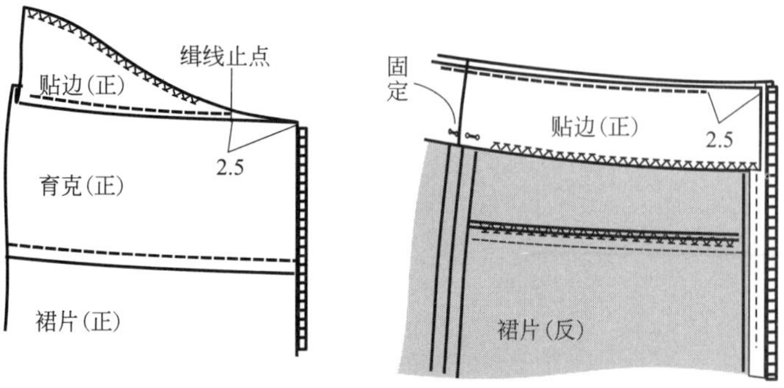

3. 活动式松紧腰头

款式	裙腰连裁，内装松紧带，松紧带可活动，多用于居家服的裙子、裤子	
备料	按图示备料	
缝合裙片	将裙片上口及两侧锁边，裙片正面相对缝合侧缝，在其中一侧的贴边处空出穿松紧带的开口位置。沿净线折贴边，并缉缝固定	
穿松紧带	将松紧带从开口处穿入，并在两端重叠2cm后固定，确认固定牢固	
封口	将松紧带理顺平整，手缝固定贴边的开口处	

4.固定式松紧腰头

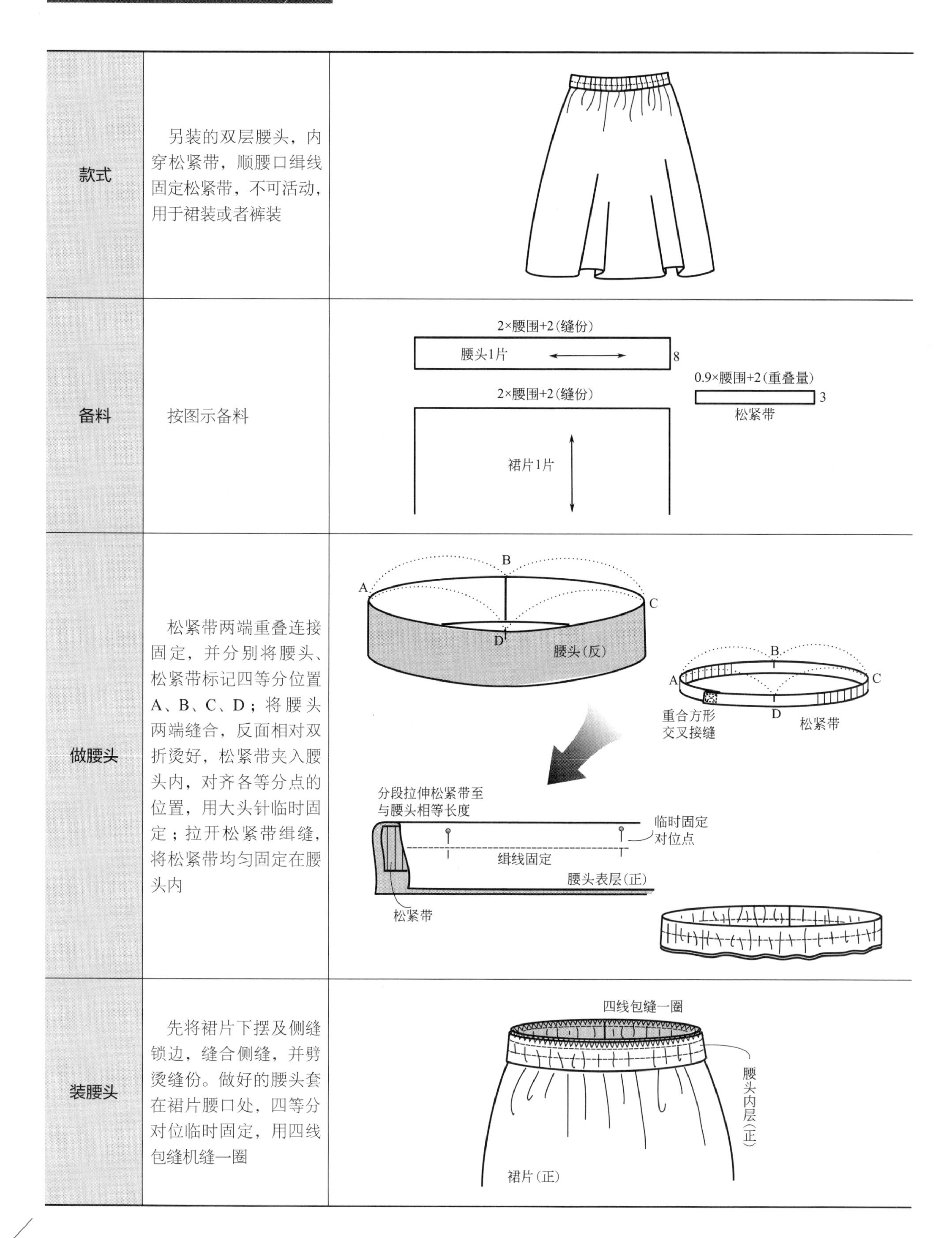

款式	另装的双层腰头，内穿松紧带，顺腰口缉线固定松紧带，不可活动，用于裙装或者裤装
备料	按图示备料
做腰头	松紧带两端重叠连接固定，并分别将腰头、松紧带标记四等分位置A、B、C、D；将腰头两端缝合，反面相对双折烫好，松紧带夹入腰头内，对齐各等分点的位置，用大头针临时固定；拉开松紧带缉缝，将松紧带均匀固定在腰头内
装腰头	先将裙片下摆及侧缝锁边，缝合侧缝，并劈烫缝份。做好的腰头套在裙片腰口处，四等分对位临时固定，用四线包缝机缝一圈

5.半松紧式腰头

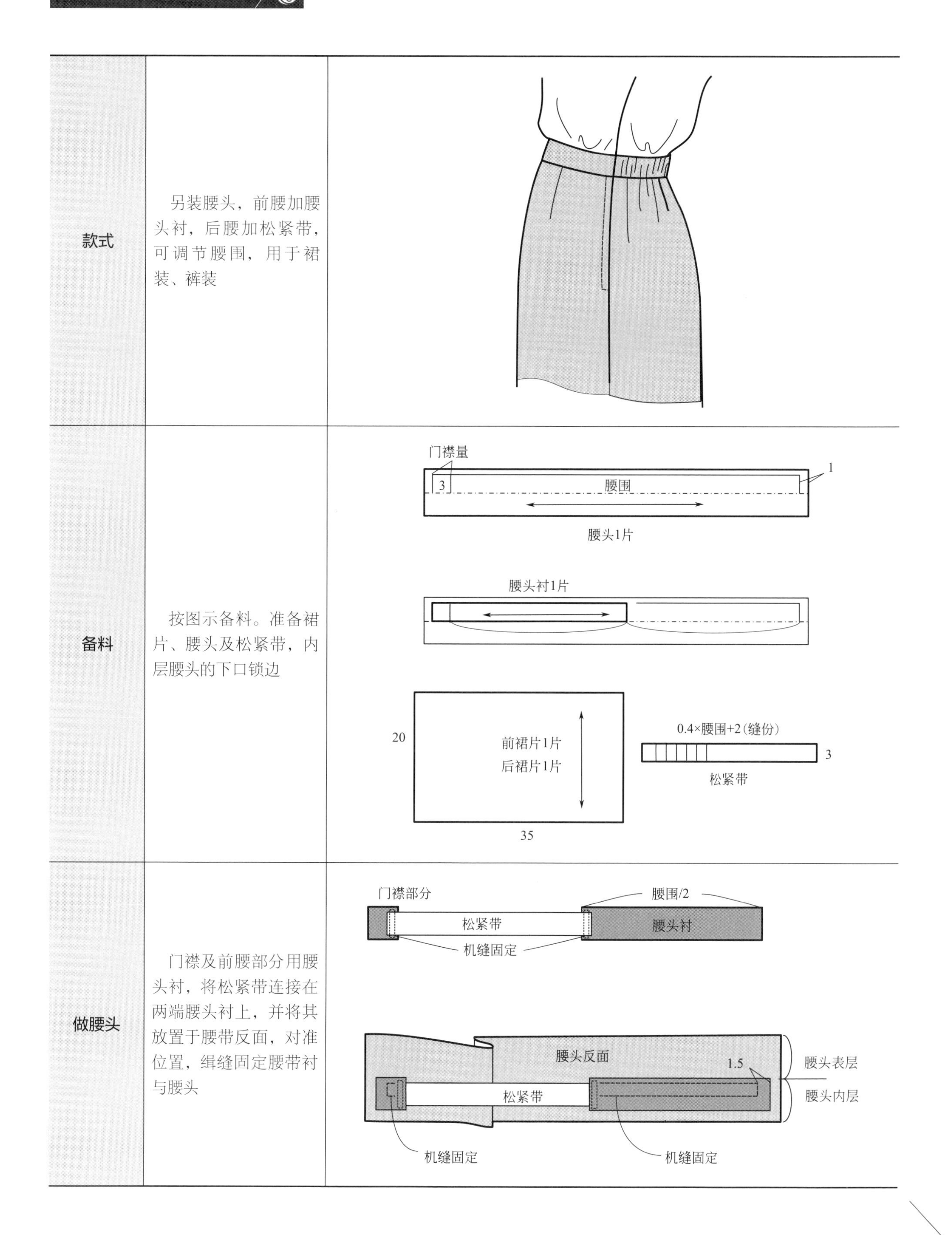

款式	另装腰头，前腰加腰头衬，后腰加松紧带，可调节腰围，用于裙装、裤装	
备料	按图示备料。准备裙片、腰头及松紧带，内层腰头的下口锁边	
做腰头	门襟及前腰部分用腰头衬，将松紧带连接在两端腰头衬上，并将其放置于腰带反面，对准位置，缉缝固定腰带衬与腰头	

续表

装腰面	用正反夹缝的方法装腰头，先装腰面，将裙身与腰头正面相对，缉缝上口 分别将腰头两端正面相对折叠，钩缝止口；翻正腰头，压烫两端止口	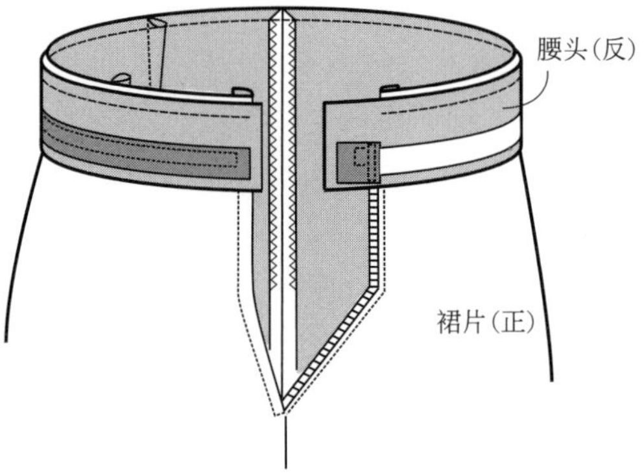
缉腰里	翻上腰头，沿腰口缉线，固定腰头内层，注意不能漏缝；顺缉腰头上口明线装饰	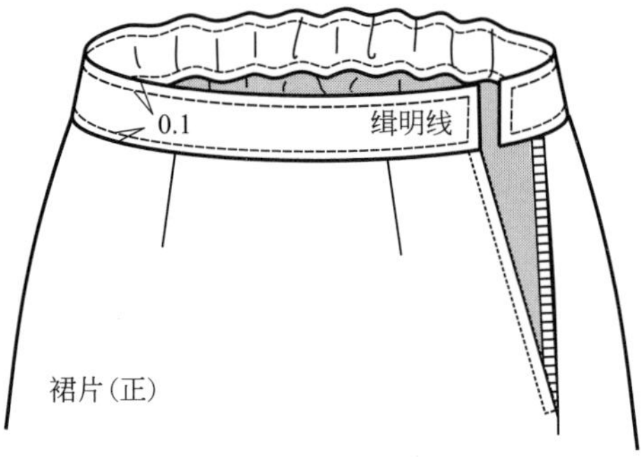

十二、襻带工艺

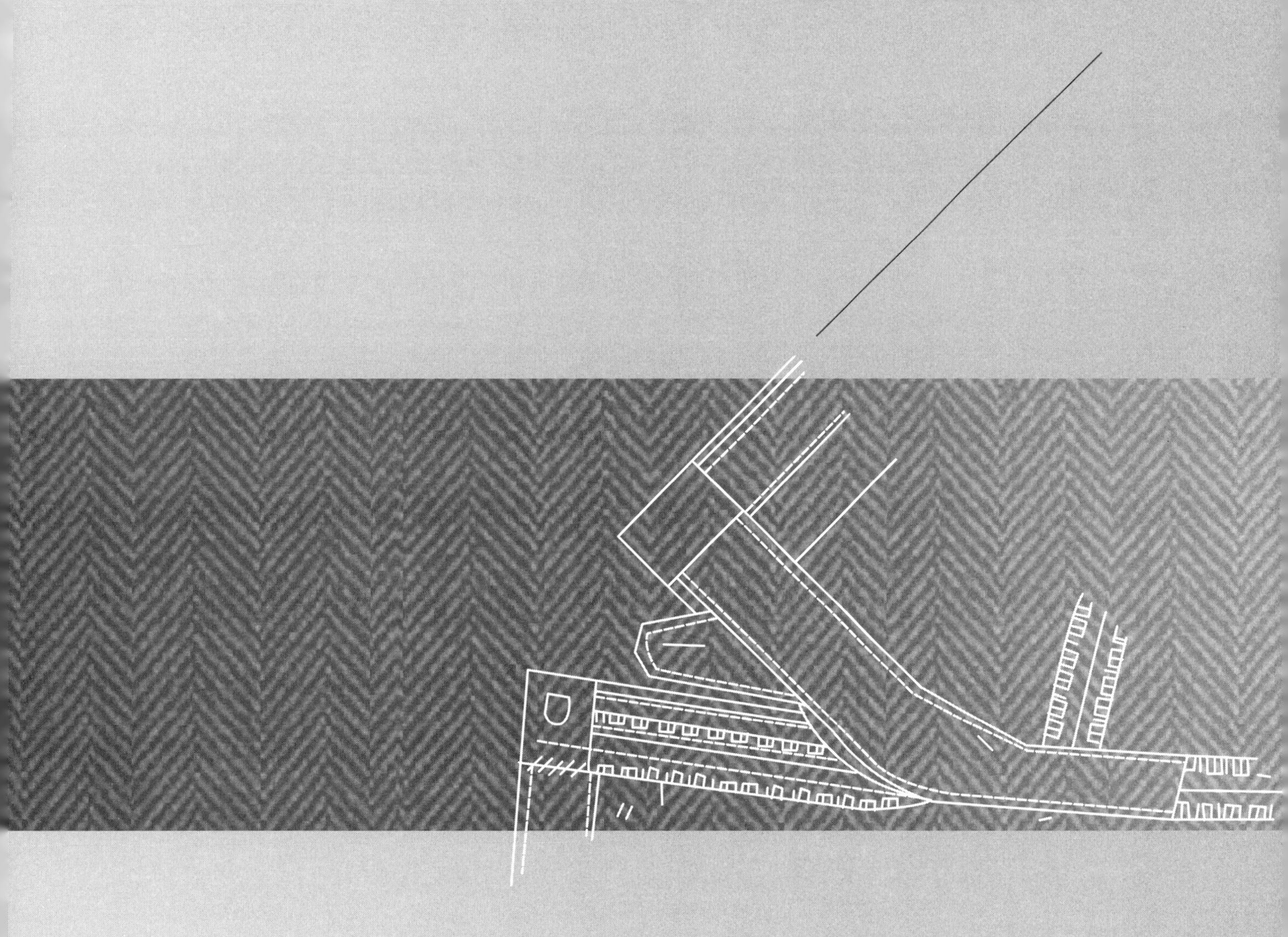

1. 裤襻

双层工艺	按图中所示折叠并压烫折边，专用串带机双针缉线固定，表面两条平行线迹，背面链式线迹将毛边覆盖。主要用于批量生产的裤装，尤其是面料比较厚的裤装	折叠 压烫 表面 背面
三层暗缝工艺	反面钩缝、分烫缝份后翻正，缝口置于背面中间压烫，表面无线迹。主要用于款式要求表面无线迹的男西裤	钩缝 分烫 翻正 背面
三层明缝工艺	按图中所示折叠并压烫折边，沿中线处的折边缉线固定，表面、背面均为两条平行线迹，主要用于单件制作的普通厚度面料的裤装	折叠 压烫 背面 缉线 表面
四层明缝工艺	按图中所示折叠并压烫折边，沿串带两侧缉线，共四层厚度，两面外观相同，主要用于单件制作的较薄面料的裤装	折叠 压烫 表面 背面

2. 腰带、肩襻、袖襻

双层钩压缝工艺	腰带、肩襻、袖襻等均需要双层单裁，表面与背面的裁片完全相同，反面均需要全粘黏合衬。先反面钩缝，翻正后压烫止口，缝口处不能有坐势；沿止口缉线，根据款式要求确定位置及数量	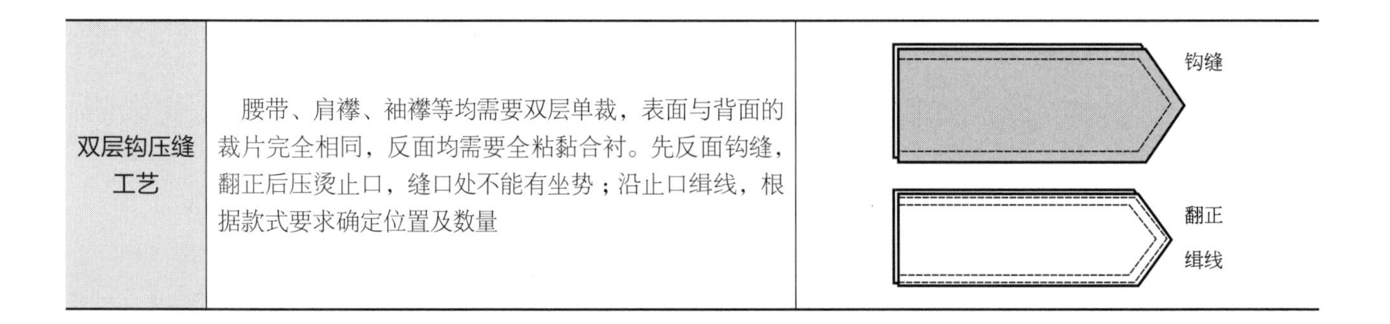

十三、部位工艺

1.省道工艺

（1）三角省

款式	三角省外观为单线条，形状可以是直线、折线或弧线，用于合体型服装	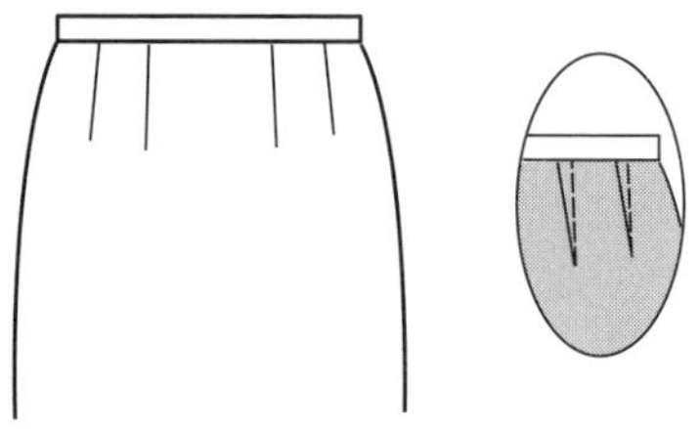
备料	按图示备料。反面画出省边线	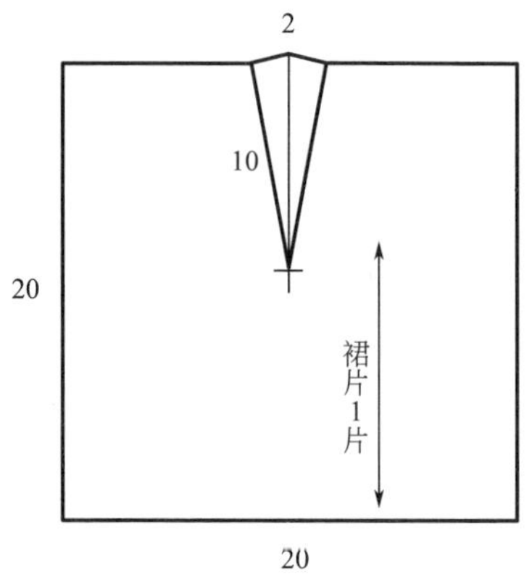 2 10 20 裙片1片 20
缝合省边线	沿省中线折叠裙片，理顺省道。从省口处起针，倒回针，沿省边线缝合。距省尖2cm左右时，缝线向省中线靠拢，并最终相切，缝至省尖不能倒回针，留出的线头手工打结后修剪至0.5cm。要求省口牢固，省尖细而尖，线迹顺直	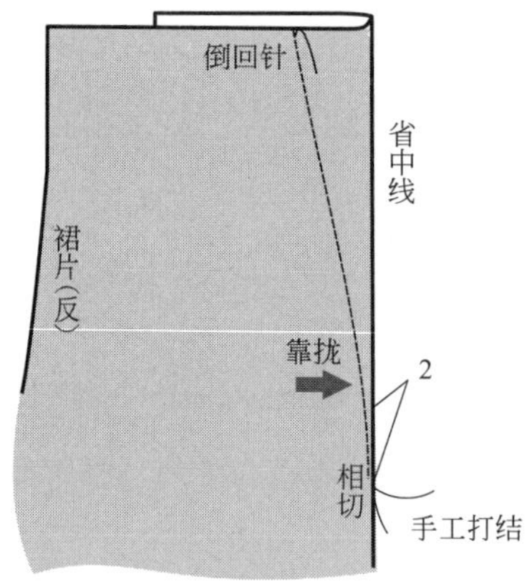 倒回针 省中线 裙片(反) 靠拢 2 相切 手工打结
烫省	省缝倒向一侧，在省缝下垫一纸板，用熨斗压烫，通常横向省缝倒向上方，纵向省缝倒向中心线；省尖处需要垫上布馒头从正面烫圆润。要求熨烫平服，省尖处无泡形，正面无坐势，不露线迹	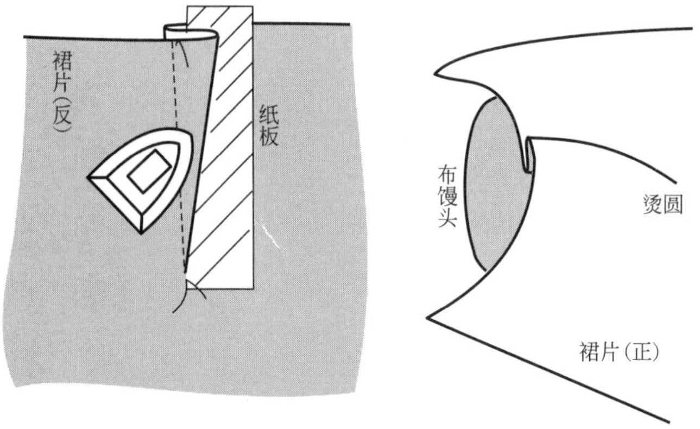 裙片(反) 纸板 布馒头 烫圆 裙片(正)

（2）菱形省

款式	菱形腰省，外观呈现向中心收回的折线状，用于连体式连衣裙、大衣等。较薄或者普通厚度的面料缝制菱形省的方法与三角省相同，下面介绍较厚面料缝制菱形省的两种方法 完成后要求线迹顺直，两端省尖细而尖；熨烫平服，省尖处无泡形，正面无坐势，不露线迹	
备料	按图示备料	20 4 35 13 2.5 12 裙片1片 垫布1片 28
垫布式收省工艺	沿省中线折叠衣片，理顺省道。取垫布平铺在省缝下方居中位置，再缝合省道，注意起落针倒回针。在省缝最宽处横向打剪口，将省缝与垫布分别向两侧烫倒。将两层垫布分别剪成省缝的形状	2 裙片(反) 垫布(正) 横向打剪口 裙片(反) 省缝倒缝份 垫布
劈缝式收省工艺	沿省中线叠合省道，然后沿省边线缝合，注意起落针倒回针。沿中线将省缝剪开，两端剪至省道缝份为0.3cm的位置，并在省缝最宽处横向打剪口。将省缝劈开烫实，省尖处可插入手针帮助分开缝份，然后压烫	裙片(反) 裙片(反) 剪开止点 0.3 横向打剪口 剪开止点 裙片(反) 手针

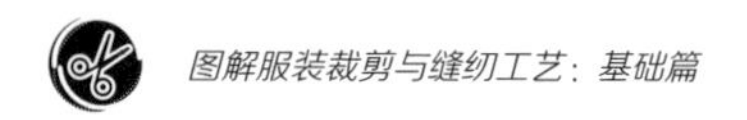

（3）开花省

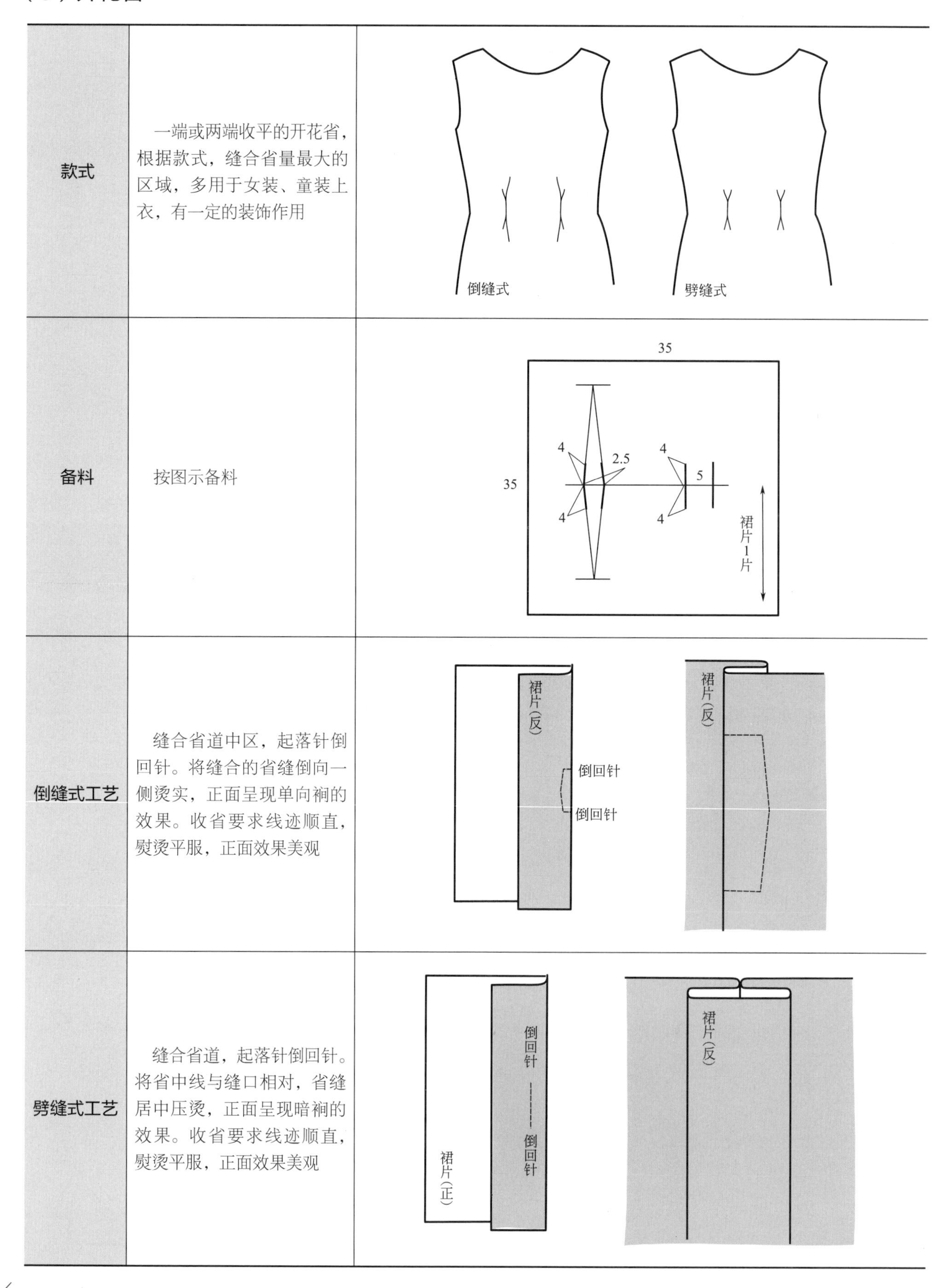

款式	一端或两端收平的开花省，根据款式，缝合省量最大的区域，多用于女装、童装上衣，有一定的装饰作用	
备料	按图示备料	
倒缝式工艺	缝合省道中区，起落针倒回针。将缝合的省缝倒向一侧烫实，正面呈现单向裥的效果。收省要求线迹顺直，熨烫平服，正面效果美观	
劈缝式工艺	缝合省道，起落针倒回针。将省中线与缝口相对，省缝居中压烫，正面呈现暗裥的效果。收省要求线迹顺直，熨烫平服，正面效果美观	

2. 下摆工艺

（1）明缝

连贴边的下摆	单层折边	对于弧度较大的圆形下摆，先将下摆毛边锁边处理，扣折一次并沿上口缉线。为避免出现涟形，可以先沿下摆边缘用大针脚车缝一道，进行抽缩处理。对于厚料的下摆，一般也采用单层折边	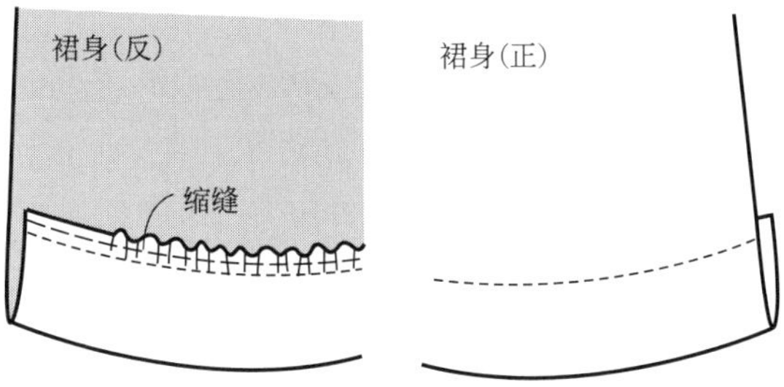 裙身(反) 缩缝 裙身(正)
	双层折边	中等厚度的非透明面料，下摆为直线或者很小弧度的，一般采用折边缝	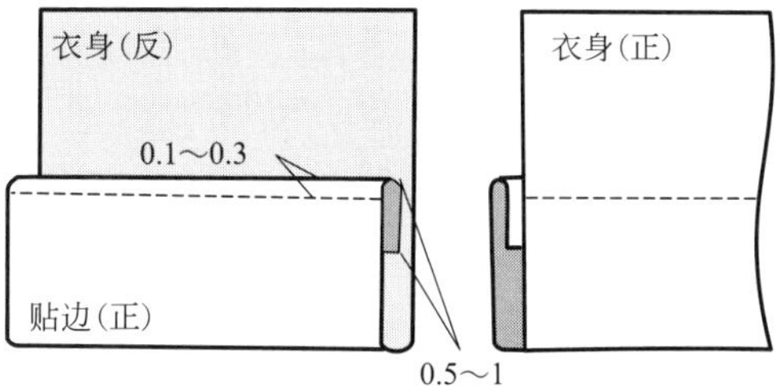 衣身(反) 0.1～0.3 贴边(正) 0.5～1 衣身(正)
	卷边	薄的透明面料，下摆为直线或者很小弧度的，一般采用卷边缝	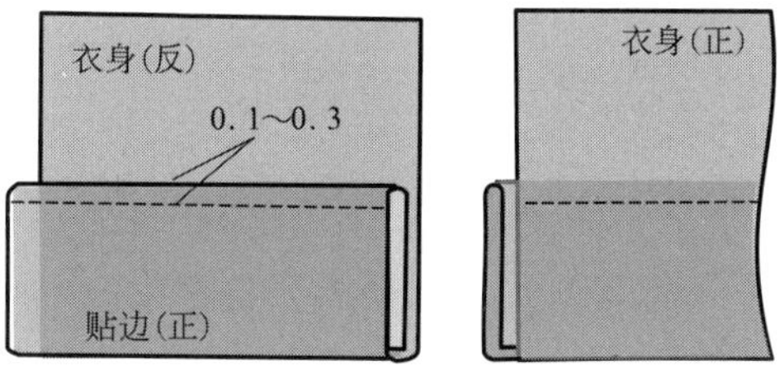 衣身(反) 0. 1～0. 3 贴边(正) 衣身(正)
单层另装贴边的下摆		贴边与下摆采用钩压缝连接	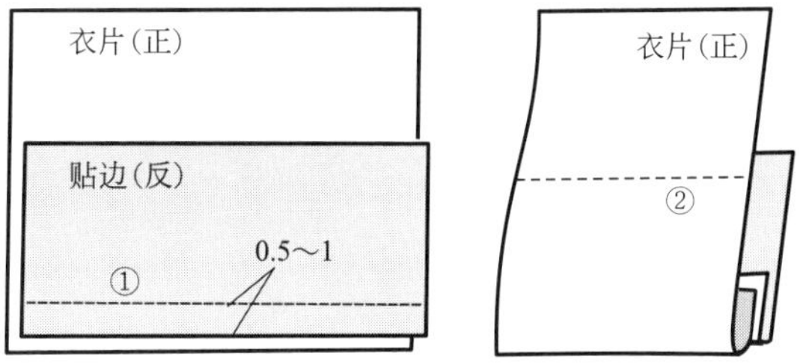 衣片(正) 贴边(反) 0.5～1 ① 衣片(正) ② 衣片折边略超出贴边
双层另装的下摆		下摆为双层设计，采用镶边工艺，与衣片骑缝连接	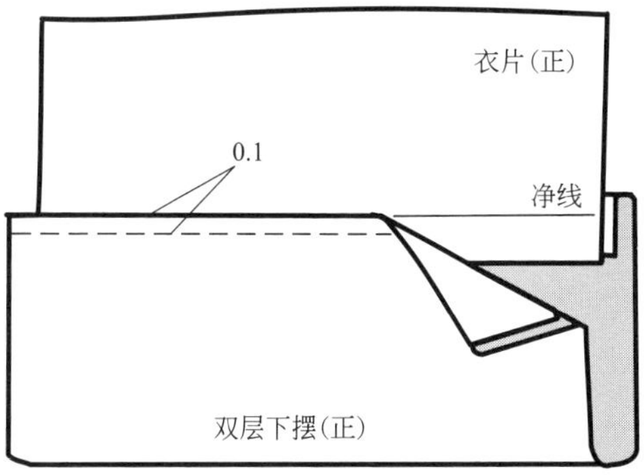 衣片(正) 0.1 净线 双层下摆(正)

（2）暗缝

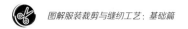

单做下摆	先将下摆毛边锁边，然后沿净线折转熨烫，用手针缝合固定。手缝针法可以用缭针、绿针、三角针等，裙身正面效果基本相同	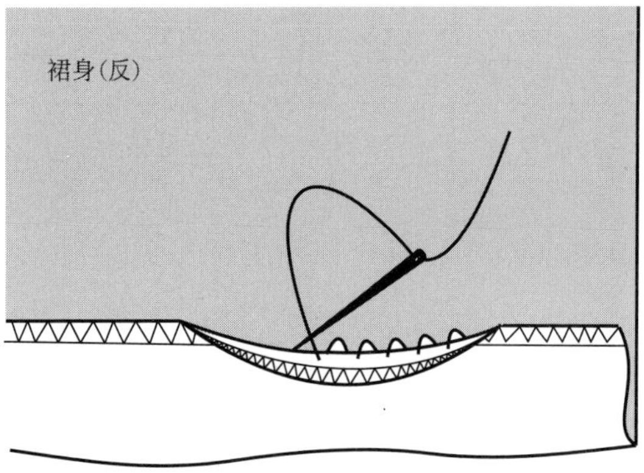 裙身（反）
有里布的下摆	裙面下摆用上面单做下摆方法处理，里布下摆折边缝处理。里布与面布不能缝合在一起，需要在下摆的侧缝处采用拉线襻的方法加以固定	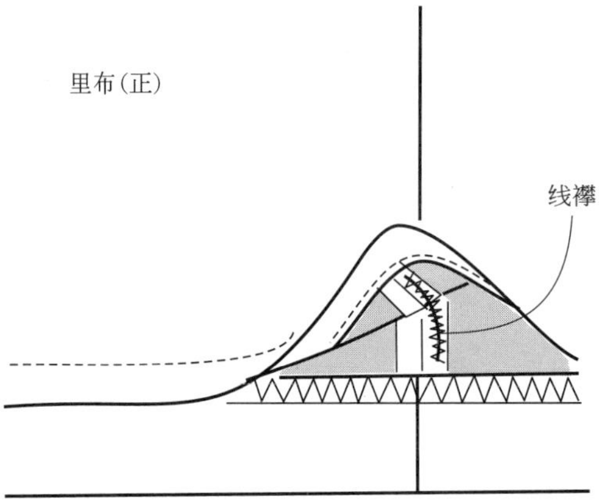 里布（正） 线襻
	所有下摆完成后要求平服，无绞皱；贴边宽度一致，止口均匀；线迹顺直、美观（正面为底线线迹）	

参考文献

[1] 潘凝. 服装手工工艺[M]. 2版. 北京：高等教育出版社，2003.

[2] 王革辉. 服装材料学[M]. 2版. 北京：中国纺织出版社，2010.

[3] 朱松文，刘静伟. 服装材料学[M]. 5版. 北京：中国纺织出版社，2015.

[4] 王革辉. 服装面料的性能与选择[M]. 上海：东华大学出版社，2013.

[5] 王晓. 纺织服装材料学[M]. 北京：中国纺织出版社，2017.

[6] 中屋，典子，三吉满智子. 服装造型学：技术篇 I [M]. 孙兆全，刘美华，金鲜英，译. 北京：中国纺织出版社，2004.

[7] 中屋，典子，三吉满智子. 服装造型学：技术篇 II [M]. 刘美华，孙兆全，译. 北京：中国纺织出版社，2004.

[8] 陈丽，刘红晓. 裙・裤装结构设计与缝制工艺[M]. 上海：东华大学出版社，2012.

[9] 张繁荣. 男装结构设计与产品开发[M]. 中国纺织出版社，2014.

[10] 潘波，赵欲晓，郭瑞良. 服装工业制板[M]. 3版. 北京：中国纺织出版社，2016.

[11] 许涛. 服装制作工艺：实训手册[M]. 2版. 北京：中国纺织出版社，2013.

[12] 刘锋，吴改红. 男西服制作技术[M]. 上海：东华大学出版社，2014.

[13] 刘锋. 服装工艺设计与制作：基础篇. 北京：中国纺织出版社，2019.

[14] 朱秀丽，鲍卫君，屠晔. 服装制作工艺：基础篇[M]. 3版. 北京：中国纺织出版社，2016.

[15] 鲍卫君. 服装制作工艺：成衣篇[M]. 3版. 北京：中国纺织出版社，2016.

[16] 张繁荣. 服装工艺[M]. 3版. 北京：中国纺织出版社，2017.

[17] 纺织工业科学技术发展中心. 中国纺织标准汇编：服装卷[M]. 2版. 北京：中国标准出版社，2011.